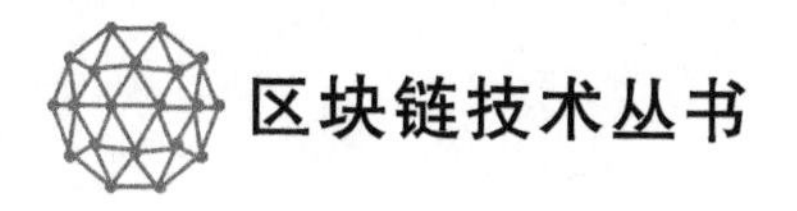

联盟链隐私与应用

李文敏　张　华　朱友文　著

北京邮电大学出版社
www.buptpress.com

内 容 简 介

本书内容包括联盟链的基础知识、联盟链中隐私安全的交易和应用实例三部分。首先，从框架、原生功能、共识技术、隐私保护机制、可扩展性等方面对当前联盟链中的安全和隐私问题进行详细介绍和分析，涉及隐私保护的理论、技术与实践。其次，从联盟链中隐私安全的交易、交易数据的安全存储、存储数据的安全查询和完整性审计等角度对联盟链中的数据和隐私问题做全生命周期的分析并提供具体的解决方法。最后，从联盟链的应用入手，通过实际案例说明隐私安全的联盟链的应用功能。全书集联盟链自身隐私安全与应用隐私安全于一身，包含隐私保护和数据安全管理的机制，内容较系统。本书适合作为本科生和研究生的学习用书，也可作为相关科研人员的参考书。

图书在版编目(CIP)数据

联盟链隐私与应用 / 李文敏，张华，朱友文著. -- 北京 ：北京邮电大学出版社，2023.8
ISBN 978-7-5635-7015-7

Ⅰ. ①联… Ⅱ. ①李… ②张… ③朱… Ⅲ. ①区块链技术－关系－隐私权－法律保护－研究 Ⅳ. ①TP311.133.1②D913.04

中国国家版本馆 CIP 数据核字(2023)第 160200 号

策划编辑：姚顺　**责任编辑**：姚顺　谢亚茹　**责任校对**：张会良　**封面设计**：七星博纳

出版发行：北京邮电大学出版社
社　　址：北京市海淀区西土城路 10 号
邮政编码：100876
发 行 部：电话：010-62282185　传真：010-62283578
E-mail：publish@bupt.edu.cn
经　　销：各地新华书店
印　　刷：北京虎彩文化传播有限公司
开　　本：720 mm×1 000 mm　1/16
印　　张：14.5
字　　数：306 千字
版　　次：2023 年 8 月第 1 版
印　　次：2023 年 8 月第 1 次印刷

ISBN 978-7-5635-7015-7　　定价：55.00 元

前言

联盟链是许可式的区块链，读写权限和参与记账权限均按照联盟规则分配，旨在提供一个安全、高效和可靠的区块链网络，以促进不同组织之间的数据交互和协作，适用于追踪溯源、交易还原、数据修复等领域。与公有链相比，联盟链有交易速度快、维护成本低、权限规则自主定制等特点，在效率和灵活性上更具优势。因此，联盟链在提升区块链的监管和隐私保护等方面具有较大的潜力，面向联盟链监管的各项关键技术成为推进区块链技术健康发展的焦点。

在此背景下，本书从联盟链交易出发，旨在突破隐私交易和监管需求之间的制约关系，分别研究覆盖交易过程、交易存储和交易监管的面向监管角色开放访问权限的不特定内容隐私交易技术，包括交易用户和交易数据全生命周期的安全、隐私与监管，实现交易安全，保护交易隐私，同时满足监管需求；在此基础上，还探讨了联盟链技术在实际问题中的具体应用。

全书共分为八章。第 1 章概述联盟链的技术特点及其发展现状，并系统分析联盟链的安全、监管和隐私保护需求。第 2 章简要介绍密码学的相关基础知识，有助于读者理解后续章节的具体方案。第 3 章分析联盟链中的各类交易及相应的具体安全需求，并基于不同的密码学技术设计相关的隐私安全交易方案。第 4 章关注与联盟链交易安全存储相关的技术。第 5 章研究联盟链中交易数据完整性审计问题，主要包括单次和批量数据交易可追踪。第 6 章展现基于联盟链的跨链访问控制的设计及其相关的隐私和监管问题。第 7 章关注基于联盟链的交易数据查询和使用问题。

第8章从联盟链的应用入手，以数据质量评估为例说明隐私安全的联盟链的应用功能。

最后，作者对课题组的赵少华博士、成彦锦博士、张慧敏博士、刘涛硕士、易铖铭硕士、魏嘉永硕士、孙雪威硕士、谢伟硕士、尹泽峰硕士、李家辉硕士、张艺欣硕士、周星宇硕士、吴少阳硕士、刘佩恒硕士等给予的密切配合，以及北京邮电大学网络与交换技术全国重点实验室全体老师和学生的支持表示感谢。另外，本书的出版得到了国家重点研发计划（编号：2020YFB1005904）和国家自然科学基金项目（编号：62072051）的资助，在此特别表示感谢。

由于时间仓促，书中不妥之处在所难免，恳请读者指正。

目　录
CONTENTS

第1章 联盟链概述及隐私保护需求

联盟链具有交易速度快、成本低，故障节点修复快、连续性好，可自主制定联盟权限规则，适用于实现追踪溯源、交易还原、数据修复等特点。因此，联盟链在有效提升区块链监管与治理能力、保护隐私等方面具有极大的潜力，使得面向联盟链监管的关键技术成为世界各国推进区块链技术健康发展的焦点。

相较于公有链[1]，联盟链的安全性能已经有了显著提升，考虑到商业应用的实际需求，增加了权限控制、安全机制、可监管审计等商业特性，已经应用于金融、医疗、供应链等实际生产场景，具有代表性的联盟链技术框架有 Hyperledger Fabric、Corda 等项目。但是隐私与安全问题仍是联盟链技术推广应用的瓶颈，制约着行业的发展。联盟链在交易监管、链上隐私数据保护等方面有亟待解决的安全需求。

本章共分为两小节。1.1 节概述了联盟链的特点及其发展现状，并着重从底层网络架构和交易共识流程等方面介绍了 Hyperledger Fabric 和 Corda 这两个得到广泛使用的联盟链项目。1.2 节介绍了现有联盟链技术中存在的安全问题，主要从安全需求、监管需求和隐私保护需求 3 个方面进行概述。

1.1 联盟链简介

联盟链是一种区块链网络，由一组共同信任的组织或实体共同维护和管理。联盟链与公共区块链不同，它需要获得许可才能加入网络，并且只有被授权的参与者才可以参与到区块链的交易和共识过程中。一些得到广泛使用的联盟链项目如 Hyperledger Fabric、Corda 等。本节包括 3 个小节，1.1.1 概述联盟链的特点和发展现状，1.1.2 和 1.1.3 分别介绍 Hyperledger Fabric 和 Corda 这两个联盟链项目的网络架构和技术特点。

1.1.1 概述

联盟链是由多个机构共同参与管理的区块链，其数据只允许系统内不同的机构进行读写和发送。联盟链的各个节点通常有与之对应的实体机构组织，这些机构组织只有在通过授权后才能加入与退出网络。各机构组织组成利益相关的联盟，共同维护区块链的健康运转。

联盟链的特点包括以下 3 条。

① 多中心化：联盟链在某种程度上只属于联盟内部的成员所有，且很容易达成共识，因为联盟链的节点数是非常有限的。

② 可控性较强：联盟链只要所有机构中的大部分达成共识，即可对区块数据进行更改。

③ 数据不会默认公开：不同于公有链，联盟链的数据只限联盟里的机构及其用户进行访问。

联盟链的主流平台包括超级账本（Hyperledger）[2]、R3 区块链联盟[3]等。

1. Hyperledger

Hyperledger 是 Linux 基金会协作的开源项目，旨在推进跨行业区块链技术。Hyperledger 项目孵化的 Hyperledger Fabric 是一个模块化架构的联盟链平台，提供高度的机密性、弹性、灵活性和可扩展性。它旨在支持不同组件的可插拔实现，并且可以容纳生态系统中存在的高度复杂应用。与别的区块链解决方案不同的是，Hyperledger Fabric 提供了独一无二的可伸缩架构。为了满足未来需要审核的企业级区块链需求，从而在此基础上建立的开源架构，目前已经成为世界瞩目的项目，吸引了众多国内外企业与组织的关注和加入。

2. R3 区块链联盟

R3 区块链联盟基于 Corda 平台，是全球顶级的区块链联盟，由 R3 公司于 2014 年联合巴克莱银行、高盛、J. P 摩根等 9 家机构共同组建，目前由 300 多家金融服务机构、科技企业、监管机构组成。该联盟正与同行积极同步地记录、管理和执行机构的财务协议，创造一个畅通无阻的商业世界，其 Corda 平台已经从金融服务行业扩展到医疗保健、航运、保险等行业。

1.1.2 Hyperledger Fabric

Hyperledger Fabric（下称 Fabric）的总体架构包括核心层、接口层和网络层[4]。核心层有成员服务、区块链服务和链码服务 3 部分；接口层通过接口及事件调用身份、账本、交易、智能合约等信息；网络层负责 P2P 网络的实现，保证区块链分布式存储的一致性。Fabric 总体架构如图 1-1 所示。

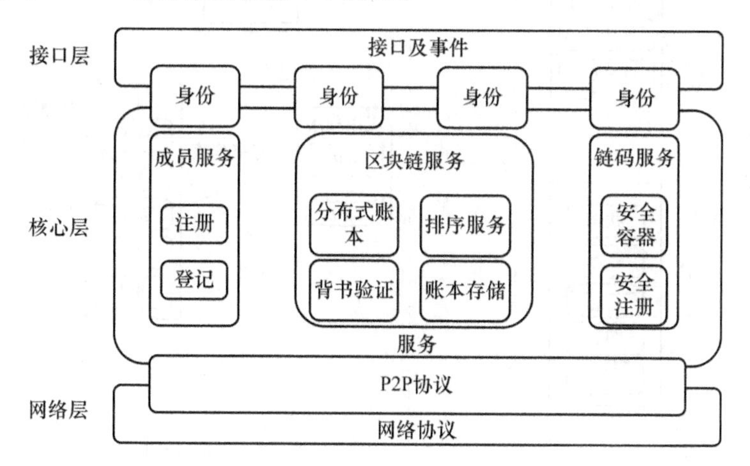

图 1-1　Fabric 总体架构

成员服务：提供成员服务功能，包括注册、登记、申请证书等功能。考虑到商业应用对安全、隐私、监管、审计和性能的要求，节点、成员只有获得证书才能加入区块链网络。

区块链服务：负责分布式账本的计算和存储、节点间的排序服务、背书验证管理以及账本存储方式等功能的实现，是区块链的核心组成部分，为区块链的主体功能提供了底层支撑。

链码服务：链码也称为智能合约，是基于标准的一段代码，用于实现具体业务逻辑。链码和底层账本是解耦的，运行于单独的容器内，链码的更新不会影响原有的数据。链码通过 Docker 容器运行，安装和实例化后通过 gRPC 与同一通道内的节点进行连接。

接口及事件：接口给第三方应用提供 API 方式进行调用，方便二次开发，目前已提供 Node.js 和 Java 两种语言接口，可以通过 SDK 或 CLI 方式进行安装并测试链码，可以实现查询交易状态和数据等功能，还可以通过 Events 监听区块链网络中发生的事件，方便第三方应用系统调用和处理。

网络协议：实现 P2P 网络传输，使用 gPRC 和 Gossip 协议。

Fabric 架构经历了从 0.6 版本到 1.0 版本的演进，从 0.6 版本的简单结构演进到 1.0 版本可扩展、多通道的设计，在架构上有了质的飞跃。详细来说，Fabric 0.6 版本架构业务逻辑全部集中在 Peer 上，结构过于简单，因此 Fabric 1.0 版本在 0.6 版本的基础上做了重大的改进：专门设立排序节点（Orderer）提供共识服务，将用户管理功能从架构中分离出来形成 Fabric-CA 单独组件，在架构中加入多通道结构，实现更为灵活的业务适应性，从而支持更强的配置功能和策略管理功能。Fabric 架构演进过程如图 1-2 所示。

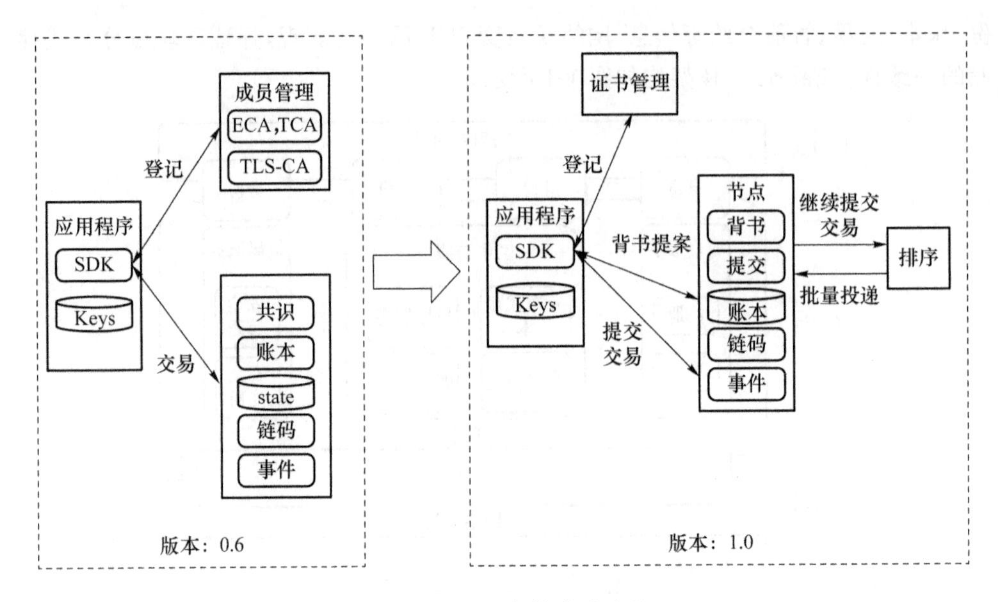

图 1-2　Fabric 架构演进过程

1.1.3　Corda

Corda[5] 由美国区块链公司 R3 于 2016 年建成，是一个开源的联盟链平台，本节介绍 Corda 开发中的几个核心概念——state、transaction、CONTRACT 和 flow。

1. state

简单来说，state 就是不可篡改的链上数据。state 结构示意图如图 1-3 所示。

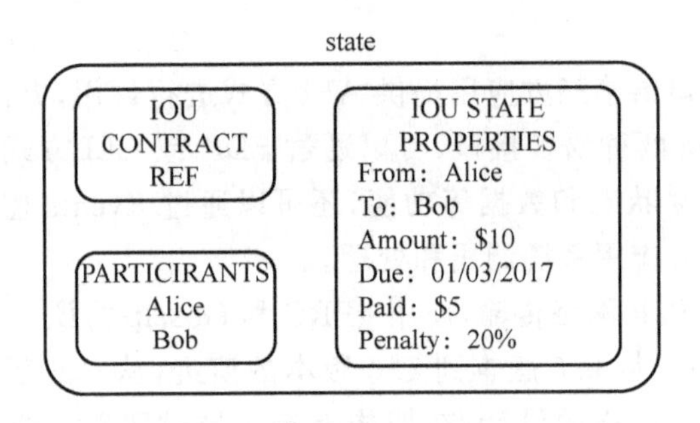

图 1-3　state 结构示意图

图 1-3 中主要有 3 个部分：右边是数据本身，描述了 Alice 欠 Bob 的 10 美元的情况；左上是这条数据所关联的 CONTRACT，这部分在 CONTRACT 中详细介绍；左下是 PARTICIPANTS，这是 Corda 中特别重要以及特别需要设计的一个概念，由于 Corda 不会在每个节点上记录每笔交易，因此用 PARTICIPANTS 表示哪些节点需

要记录这条 state 数据，同时意味着这些节点能够看到并发起对相应 state 数据的修改。state 是不可篡改的，当真实世界中的事实发生变化时，Corda 会将已经成为历史的 state 标记为 consumed。

2. transaction

transaction 表示一笔交易，交易由所有发生变化的 state、造成 state 变化的 COMMAND、交易参与方的签名、时间戳以及交易相关附件组成。transaction 的结构示意图如图 1-4 所示。虽然存储在链上的数据是 state，但是真正存储在链上的原始数据是一笔笔 transaction。state 是 transaction 执行的结果。

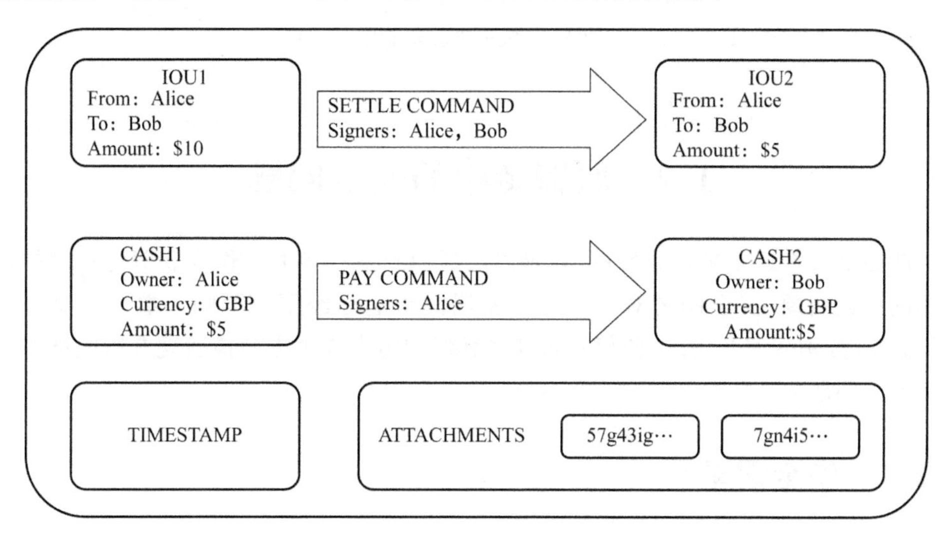

图 1-4 transaction 的结构示意图

3. CONTRACT

CONTRACT 用来验证 transaction。一笔交易一定发生在多个不同的交易方之间，通常一笔交易由一方构建，由其余的参与方验证交易有效，所以交易构建方要在 state 上指明这笔交易是通过哪个 CONTRACT 上的哪个 COMMAND 生成的，然后验证方通过调用对应 CONTRACT 上的 verify 方法验证交易有效性。通常，一笔交易要验证的部分包括交易参与方的签名以及 state 的输出结果是否合理两个部分。

4. flow

在 CONTRACT 中提到一笔交易由一方构建，其余参与方验证并签字，在 Corda 中，用 flow 来管理这个过程。如图 1-5 所示，INITIATOR 和 RESPONDER 分别是交易双方执行的 flow，双方的交互通过 flow 来控制。Corda 还把很多有用的小步骤封装成了 flow，以便开发者调用，比如 CollectSignaturesFlow。

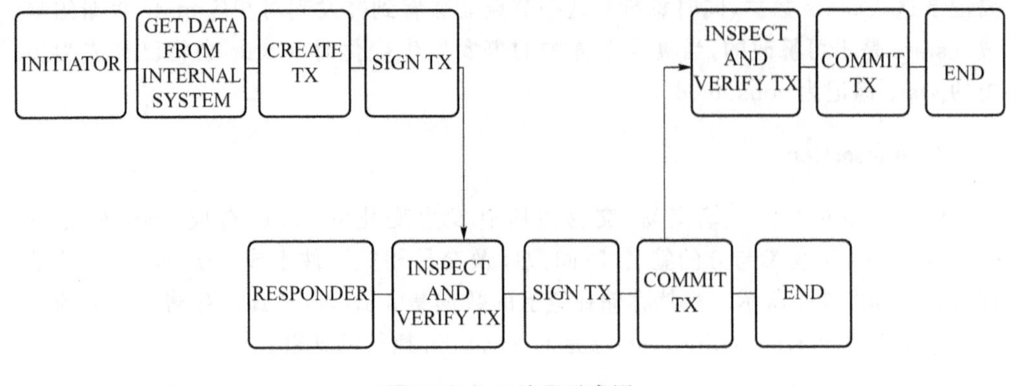

图 1-5 flow 流程示意图

1.2 联盟链中的安全问题

联盟链技术近年来快速发展,其应用已延伸到各行各业。作为联盟链技术推广应用的一大瓶颈,安全问题对于联盟链发展的影响已经不言而喻。本节主要分为3个小节,分别从安全需求、监管需求和隐私保护需求3个方面描述现有联盟链中存在的安全问题。

1.2.1 安全需求

联盟链虽然有着很多优点,但相比于公有链,联盟链有限的节点和部分去中心化的特点使得它更容易受到网络攻击,在安全上存在着更大的隐患。

联盟链的安全需求可以大致总结为3种,分别是网络安全需求、平台安全需求和智能合约安全需求。

1. 网络安全需求

这方面的问题主要来自一些传统的网络攻击。联盟链作为一个去中心化的区块链,虽然和传统的中心化网络有很大区别,但这并不意味着传统的网络攻击方式对它没用,钓鱼攻击、DNS劫持、DDos攻击等这些十分常见的网络攻击方式,同样对联盟链造成了严重威胁。

2. 平台安全需求

联盟链内部发生的事件主要包括数据交易、共识机制、用户账户安全、P2P网络安全、端口安全等。其中发生的安全问题主要表现为DNS攻击、MSP攻击、51%攻击等。此外,联盟链中节点较少的特点也导致其无法抵御基于大量节点的智能攻击,这也可以说是联盟链的一个非常严重的弊端。

3. 智能合约安全需求

智能合约是一串利用编程语言书写的代码程序,在区块链中有着十分重要的作用。首先,编程语言自身是可能出现漏洞的。其次,机器语言本身对数据的承载能力是有上限的,当数据超过承载范围时,往往会发生数据溢出现象,攻击者有时会利用这些不可避免的漏洞来攻击联盟链网络。再者,智能合约对所有节点公开,所有的节点都可以知道智能合约的输入数据、计算过程和输出结果,攻击者可以通过分析智能合约,精心设计攻击方式,破坏智能合约的正常运行。因此,在智能合约设计时需要考虑功能模块间的耦合度;开发完成后,需要对其进行充分的测试,尽可能避免智能合约代码漏洞。此外,需要对节点对智能合约的操作进行访问控制管理,限制非授权用户的访问;还需要将智能合约每次的操作记录下来,以便后期的审计与溯源。

1.2.2 监管需求

联盟链的技术特点使得联盟链的安全监管问题非常突出[6]。联盟链是指其共识过程受到预选节点控制的区块链,是部分中心化的区块链。联盟链兼顾了公有链的去中心化和私有链的高效。联盟链的"穿透式监管"借用了金融领域"穿透式监管"的概念,对联盟链中参与各方的各种行为的本质进行监管,以满足监管对数据的真实性、准确性和甄别业务性质等方面的要求。因此,联盟链穿透式监管的表现形式是一种功能监管、行为监管。联盟区块链对监管的友好性主要表现在4个方面:有准入体系;智能合约加入监管的规则中,能全面提升监管的自动化水平;联盟区块链支持穿透式监管;容易标准化监管的接口,实现集中式监管。以 Corda、Hyperledger Fabric 为代表的联盟链,强调同业或跨行业间的机构或组织间的价值与协同的强关联性以及联盟内部的部分中心化,以强身份许可、安全隐私、高性能、海量数据等为主要技术特点。一般而言,联盟链的共识节点均是可验证身份的,并拥有高度治理结构的协议或商业规则,如果出现异常状况,可以启用监管机制和治理措施做出跟踪惩罚或进一步的治理措施,以减少损失。

1.2.3 隐私保护需求

随着联盟链技术在多方面应用的加深,在具体领域的应用中,联盟链也面临着严重的隐私泄漏风险[7]。用户在联盟链使用过程中,个人基本身份信息数据和交易过程中的数据极易被泄漏。例如,联盟链中的交易层对用户的数据生成、验证、存储和使用的整个过程进行记录,使用户主体的交易信息在全网传播。用户的身份信息可能被恶意攻击者获取。攻击者将不同的交易信息进行对比分析,通过地址聚类技术判别其是否来自同一用户的多个账户,从而挖掘用户真实信息,导致用户的数据隐私泄漏。针对联盟链数据隐私泄漏的风险,可采取系列举措规避。

1. 节点保护

联盟链对于链上节点的接入应当予以限制。如果节点能随意接入链,则必然会对链上信息带来安全隐患,因此必须经过相应的授权才能接入并获取链上的用户隐私数据信息。同时,应当设立链上信息访问控制机制,对恶意访问链上数据信息的主体进行及时检测和发现,并禁止该主体访问链上数据信息。

2. 数据保护

联盟链账本中存储的数据对联盟中的所有节点可见,攻击者可以通过密码学等分析手段获取链上信息明文,有很大的安全隐患。若想对用户数据隐私进行良好的保护,主要是做到让攻击者无法确定数据与某个特定用户之间的关系。具体可采用的技术主要包括数据加密技术与数据混淆技术。数据加密技术就是对链上数据加密的技术,即使数据泄漏也不会暴露原始数据的隐私信息;数据混淆技术就是使攻击者无法分析出数据与某位用户间的对应关系的技术。

3. 通道隔离机制

随着联盟链中业务类型的多样化,链上存储各自业务的账本数据需要进行隔离和保密。仅靠加密或混淆技术并不能完全消除攻击者对链上隐私数据的威胁。通道隔离机制能从网络层面对数据进行隔离,不同通道之间的账本数据不可见,这使得数据只对通道内节点可见。每个节点只处理并存储自己所在通道的数据,能有效防止攻击者访问数据,保护用户隐私。

本章参考文献

[1] 邵奇峰,金澈清,张召,等. 区块链技术:架构及进展[J]. 计算机学报,2018,41(5):969-988.

[2] 一个企业级区块链平台[EB/OL]. [2022-10-23] https://hyperledger-fabric.readthedocs.io/zh_CN/latest/.

[3] Next-Gen Corda is here delivering high availability, scalability and interoperability [EB/OL]. [2023-04-26] https://r3.com/.

[4] 杨毅. HyperLedger Fabric 开发实战:快速掌握区块链技术[M]. 北京:电子工业出版社,2018.

[5] 欢迎来到 Corda! [EB/OL]. [2023-05-24] https://cncorda.readthedocs.io/zh_CN/latest/.

[6] 洪学海,汪洋,廖方宇.区块链安全监管技术研究综述[J].中国科学基金,2020,34(1):18-24.

[7] 张奥,白晓颖.区块链隐私保护研究与实践综述[J].软件学报,2020,31(5):1406-1434.

第2章
密码学基础

密码学领域的相关理论技术在联盟链隐私和安全中扮演着重要角色。本章对本书所用到的密码学基础知识简单加以论述，方便对密码学不熟悉的读者掌握后面的内容。

2.1 国密算法

国产密码算法(简称国密算法)在商业化的应用领域已经具备完整的基础密码体系，包括 SM1[1]、SM2[2] 等多种类型的密码算法，这些算法均符合国家行业标准，其中 SM2、SM3[3]、SM9[4] 和祖冲之序列密码算法(ZUC)[1] 已经通过 ISO/IEC 信息安全分技术委员会的审核，成为国际标准。SM1、SM4、SM7、ZUC 是对称算法，SM2、SM9 是非对称算法，SM3 是哈希算法。

2.1.1 双线性映射

Boneh 等人[5] 详细介绍了双线性映射的定义，其内容如定义 2-1 所示。

定义 2-1 一个双线性映射函数的作用是由两个向量空间上的元素，生成第三个向量空间上的元素，且该函数对于每个参数均是线性的。

本节中采用的双线性映射同样遵从定义 2-1，且其性质更加特殊。接下来将对本节采用的双线性映射进行详细的阐述。

选取两个阶为 p 的循环群 G 和 G_T，以及一个群 G 中的生成元 g，双线性映射的函数表达为 $e: G * G \rightarrow G_T$。它需要满足以下条件[6]。

(1) 双线性：对于 $\forall a, b \in Z_p$ 及 $\forall m, n \in G$，应有 $e(m^a, n^b) = e(m, n)^{ab}$。

(2) 非退化性：$e(g,g)=1$(1表示循环群 G_T 的单位元)。

(3) 可计算性：对于 $\forall m,n\in G, e(m,n)$ 是可以被有效计算的。

对于循环群 G 来说，本节主要涉及两个计算困难问题——CDH 问题[7]及 k-CEIDH 问题[8]，它们的表述见定义 2-2 及定义 2-3。

定义 2-2(计算困难的 Diffie-Hellman 问题，CDH 问题) 也称基于循环群 G 的计算困难的 Diffie-Hellman 问题。对于 $\forall x,y\in Z_p$，设系统安全参数为 1^λ，循环群 G 的生成元为 g，一个多项式时间计算能力的敌手 ADV 在已知 g、g^x、g^y 的前提下，输出 g^{xy} 的概率是可忽略的，可表示为

$$\Pr(\mathrm{ADV}(1^\lambda,g,g^x,g^y)=g^{xy})\leqslant \mathrm{neg}(\lambda) \tag{2-1}$$

其中，neg(·)为一个可忽略的概率函数。

定义 2-3(计算困难的 k 阶 Diffie-Hellman 指数逆问题，k-CEIDH 问题) 也称基于循环群 G 的计算困难的 k 阶 Diffie-Hellman 指数逆问题。k 是一个随机的正整数，设系统安全参数为 1^λ，循环群 G 的生成元为 g，对于 $\forall e_1,e_2,\cdots,e_k\in Z_p$，$\forall a,b\in Z_p$，一个多项式时间能力的敌手 ADV 在已知 $e_1,e_2,\cdots,e_k,g,g^b,g^{1/a+e_1},\cdots,g^{1/a+e_k}$ 的前提下，对于任意 $1\leqslant i\leqslant k$ 的信息($e_i,g^{1/a+e_i}$)，输出 $g^{b/a+e_i}$ 的概率是可忽略的，可表示为

$$\Pr(\mathrm{ADV}(1^\lambda,e_1,e_2,\cdots,e_k,g,g^b,g^{1/a+e_1},\cdots,g^{1/a+e_k})=g^{b/a+e_i})\leqslant \mathrm{neg}(\lambda) \tag{2-2}$$

其中，neg(·)为一个可忽略的概率函数。

当 $k=1$ 时，k-CEIDH 问题可表示为($1^\lambda,e_1,g,g^b,g^{1/a+e_1}$)，该问题的计算难度与 CDH 问题一致。当 $k>1$ 时，额外信息($e_2,\cdots,e_k,g^{1/a+e_2},\cdots,g^{1/a+e_k}$)并不能为敌手 ADV 解决 $k=1$ 时的 k-CEIDH 问题提供任何额外的帮助[7]。因此，可以把 k-CEIDH 问题与 CDH 问题视为具有相同计算难度的问题[5]。

2.1.2 SM1 算法

SM1 算法是分组密码算法，分组长度和密钥长度都为 128 比特，算法安全保密强度及相关软硬件实现性能与 AES 相当，算法不公开，仅以 IP 核的形式存在于芯片中。基于 SM1 算法，人们已研发相关芯片、IC 卡、加密机等安全产品，这些产品广泛应用于电子政务等领域。

2.1.3 SM2 算法

SM2 国密算法是基于 256 位的椭圆曲线[9]实现的非对称密钥算法，可实现非对称加密、数字签名、密钥交换等功能。相较于 2 048 位的 RSA 算法[10.]，该算法具有更好的安全性及更快的计算速度。

如图 2-1 所示，本节将对 SM2 国密算法[2]的整体流程、结构及功能进行介绍。

SM2 算法支持密钥协商、密钥生成、密钥验证、加密/解密及签名/验签五个功能，这些功能的实现依赖于国密算法中自带的随机数发生器、密钥选择函数及 SM3 算法[3]，并通过椭圆曲线算法和相关大数运算实现。作为我国自主研制的“椭圆曲线非对称密码算法”，SM2 算法已经成为我国公钥密码的信息系统底层算法，且实验表明，SM2 算法与通用的 ECDSA 算法相比，前者的安全性更高。此外，密钥生成、加密/解密及签名/验签功能均采用 SM2 算法。

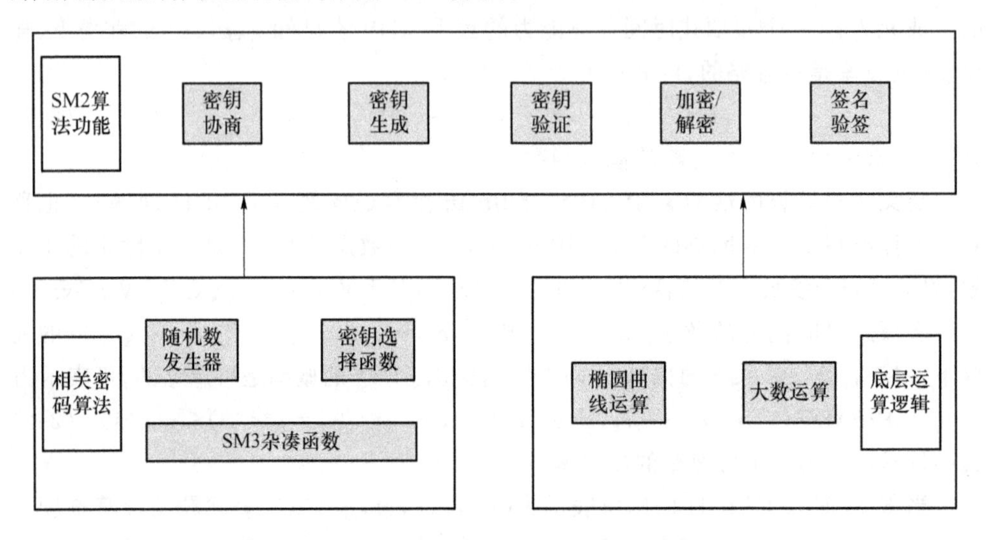

图 2-1 SM2 算法的整体流程、结构及功能[2]

2.1.4 SM3 算法

SM3 算法是中国国家密码管理局于 2010 年公布的中国商用密码杂凑算法标准。作为基于 SHA-256 算法[11]提出的改进的密码杂凑算法，SM3 算法的消息分组长度为 512 位，摘要值长度为 256 位，安全性与 SHA-256 算法一致。该算法主要用于消息摘要值的计算、数字签名及验证等过程。

如图 2-2 所示，本节将对 SM3 算法的整体流程、结构及功能进行简要介绍。SM3 算法应用领域广泛，其实现数据消息摘要值的计算依赖于 SM3 算法中的布尔函数、置换函数及迭代压缩函数的标准实现。其流程可具体划分为 3 个步骤[3]。

(1) 消息填充：将数据长度填充至 512 位的倍数并分块。

(2) 消息扩展：通过置换函数将每个分块后的数据扩展为 132 个字。

(3) 迭代压缩：根据布尔函数及迭代压缩函数将扩展后的消息内容压缩为 256 个比特的杂凑值。

发展至今，SM3 算法已经成为我国使用最为广泛的商用杂凑函数算法。

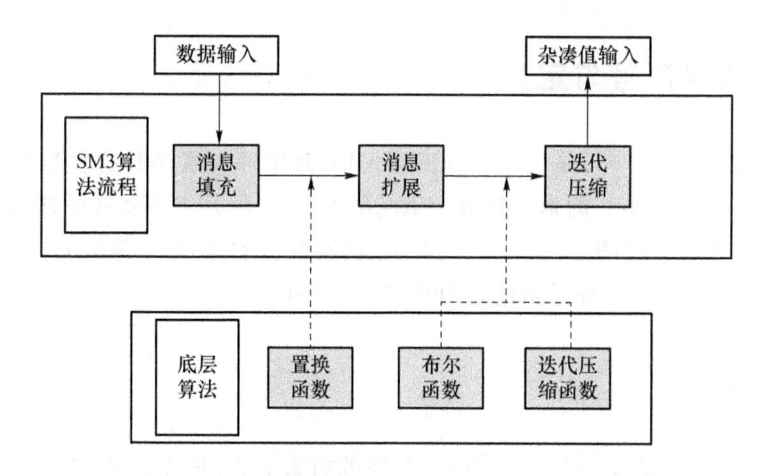

图 2-2 SM3 算法的整体流程、结构及功能[3]

SM3 与 SHA-256 的安全性相当,但比 MD5、SHA-1、SHA 224 的安全性高,适用于商用密码中的数字签名和验证。

2.1.5 其余国密算法

SM4 算法[12] 主要用于无线局域网产品,分组长度为 128 比特,密钥长度为 128 比特,加密算法和解密算法结构相同;SM7 算法[1] 适用于非接触式 IC 卡,可应用于身份识别类、票务类及支付类产品,如工作证、展会门票、积分卡等;SM9 算法[4] 不需要申请数字证书,适用于互联网新兴应用的安全保障,如智能终端、物联网等方面的加密认证,使用方便,易于部署;祖冲之序列密码算法[1] 是我国自主研发的序列密码算法,是应用于移动通信 4G 网络的国际标准。目前,这些算法已被应用于国民经济的各个领域。

随着国际形势的日益严峻及关键技术自主可控性要求的不断提高,更高安全级系统的安全性更加重要,国密算法在设备可信认证、数据加密和通信数据加密等领域发挥的作用与日俱增。其中,数字签名使用 SM2、SM3 算法实现可信认证;数据加密使用 SM3 实现数据 HASH 特征值计算及校验;通信数据加密使用 SM4 算法实现安全级数据的密文传输。

2.2 格

格密码是一类备受关注的抗量子计算攻击的公钥密码体制。格密码理论的研究涉及的密码数学问题很多,学科交叉特色明显,研究方法趋于多元化。

2.2.1 数字符号与定义

设 $R=\mathbb{Z}[x]\langle x^n+1\rangle$ 是一个分圆多项式环，其中环元素是具有整数系数的最多 $n-1$ 次的多项式，n 是 2 的幂。设 $R_q=R/qR$ 为一个环，其中多项式系数的算术运算以模 q 计算，系数为区间($\lfloor -q/2 \rfloor$, $\lfloor q/2 \rfloor$]中的整数。此外，对于整数 $m>1$，$\boldsymbol{R}_q^{1\times m}$、$\boldsymbol{R}_q^m$ 和 $\boldsymbol{R}_q^{m\times m}$ 分别代表 R_q 中环元素的行向量、列向量和矩阵。

2.2.2 格

一个秩为 n 的格 Λ[13]是 R^m 中的一个离散加法子群，并且以 R^m 中 n 个线性无关的向量 $\boldsymbol{b}_1,\cdots,\boldsymbol{b}_n$ 为一组格基。令 $\boldsymbol{B}$ 为 $m\times n$ 矩阵($\boldsymbol{b}_1,\cdots,\boldsymbol{b}_n$)，$\Lambda$ 可被确切表示成

$$\Lambda = L(\boldsymbol{B}) = \left\{ \sum_{i=1}^{n} x_i \boldsymbol{b}_i \mid x_i \in \mathbb{Z} \right\} \tag{2-3}$$

逐次最小长度[13]：令 $B_m(\boldsymbol{c},r)=\{\boldsymbol{x}\in R^m : \|\boldsymbol{x}-\boldsymbol{c}\|<r\}$ 为以 $\boldsymbol{c}$ 为中心、半径为 r 的m 维空心球。对于任何 m 维格 Λ，第 i 个最小值 $\lambda_i(\Lambda)$ 是最短半径 r，使得 $B_m(0,r)$ 包含 i 个线性独立的格向量。正式地，有

$$\lambda_i(\Lambda) = \inf\{r : \dim(\mathrm{span}(\Lambda \cap B_m(0,r))) \geqslant i\} \tag{2-4}$$

对于任意秩 n 格 Λ，$\lambda_1(\Lambda),\cdots,\lambda_n(\Lambda)$ 为常量，$\lambda_1(\Lambda)$ 为 Λ 中最短向量的长度。

q-ary 格[14]是一个重要的格类别，在基于格的密码学中广泛使用。对于某些整数 n、m、q，给定一个均匀随机选择的 $\boldsymbol{A}\in\mathbb{Z}^{n\times m}$ 矩阵，我们可以定义两个 q-ary 格：

$$\Lambda_q(\boldsymbol{A})=\{\boldsymbol{y}\in\mathbb{Z}^m : \exists\, \boldsymbol{s}\in\mathbb{Z}_q^n, \boldsymbol{y}=\boldsymbol{A}^{\mathrm{T}}\boldsymbol{s} \pmod q\} \tag{2-5}$$

$$\Lambda_q^{\perp}(\boldsymbol{A})=\{\boldsymbol{e}\in\mathbb{Z}^m : \boldsymbol{A}\boldsymbol{e}=\boldsymbol{0} \pmod q\} \tag{2-6}$$

对于任意 $s>0$，设 $\Lambda\in\mathbb{Z}^n$ 上以 $\boldsymbol{c}$ 为中心、参数为 s 的 n 维高斯函数表示为

$$\forall\, \boldsymbol{x}\in\Lambda, \rho_{s,c}(\boldsymbol{x})=\exp\left(-\frac{\pi\,\|\boldsymbol{x}-\boldsymbol{c}\|2}{s^2}\right) \tag{2-7}$$

令 $\rho_{s,c}(\Lambda) = \sum_{\boldsymbol{x}\in\Lambda} \rho_{s,c}(\boldsymbol{x})$。以中心 $\boldsymbol{c}$ 和参数 s 定义 Λ 上的高斯分布：

$$\forall\, \boldsymbol{y}\in\Lambda, D_{\Lambda,s,c}(\boldsymbol{y})=\frac{\rho_{s,c}(\boldsymbol{y})}{\rho_{s,c}(\Lambda)} \tag{2-8}$$

下标 s 和 $\boldsymbol{c}$ 在省略时分别取为 1 和 0。

2.2.3 格中难题及假设

定义 2-4(最短向量问题,SVP)[13]　给定格基 $\boldsymbol{B}\in\mathbb{Z}^{m\times n}$，最短向量问题即为在格 $L(\boldsymbol{B})$ 中找到最短的格向量 $\boldsymbol{v}\in L(\boldsymbol{B})$，使得 $\|\boldsymbol{v}\|=\lambda_1(\boldsymbol{A})$。

定义 2-5(最近向量问题,CVP)[13] 给定格 $L(\boldsymbol{B})$ 以及目标向量 $\boldsymbol{w}$,最近向量问题即为在格 $L(\boldsymbol{B})$ 中找到距离 $\boldsymbol{w}$ 最近的向量 $\boldsymbol{v}$,使得 $\|\boldsymbol{w}-\boldsymbol{v}\|$ 最小,而 $\|\boldsymbol{w}-\boldsymbol{v}\|_{\min}$ 也为目标向量与格 $L(\boldsymbol{B})$ 之间的距离,即 $\mathrm{dist}(\boldsymbol{v},L(\boldsymbol{B}))=\|\boldsymbol{w}-\boldsymbol{v}\|_{\min}$。

定义 2-6(最短独立向量问题,SIVP)[13] 给定 n 维格 $\Lambda=L(\boldsymbol{B})$ 的格基 $\boldsymbol{B}$,SIVP_γ 问题的目标是找到一组 n 个线性独立的格向量 $\boldsymbol{S}=\{\boldsymbol{s}_1,\cdots,\boldsymbol{s}_n\}\subset\Lambda$,满足 $\|\boldsymbol{S}\|\leqslant\gamma(n)\cdot\lambda_n(\Lambda)$,其中 $\gamma=\gamma(n)$ 是维度函数的近似因子。

近似的 SIVP 问题被认为是非常困难的。实际上,在小多项式(n 维)因子内解决 SIVP_γ 问题的已知算法需要 n 的指数形式的时间和空间[15]。即使对于 2^k 的近似因子,最著名的算法也需要 $2^{O(n/k)}$ 时间。

SVP、CVP 难题假设是最坏情况下的难题,构造方案时,使用平均困难情况下的难题假设更易于进行方案的构造,因此使用平均困难情况下的小整数解问题(SIS)以及容错学习问题(LWE)的难题假设来构造方案更优。下面对平均困难情况下的格中难题假设给出具体介绍。

定义 2-7(容错学习问题,LWE)[13] 给定安全参数 $n\geqslant1$,模数为素数 $q\geqslant2$,令χ为噪声向量的取样分布,定义$\mathbb{Z}_q^n\times\mathbb{Z}_q$上的概率分布 A_χ,随机选取 $\boldsymbol{a},\boldsymbol{s}\in\mathbb{Z}_q^n$,噪声向量 $\boldsymbol{e}\in\mathbb{Z}_q$,从分布$\chi$中进行取样,进行多项式次取样,输出数组$(\boldsymbol{a},\langle\boldsymbol{a},\boldsymbol{s}\rangle+\boldsymbol{e})$。

搜索 LWE 困难问题[16] 给定多项式个取样样本 A_χ,难以求出秘密 $\boldsymbol{s}$ 的值。

决策 LWE 困难问题[16] 按照 LWE 数组输出方式进行多项式次取样得到的分布 A_χ 样本与均匀取样同等数量的均匀分布样本$\mathbb{Z}_q^n\times\mathbb{Z}_q$之间的不可区分性。

环 LWE(R-LWE)问题的困难性可以基于理想格问题的最坏情况下的困难程度(由于从理想格上的最坏情况近似 SVP 到搜索版本的 R-LWE 的量子规约),可以在割圆多项式环 $R_q=\mathbb{Z}_q/\langle x^n+1\rangle$ 的上下文中定义,其中 q 是素数,n 是 2 的幂。设 t 是 R_q 中的随机(且未知)多项式。我们考虑$(a_i,a_it+e_i)\in R_q^2$ 形式的多个对,其中 a_i 代表 R_q 中的均匀随机选择多项式,而 $e_i\leftarrow D_{R,\sigma}$具有相对较小的$\boldsymbol{\sigma}\in R$。

搜索 R-LWE 假设[17] 给定 $i=0,\cdots,n$ 的(a_i,a_it+e_i)的列表很难得到 t。

决策 R-LWE 假设[17] 很难区分 $i=0,\cdots,n$ 的多项式(a_it+e_i)和(b_i),其中 b_i 是 R_q 中均匀随机选择的多项式。

R-LWE 问题的困难性表明,多项式 a_it+e_i 是伪随机的,并且很难区分这些 R-LWE伪随机多项式样本和真正的均匀随机多项式。

定义 2-8(最小整数解问题,SIS/RSIS)[13] 给定多项式环 $R[x]$,并给出方程解的界限为 β,均匀取样于随机矩阵 $\boldsymbol{A}\leftarrow\mathbb{Z}^{m\times n}$,则满足齐次线性方程的解的集合为$\{\boldsymbol{x}\mid\boldsymbol{Ax}=0,\|\boldsymbol{x}\|\leqslant\beta\}$,求解满足限定条件的方程的解 $\boldsymbol{x}$ 即为 RSIS 难题;当多项式环为整数商环时,RSIS 难题即为平凡的 SIS 难题。

2.2.4 格中陷门

R-LWE 陷门构造算法[18]在算法 2-1 中描述，其中高斯分布 $D_{R,\sigma}$表示应用于分圆环的零中心的离散高斯采样操作，陷门构造的参数为 $m=k+2$。

算法 2-1　TrapGen(λ)

输入：安全参数 n，高斯参数 σ，固定模数 q 为 2^k。

输出：公钥 $\boldsymbol{A}$ 及其秘密陷门 $\boldsymbol{T_A}=(\boldsymbol{\rho},\boldsymbol{v})$。

$a \leftarrow_U R_q$

$\boldsymbol{\rho} \leftarrow [\rho_1,\cdots,\rho_k]$，其中 $\rho_i \leftarrow D_{R,\sigma}, i=1,\cdots,k$

$\boldsymbol{v} \leftarrow [v_1,\cdots,v_k]$，其中 $v_i \leftarrow D_{R,\sigma}, i=1,\cdots,k$

$g_i=2i-1, i=1,\cdots,k$

$\boldsymbol{A} \leftarrow [1,a,g_1-(a\rho_1+v_1),\cdots,g_k-(a\rho_k+v_k)] \in R_q^{1\times m}$

return$(\boldsymbol{A},\boldsymbol{T_A}=(\boldsymbol{\rho},\boldsymbol{v}))$

高斯原像采样算法[19]在算法 2-2 中描述，其中 $\boldsymbol{y}$ 遵循参数为 σ_s 的零中心高斯分布。

算法 2-2　SampPre$(\boldsymbol{A},(\boldsymbol{\rho},\boldsymbol{v}),\beta,\sigma,\sigma_s)$

输入：$\boldsymbol{A}\in R_q^{1\times m}$ 及其陷门 $\boldsymbol{T_A}=(\boldsymbol{\rho},\boldsymbol{v})$，目标 $u\in R_q$，两个高斯参数 σ、σ_s。

输出：遵循参数 σ_s 的离散高斯分布的 $\boldsymbol{y}\in R_q^m$，满足 $\boldsymbol{Ay}=\beta$。

$\boldsymbol{p} \leftarrow \mathrm{Perturb}(n,q,\sigma_s,3\sigma,(\boldsymbol{\rho},\boldsymbol{v})) \in R_q^m$

$\boldsymbol{z} \leftarrow \mathrm{SampleG}(\sigma,\beta-\boldsymbol{Ap},q) \in R_q^k$

$\boldsymbol{y} \leftarrow [p_1+\boldsymbol{\rho z},p_2+\boldsymbol{vz},p_3+z_1,\cdots,p_m+z_k]^{\mathrm{T}} \in R_q^m$

return $\boldsymbol{y}$

2.3 Hash 函数

Hash 函数 H 是一公开函数，用于将任意长度的消息 M 映射为较短、固定长度的一个值 H(M)，该值通常称为哈希值、哈希码或消息摘要[20]。Hash 函数的主要作用是进行数据完整性校验和数字签名等，SHA-256(Secure Hash Algorithm 256)[11]是一种广泛使用的 Hash 函数，输出为 256 位的哈希值，具有较高的安全性和较快的计算速度。本书利用哈希算法的特性，采用 SHA-256 用于节点名的匿名处理[21]。

对于任意长度的消息，SHA-256 都会产生一个 256 位的哈希值，称作消息摘要。这个摘要相当于一个长度为 32 个字节的数组，通常用一个长度为 64 bit 的十六进制字符串表示。为了计算哈希值，首先要对消息进行补位，使其长度对 512 取模后余数为 448；然后在补位后的消息末尾添加一个 64 位的整数，表示原始消息的长度；接着将补位后的消息分成 512 位(64 字节)的区块，每个区块经过一个压缩函数，将 256 位的中间哈希值更新为新的中间哈希值；在最后一个区块处理完毕后，得到的中间哈希值就是最终的消息摘要。

Hash 函数具有以下特点。

(1) 不可逆性：哈希算法的输出值不能被反向转换为原始输入数据。

(2) 一致性：相同的输入数据会得到相同的哈希值。

(3) 雪崩效应[22]：即使输入数据的微小变化也会导致输出值的巨大变化。

同态哈希函数(homomorphic hash function)是一种特殊的哈希函数，最早由 Krohn 等人[23]提出，用于验证秘密分享的正确性。后来，周锐等人[24]将同态哈希函数应用于分布式存储系统，以解决下载数据时的完整性校验问题。对于某一块 block_i 的哈希值，可以由式(2-9)计算。

$$H(\text{block}_i) = \prod_{k=i}^{m} g_k^{b_{k,j}} \bmod p \tag{2-9}$$

则对于拥有 n 个块的文件 F 和系数向量 $(c_{j,1}, c_{j,2}, \cdots, c_{j,n})$，$F$ 的哈希值为

$$H(F) = \prod_{k=i}^{m} Hc_{j,i}(\text{block}_i) \bmod p \tag{2-10}$$

发送者首先计算每个分块的哈希值，然后将其传递给接收者，对于任意时刻，接收者都可以通过验证已接收的文件哈希值来判断文件内容是否被修改过。

2.4 Pedersen 承诺

Pedersen 承诺[25]是密码学中的一种承诺方案，用于在保证隐私的情况下向其他方公开某些信息。Pedersen 承诺原理基于离散对数问题和数学概念中的双线性映射。在 Pedersen 承诺中，将值变换为向量或多项式，然后将其转换为一个离散对数问题的等价形式，该值基于一个固定生成元和随机数来生成承诺。该承诺在许多应用场景中都有重要作用，比如密码学协议、联盟链等领域。

Pedersen 承诺的原理如下[20]。

设 q 为一个大素数，g 和 h 为群 G 的两个生成元，r 为随机数，m 为要承诺的值，则 Pedersen 承诺的公式为

$$C=g^m h^r (\bmod q) \tag{2-11}$$

其中，C 表示 Pedersen 承诺的结果。要验证承诺是否正确，需要同时提供 m、r 和 C，并验证下式是否成立：

$$g^m h^r C \equiv C (\bmod q) \tag{2-12}$$

如果等式成立，则该承诺是正确的。

Pedersen 承诺需要满足隐藏性和绑定性[20]：

(1) 隐藏性，即承诺与随机数计算不可区分。事实上，由于 r 是随机数，则 $C_0 = g^{m_0} h^r$ 和 $C_1 = g^{m_1} h^r$ 在计算上是不可区分的，进而对 m 做到了隐藏。

(2) 绑定性，即承诺的内容在承诺作出之后不可抵赖。

Pedersen 承诺的一个最重要的特性就是加法同态性，它是一种常用于密码学和区块链的加密技术，允许两个 Pedersen 承诺的和等于这两个承诺的明文之和的承诺。

当使用 Pedersen 承诺加法同态时，假设有两个明文 x 和 y，它们对应的 Pedersen 承诺分别为 C_1 和 C_2。这时，可以通过将 C_1 和 C_2 相乘来生成它们的和 C_3，即 $C_3 = C_1 \times C_2$。C_3 也是一个 Pedersen 承诺，它对应的明文是 $x+y$。因此，Pedersen 承诺加法同态保证了承诺的乘法与明文的加法是同态的[26]。

这个性质对于密码学和区块链中的许多应用非常有用，比如零知识证明、交易验证等。它可以帮助确保加密系统的安全性，并且在保证隐私性的同时，允许进行有效的计算。

除了加法同态性、隐藏性和绑定性，Pedersen 承诺还有以下特性：

(1) Pedersen 承诺是可验证的。给定一个 Pedersen 承诺 C 和对应的明文 x，可以通过公开的生成元、随机数以及承诺本身验证承诺是否正确。

(2) Pedersen 承诺是可撤销的。给定两个 Pedersen 承诺 C_1 和 C_2 以及对应的明文 x_1 和 x_2，可以根据随机数的差异撤销其中一个承诺的明文，而不影响另一个承诺的正确性。

(3) Pedersen 承诺是不可伪造的。除非拥有私钥，否则无法生成一个有效的 Pedersen 承诺。

这些特性使得 Pedersen 承诺成了许多密码学和区块链应用中的重要工具，下面列举几个常见的应用场景。

(1) 联盟链。Pedersen 承诺可以用于联盟链中实现“公开性”，即在保护用户隐私的同时，允许其他用户验证某个特定的交易是否发生。例如，使用 Pedersen 承诺可以实现可验证的匿名投票，同时保护投票者的隐私。

(2) 多方计算。Pedersen 承诺可以用于多方计算中实现“可验证性”，即确保各

方在计算过程中不会作弊或泄漏信息。例如,在安全多方计算协议中,Pedersen 承诺可以用于验证各方提交的信息是否正确。

(3) 数字签名。Pedersen 承诺可以用于数字签名中实现“不可否认性”,即签署者不能否认已经签署过的信息。例如,使用 Pedersen 承诺可以实现匿名数字签名,保护签署者的隐私。

2.5 零知识证明

2.5.1 零知识证明概述

零知识证明最早由 Goldwasser 于 1989 年提出,其本质是一种两方或多方协议,主体包括证明者和验证者[27]。零知识证明发展至今,最受欢迎的是简洁的非交互式零知识证明(zero knowledge succinct non-interactive arguments of knowledge, zk-SNARK)[28],它可以在别人不知道交易内容的情况下验证交易的有效性,因此被广泛应用于区块链。

零知识证明主要具备三个性质,分别为完备性、可靠性和零知识性。假设有某个语言串 x,证明者想要向验证者证明 x 在语言 L 中,零知识证明的三个性质具体表述如下。

(1) 完备性[20]:如果证明者和验证者都是诚实的,并且在证明过程中严格遵守证明规则,且计算正确,则验证者一定能接受 $x\in L$。

(2) 可靠性[20]:如果 $x\notin L$,证明者仍生成了 x 的零知识证明,则该证明被验证者接受的概率是可以忽略不计的。

(3) 零知识性:验证者只能得到“$x\in L$”这个信息,而对于其他额外的信息,验证者无从得知。

零知识证明可以被形式化地定义为[29]:对于任意语言 L,其交互证明系统为 $\langle P,V\rangle$,如果对于每个概率多项式时间的交互机 V^*,都存在一个概率多项式时间的算法 M^*,使得 $\{\langle P,V^*\rangle(x)\}_{x\in L}$ 以及 $\{M^*(x)\}_{x\in L}$ 在计算上不可区分,则可以称 $\langle P,V\rangle$ 是计算零知识的[30],其中 M^* 为 P 和 V^* 相互作用的模拟器。

2.5.2 Bulletproof 协议

Bulletproof 协议[31.]是一种零知识证明协议,用于证明某个声明的真实性,同时不需要披露声明的具体内容。Bulletproof 协议最初由 Benedikt Bunz 在 2018 年提出,是一种高效的非交互式零知识证明协议。Bulletproof 协议的基本思路是:先将声明转换为一个多项式，然后使用 Pedersen 承诺证明该多项式的正确性。通过使用多项式的技术，Bulletproof 协议能够证明非常复杂的声明，如数学方程式、加密货币转账等，能够保护用户的隐私和匿名性。Bulletproof 协议的具体实现需要使用多项式插值和拉格朗日插值的技术，以及基于 Pedersen 承诺的承诺方案。该协议还可以进行一些算法优化。例如，在多项式求值和点乘等方面，使用高效的算法，从而提高证明的效率和可扩展性。Bulletproof 协议在其他领域中有许多应用场景，例如，在联盟链中，该协议可以用于实现隐私保护的加密货币转账、可验证的匿名投票等；该协议还可以用于加密通信、金融交易等领域，提高系统的安全性和保护用户的隐私。

2.6 同态加密

2.6.1 同态加密概述

同态加密是一种特殊的加密技术[32]，它是一种可以基于密文进行计算，解密后得到正确结果的密码方案。简单来说，同态加密使得数据在密文状态下进行运算成为可能，而无需暴露明文。同态加密的应用领域非常广泛。例如，医疗领域可以使用同态加密保护患者的隐私，同时允许医生进行疾病预测和诊断；同样地，金融领域可以使用同态加密保护客户的交易数据，并允许对反欺诈的检测和对客户行为的分析。

本质上，同态加密是这样的一种加密函数：对明文进行环上的加法和乘法运算后再加密，与加密后再对密文进行相应的运算，结果是等价的。由于这个良好的性质，人们可以委托第三方对数据进行处理而不泄漏信息。具有同态性质的加密函数是指两个明文 a、b 满足公式：

$$\mathrm{Dec}(\mathrm{En}(a) \odot \mathrm{En}(b)) = a \oplus b \tag{2-13}$$

其中，En 是加密运算，Dec 是解密运算，$\odot$、$\oplus$ 分别对应明文域和密文域上的运算。当 $\oplus$ 代表加法时，则称该加密为加同态加密；当 $\oplus$ 代表乘法时，则称该加密为乘同态加密。根据支持密文运算的程度[33]，同态加密可以分为部分同态加密和完全同态加密。完全同态加密对密文的计算深度没有限制，支持任意类型的密文计算，而部分同态加密只允许有限的密文计算。部分同态加密常在一些运算并不复杂的场景中得到应用。相比于部分同态加密，完全同态加密的计算代价高、效率低下。

2.6.2 Paillier 同态加密

Paillier 同态加密算法[26]属于部分同态加密算法。Paillier 是一个支持加法同态的公钥密码系统，由 Paillier 在 1999 年的欧密会（EUROCRYPT）上首次提出。基于多项式间接求和问题，Paillier 加密综合了加密和同态两个概念，将内容加密和密文的计算结合起来，为传输内容、计算提供了安全性。Paillier 加密算法基于合数幂剩余类问题[20]，即构造在模数为 n^2 的剩余类上，其中 $n=pq$，p、q 为两个大素数。

Paillier 同态加密算法的具体步骤如下[33]。

(1) 密钥生成阶段。随机选择两个独立的大素数 p、q，且 $\gcd(pq,(p-1)(q-1))=1$，计算 p、q 的乘积 $n=pq$；选择一个阶为大素数 q_1 的乘法群 G，其生成元为 g 和 h，满足 $g<n^2$；通过 LCM 函数计算出最小公倍数 $\lambda=\mathrm{LCM}(p-1,q-1)$，计算模逆元素：

$$\mu=L(g^{\lambda}\bmod n^2)^{-1}\bmod n \tag{2-14}$$

定义函数 L 为

$$L(u)=\frac{u-1}{n} \tag{2-15}$$

设置公钥为 $\mathrm{pk}=(n,g)$，私钥为 $\mathrm{sk}=(\lambda,\mu)$。

(2) 加密阶段。设对于任意明文 $m\in Z_n$，选取一个随机数 $r\in Z_n^*$，则密文 c 为

$$E(m)=c=(g^m r^n)\bmod n^2 \tag{2-16}$$

(3) 解密阶段。对于密文 $c\in Z_{n^2}^*$，利用以下公式可以解密出对应的明文 m：

$$D(c)=m=L(c^{\lambda}\bmod n^2)\cdot\mu\bmod n=\frac{L(c^{\lambda}\bmod n^2)}{L(g^{\lambda}\bmod n^2)}\bmod n \tag{2-17}$$

Paillier 同态加密算法具有加法同态性和混合乘法同态性，证明过程如下。

(1) 加法同态性证明。设明文 m_1、m_2 对应的密文分别是 c_1、c_2，两个密文的乘积 $c_1\cdot c_2$ 为

$$\begin{aligned}c_1\cdot c_2&=E(m_1)\cdot E(m_2)\\&=(g^{m_1}r_1^n\bmod n^2)(g^{m_2}r_2^n\bmod n^2)\\&=g^{m_1+m_2}((r_1r_2)^n)\bmod n^2\\&=E(m_1+m_2)\end{aligned} \tag{2-18}$$

由式(2-18)可知，由于 $E(m_1)\cdot E(m_2)=E(m_1+m_2)$，所以 Paillier 加密算法具有加法同态性。

(2) 混合乘法同态性证明。设有明文 m_1、密文 c_2 即 $E(m_2)$，则可以得出以下关系：

$$\begin{aligned}c_2^{m_1}&=E(m_2)^{m_1}\\&=(g^{m_2}r_2^n)^{m_1}\bmod n^2\\&=g^{m_1m_2}r_2^{nm_1}\bmod n^2\\&=g^{m_1m_2}(r_2^{m_1})^n\bmod n^2\\&=E(m_1m_2)\end{aligned} \tag{2-19}$$

由此可见，Paillier 加密算法具有混合乘法同态性。

2.7 Shamir 秘密共享

Shamir 秘密共享[34.]又称 Shamir 门限方案。假设存在一个秘密，记为 S，现对 S 做特定运算，得到 w 个秘密碎片 $S_i(1\leqslant i\leqslant w)$，并将其分发给 w 个人保管，当且仅当有至少 t 个人公布自己拿到的碎片 S_i，秘密 S 才会被重构。具体的操作步骤如下[34]。

1. 秘密分发阶段

秘密分发者随机选择 $t-1$ 个随机数 $a_1,\cdots,a_{t-1}$ 和秘密 S 构建一个 $(t-1)$ 次幂的方程，如下所示：

$$F(x)=S+a_1\cdot x+a_2\cdot x^2+\cdots+a_{t-1}\cdot x^{t-1}\bmod p \tag{2-20}$$

接下来，取 w 个不相等的 x_i，计算相应的 $F(x_i)$ 的值，便得到了 w 组的 $(x_i,F(x_i))$，并分发给 w 个参与者。

2. 秘密重构阶段

任何 t 个参与者，可以通过 Lagrange 插值公式计算出原多项式 $F(x)$，即当有 t 组 $(x_i,F(x_i))$ 被公开时，可以通过以下式子还原出多项式：

$$F(x)=\sum_{i=1}^{t}F(x_i)\prod_{1\leqslant j\leqslant t,j\neq i}\frac{(x-x_j)}{(x_j-x_i)}(\bmod p) \tag{2-21}$$

最后，令 $x=0$，可以求出 $F(0)=S$，也就得到了需要恢复的秘密 S。

2.8 保序加密

保序加密算法(Order-Preserving Encryption, OPE)是一种加密算法，它可以对数据进行加密，并使加密后的数据在原始数据的基础上保持相对大小关系不变，即保持数据的顺序性[35]。

保序加密[36]最先是由美国的 Alexandra Boldyreva 等人提出的，该算法利用随机保序函数和超几何分布设计了一个安全和高效的 OPE 方案。越来越多的数据使得公司和政府无法独自承担所有数据的存储，他们更愿意将自己的私人数据存储在远程且可能不受信任的服务器中，与此同时，这些数据可能会受到服务器的窥探而存在安全性的问题。为了维护数据的安全，加密数据库已成为解决大数据存储和隐私保护问题的有效方法，但这牺牲了数据的可用性：一旦数据以密文形式存储在服务器中，就很难在不解密的情况下查询数据。在这样的背景下，Alexandra Boldyreva 等人想到了一个巧妙的方法，既能保证数据的安全，又能保持数据原有的顺序，方便进行数据检索。

保序加密算法的原理是将较小的明文域映射到较大的密文域中，映射的过程中严格保留原明文的顺序(随机选择明文域中的一个数字进行映射，选择下一个数字时会与已经映射了的数字进行大小比较，映射时也只会映射到与明文大小相对应的密文区间)，并通过超几何平面的思想保证了随机性，因此该算法难以被破解。加密的过程即映射的过程，会产生一张映射表，映射表可用于解密。

保序加密算法的原理如图 2-3 所示，将明文域映射到密文域中，映射完成后 1 对应的密文是 47，2 对应的密文是 48，3 对应的密文是 51，而 4 对应的密文是 52，既隐藏了明文，又保持了明文的顺序。

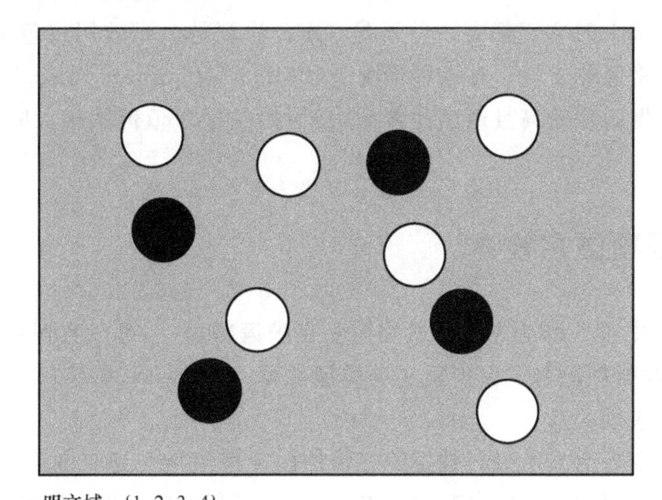

明文域：{1,2,3,4}
密文域：{45,46,47,48,49,50,51,52,53,54}

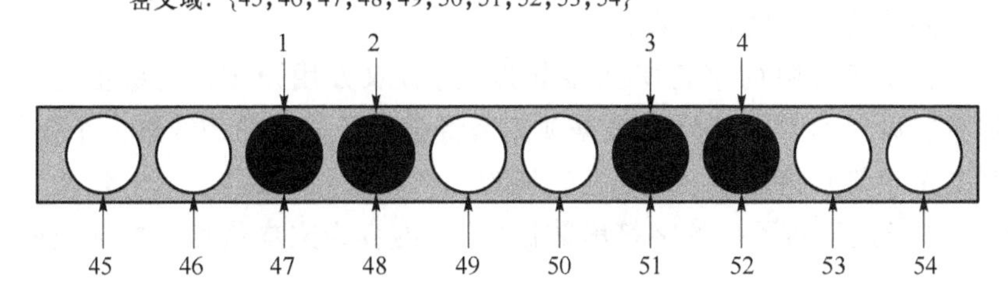

图 2-3 保序加密算法示例图

2.9 其他技术

本书用到的密码学基础知识除前文所列之外，还有一些隐私保护技术，例如，差分隐私技术、数据项匿名技术和隐私保护求交集。本节对这些技术给出简单的描述。

2.9.1 差分隐私技术

差分隐私[37](Differential Privacy,DP)技术能够在隐私保护效果和执行效率之间取得较好的平衡,已逐渐成为学术界研究的热点方向。本地化差分隐私[38.](Local Differential Privacy,LDP)是差分隐私的重要分支,它去除了传统差分隐私中对可信第三方的需求,增强了模型的实用性。目前,LDP 模型在工业界得到了广泛应用,如谷歌、苹果、华为、阿里等公司已分别将本地化差分隐私技术应用于 Chrome、iOS、华为终端云和 DataTrust 等产品。GRR[39.](Generalized Randomized Response)和 SUE[40](Symmetric Unary Encoding)是目前常用的两种本地化差分隐私协议,但当原始数据定义域很大时它们都有一些不足:GRR 协议的数据效用将急剧下降,SUE 协议的通信代价将急剧上升。在这种情况下,OLH[41](Optimized Local Hashing)协议因估计结果数据效用较高且通信代价低,是原始数据取值范围很大时的最优协议之一。

2.9.2 数据项匿名技术

数据项匿名技术[42]作为常见的数据隐私保护策略之一,可以实现对敏感数据的快速脱敏,因此数据项匿名在保护短文本类型数据、电话号码、数字等长度有限的数据中受到广泛的应用。

可使用数据项匿名技术进行数据隐私保护的字段包括交易双方用户 ID、交易价格、交易主题、交易时间、上传时间、交易 ID 号这一系列内容。根据数据字段的不同,采取如下不同的数据项匿名方式。

(1) 对于长度有限的字符串类型数据(交易双方用户 ID、交易主题、交易 ID 号),根据系统设置的匿名参数 k,数据项匿名将会从字符串的倒数第二个字符起(包含倒数第二个字符),将连续 k 个字符转换为“ * ”。

(2) 对于长度不可预估的字符串数据(存储内容为文本信息),数据项匿名不做处理。

(3) 对于日期类型的数据(数据上传时间、交易完成时间),不能随意将其中的某位数字转换为“ * ”,因为这样的处理方式不利于后续的查询。因此设定了一套特殊的处理时间的数据项匿名隐私保护策略,采用的时间格式为 yyyy-MM-dd HH:hh:ss(六个位置分别对应年、月、日、时、分、秒)。对于匿名参数 $k=1$ 的情况,只对秒的最后一位进行替换,替换为“5”;当匿名参数 $k=2$ 时,将秒的第一位替换为“3”,依此类推。随着匿名参数的增长,所采用的算法从低到高对时间数据上的每一位数字进行替换,最终可实现对日期类型数据的数据项匿名。

(4) 对于整数类型的数据(交易价格),其数据长度是可变的。若匿名参数 k 小于或等于交易价格的位数,则采用的算法将由低到高将数据的最后 k 位数字替换为"5";若匿名参数 k 大于交易价格的位数,则将用"0"在数字前将数字位数补全至 k 后,将所有数字替换为"5"。但实际上,不推荐设置一个过大的 k。以上述情况为例,这会导致大量交易价格均变为 k 个"5",造成后续需要进行的均价统计过度失真。

2.9.3 隐私集合求交集

隐私集合求交集[43](Private Set Intersection)是一种安全的多方计算密码技术,允许持有集合的多方通过比较加密版本的集合计算交集,在这种情况下,除了交集元素外,任何一方不会泄漏集合的其余信息。集合求交是数据共享计算的基础协议,以两方集合求交为例,数据持有方 A 和 B 分别拥有数据集合 X 和 Y,双方通过安全计算方法求得集合 $X \cap Y$,而不泄漏交集外的元素。本节介绍 Bloom 等人[44]提出的 BF 方案和 Dong 等人[45]提出的 GBF 方案。

1. BF 方案描述

Bloom 等人基于哈希函数设计数据存储结构,提出了 Bloom Filter(BF 方案)[44],主要做法为:将一个元素映射到一个长度为 m 的阵列上的一个点,当这个点是 1 时,那么这个元素可能在集合内。

BF 方案的核心实现是一个超大的位数组和几个哈希函数。假设位数组的长度为 m,初始时全部置为 0,哈希函数的个数为 k。当判断元素 x 是否在集合中时,通过 k 次哈希比对,如果比特位上是 0,则元素 x 不在集合内,此时将对应比特位上的元素置为 1;如果 k 个点都是 1,则元素 x 可能在集合内。BF 方案示例图如图 2-4 所示。

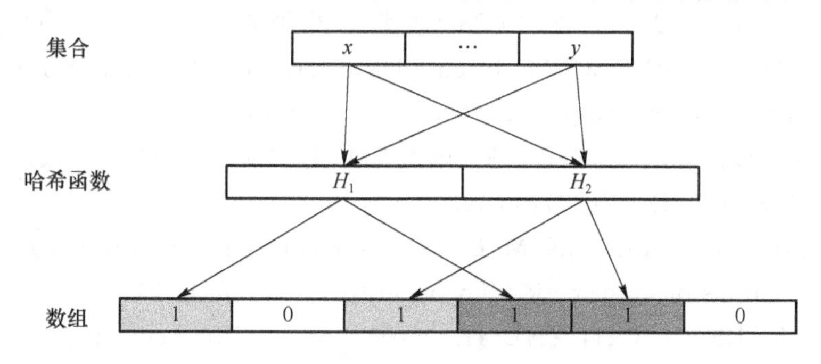

图 2-4 BF 方案示例图

2. GBF 方案描述

Garbled Bloom Filters(GBF)方案是 BF 方案的变形。Dong 等人[45]结合

Shamir 的秘密分享算法，将 Bloom Filters 算法中的 BitSet 数组转换成了字符串数组，以此解决 BF 方案中 hash 冲突的问题，详细算法如下。

(1) 数组初始化：创建一个长度为 m 的字符串数组，下标为$[0,m-1]$，数组中的每一个字符串长度均为 λ，并将其置为 0，选择 k 个独立的均匀分布的哈希函数 $H=\{H_0,H_1,\cdots,H_{k-1}\}$，每一个 H_i 函数映射的值域在$[0,m-1]$中均匀分布，即 hash 函数映射的值总是对应字符串数组中的一个位置。

(2) 元素插入：依次用 k 个 hash 函数将元素 x 映射到数组中的 k 个位置上。将元素 x 分片为 k 个 λ 比特长的字符串 $x_0,\cdots,x_{k-1}$，满足 $x=x_0\oplus\cdots\oplus x_{k-1}$，数组索引为 $H_i(x)$的位置存储字符串 x_i，其中 $i=0,\cdots,k-1$；将数组中未存储字符串的位置存储一个随机字符串。

(3) 集合查询：对于每一个待查询的元素 y，我们用 k 个 hash 函数将元素 y 映射到数组中的 k 个位置上。依次将这 k 个位置上的字符串进行异或，如果得到的值恰好为 y，那么认为 y 在集合 S 中，否则不在。

本章参考文献

[1] 卢秋如. 国密算法应用研究综述[J]. 软件，2023，44(1)：123-125.

[2] 国家密码管理局. SM2 椭圆曲线公钥密码算法：第 4 部分 非书资料：GB/T 32918.4-2016. 2016-08-29[S]. 北京：中国国家标准化管理委员会，2016.

[3] 国家密码管理局. SM3 密码杂凑算法 非书资料：GB/T 32905-2016. 2016-08-29[S]. 北京：中国国家标准化管理委员会，2016.

[4] 全国信息安全标准化技术委员会. SM9 标识密码算法：第 2 部分 非书资料：GB/T 38635.2-2020. 2020-04-28[S]. 北京：中国国家标准化管理委员会，2020.

[5] BONEH D，FRANKLIN M. Identity-based encryption from the Weil pairing[J]. SIAM Journal on Computing，2003，32(3)：586-615.

[6] 邓浩明，彭长根，丁红发，等. 基于国密 SM9 算法的门限环签名方案[J]. 计算机技术与发展，2022，32(12)：95-102.

[7] DIFFIE W，HELLMAN M E. New directions in cryptography[J]. IEEE Transactions on Information Theory，1976，22(6)：644-654.

[8] BAO F，DENG R H，ZHU H. Variations of diffie-hellman problem[C]//Information and Communications Security：5th International Conference，ICICS 2003，Huhehaote，China，October 10-13，2003. Proceedings 5. Springer Berlin Heidelberg，2003：301-312.

[9] MALCHOW H，EWE K，BRANDES J W，et al. European Cooperative Crohn's Disease Study (ECCDS)：results of drug treatment [J].

Gastroenterology, 1984, 86(2): 249-266.
[10] 周永彬,姜子铭,王天宇,等. RSA 及其变体算法的格分析方法研究进展[J/OL]. 软件学报: 1-26 [2023-04-27]. http://doi. org/10. 13328/j. cnki. jos. 006657.
[11] EASTLAKE 3RD D, HANSEN T. US secure hash algorithms (SHA and SHA-based HMAC and HKDF)[R]. United States:RFC Editor,2011.
[12] 国家密码管理局. SM4 分组密码算法 非书资料:GB/T 32907-2016. 2016-08-29 [S]. 北京:中国国家标准化管理委员会,2016.
[13] 王小云,刘明洁. 格密码学研究[J]. 密码学报,2014,1(1):13-27.
[14] ZHANG J, ZHANG Z, GE A. Ciphertext policy attribute-based encryption from lattices[C]//Proceedings of the 7th ACM Symposium on Information, Computer and Communications Security. 2012: 16-17.
[15] AGTAI M, KUMAR R, SIVAKUMAR D. A sieve algorithm for the shortest lattice vector problem[C]//Proceedings of the thirty-third annual ACM symposium on Theory of computing. 2001: 601-610.
[16] 丁杭超. 基于 LWE 类问题密码协议设计研究[D]. 济南:山东大学,2022.
[17] GÜR K D, POLYAKOV Y, ROHLOFF K, et al. Practical applications of improved Gaussian sampling for trapdoor lattices[J]. IEEE Transactions on Computers, 2018, 68(4): 570-584.
[18] EL BANSARKHANI R, BUCHMANN J. Improvement and efficient implementation of a lattice-based signature scheme[C]//Selected Areas in Cryptography--SAC 2013: 20th International Conference, Burnaby, BC, Canada, August 14-16, 2013, Revised Selected Papers 20. Springer Berlin Heidelberg, 2014: 48-67.
[19] MICCIANCIO D, PEIKERT C. Trapdoors for Lattices: Simpler, Tighter, Faster, Smaller[C]//Eurocrypt. 2012, 7237: 700-718.
[20] 杨波. 现代密码学[M]. 4 版. 北京: 清华大学出版社, 2017.
[21] 苗佳. 杂凑算法 SM3/SHA256/SHA3 的硬件设计与实现[D]. 北京: 清华大学,2018. DOI:10. 27266/d. cnki. gqhau. 2018. 000311.
[22] 邹又姣,马文平,冉占军,等. 改进的多变量哈希函数[J]. 计算机科学,2013,40(6): 45-48+75.
[23] KROHN M N, FREEDMAN M J, MAZIERES D. On-the-fly verification of rateless erasure codes for efficient content distribution [C]//IEEE Symposium on Security and Privacy, 2004. Proceedings. 2004. IEEE, 2004: 226-240.
[24] 周锐,王晓明. 基于同态哈希函数的云数据完整性验证算法[J]. 计算机工程,

2014,40(6):64-69.

[25] 张凡,黄念念,高胜.基于 Borromean 环签名的隐私数据认证方案[J].密码学报,2018,5(5):529-537.

[26] PAILLIER P. Public-key cryptosystems based on composite degree residuosity classes [C]//Advances in Cryptology—EUROCRYPT '99: International Conference on the Theory and Application of Cryptographic Techniques Prague, Czech Republic, May 2-6, 1999 Proceedings 18. Springer Berlin Heidelberg, 1999: 223-238.

[27] WAN Z, ZHOU Y, REN K. zk-AuthFeed: Protecting data feed to smart contracts with authenticated zero knowledge proof[J]. IEEE Transactions on Dependable and Secure Computing, 2023,20(2):1335-1347.

[28] 王化群,吴涛.区块链中的密码学技术[J].南京邮电大学学报(自然科学版),2017,37(6):61-67.

[29] WANG X, JI Y, ZHOU H, et al. A privacy preserving truthful spectrum auction scheme using homomorphic encryption [C]//2015 IEEE Global Communications Conference (GLOBECOM). IEEE, 2015: 1-6.

[30] BAG S, HAO F, SHAHANDASHTI S F, et al. SEAL: Sealed-bid auction without auctioneers[J]. IEEE Transactions on Information Forensics and Security, 2019, 15: 2042-2052.

[31] 李一聪,周宽久,王梓仲.基于零知识证明的区块链隐私保护研究[J].空间控制技术与应用,2022,48(1):44-52

[32] 程敏洋. 基于同态加密的 SM2 数字签名协同生成方法研究及技术开发[D].武汉:武汉理工大学,2020.

[33] 肖瑶,冯勇,李英娜,等.基于同态加密的区块链交易数据隐私保护方案[J].密码学报,2022,9(6):1053-1066.

[34] 张剑,林昌露,黄可可,等.基于多项式插值的多等级秘密共享方案[J].密码学报,2022,9(4):743-754.

[35] 郭晶晶,苗美霞,王剑锋.保序加密技术研究与进展[J].密码学报,2018,5(2):182-195.

[36] BOLDYREVA A, CHENETTE N, LEE Y, et al. Order-preserving symmetric encryption [C]//Advances in Cryptology-EUROCRYPT 2009: 28th Annual International Conference on the Theory and Applications of Cryptographic Techniques, Cologne, Germany, April 26-30, 2009. Proceedings 28. Springer Berlin Heidelberg, 2009: 224-241.

[37] 高莹,陈晓峰,张一余,等.联邦学习系统攻击与防御技术研究综述[J/OL].计算机学报:1-25[2023-04-27]. http://kns. cnki. net/kcms/detail/11. 1826.

tp. 20230420. 1546. 044. html
[38] 张东月,倪巍伟,张森,等.一种基于本地化差分隐私的网格聚类方法[J].计算机学报,2023,46(2):422-435
[39] 曹依然,朱友文,贺星宇,等.效用优化的本地差分隐私集合数据频率估计机制[J].计算机研究与发展,2022,59(10):2261-2274
[40] ERLINGSSON Ú, PIHUR V, KOROLOVA A. RAPPOR: Randomized aggregatable privacy-preserving ordinal response[C]//Proceedings of the 2014 ACM SIGSAC conference on computer and communications security. 2014: 1054-1067.
[41] DWORK C, MCSHERRY F, NISSIM K, et al. Calibrating noise to sensitivity in private data analysis[C]//Theory of Cryptography: Third Theory of Cryptography Conference, TCC 2006, New York, NY, USA, March 4-7, 2006. Proceedings 3. Springer Berlin Heidelberg, 2006: 265-284.
[42] LATANYA S. k-anonymity: A model for protecting privacy[J]. International Journal of Uncertainty, Fuzziness and Knowledge-Based Systems, 2002, 10(5): 557-570.
[43] 魏立斐,刘纪海,张蕾,等.面向隐私保护的集合交集计算综述[J].计算机研究与发展,2022,59(8):1782-1799.
[44] BLOOM B H. Space/time trade-offs in hash coding with allowable errors[J]. Communications of the ACM, 1970, 13(7): 422-426.
[45] DONG C, CHEN L, WEN Z. When private set intersection meets big data: an efficient and scalable protocol[C]//Proceedings of the 2013 ACM SIGSAC conference on Computer & communications security. 2013: 789-800.

第3章 联盟链中隐私安全的交易

联盟链由于其不可篡改性、数据一致性等特点，在金融、医疗、供应链管理等领域有着广泛的应用。然而，随着应用的增多与研究的深入，联盟链中公开透明地记录在账本中的交易记录也带来了隐私泄漏的风险。链中的交易记录等数据会被多个组织共享，如果一个组织发生内容泄漏，则整个系统都可能面临数据泄漏风险。此外，攻击者还可能通过攻击某些节点来获取隐私数据。因此，联盟链构建交易时，需要采取包括加密算法、密码管理、数据审计等技术手段，为用户提供一个更为安全、高效的交易平台。

本章包括5节。3.1节介绍了联盟链中的隐私保护的交易类型。3.2节给出了隐私保护的票据交易方案，该方案将密码学算法和联盟链平台相结合，旨在为用户提供安全公正且保护隐私的票据交易平台。3.3节给出了隐私保护的拍卖交易方案，该方案利用保序加密算法、Shamir秘密共享、零知识证明和Pedersen承诺，保护用户身份和价格信息，交易规则通过联盟链链码自动处理，为用户提供了一个安全、可靠的拍卖平台。3.4节给出了隐私保护的投票方案，该方案利用同态加密、零知识证明和多方计算，为用户提供了一个匿名可验证的电子投票平台。3.5节给出了隐私保护的频谱双向交易方案，该方案利用国密算法和联盟链平台，解决了频谱交易中隐私泄漏和交易不公正的问题，旨在提高二级市场中的频谱复用效率。

3.1 联盟链中的交易隐私

随着联盟链应用的增多与研究的深入，账本中公开的交易记录也带来了交易隐私信息泄漏问题。虽然联盟链中采用哈希函数、签名算法等方式处理数据，但是联盟链建立以来的绝大部分数据都公开透明地存储在账本中，联盟链中的所有成员节点都可以查看,因此,攻击者可以通过聚类和密码学等分析手段来获取用户身份信息与地址之间的关联关系、破解加密数据等,给整个系统带来威胁。

为了解决这些问题,提供隐私保护的交易也不断出现。隐私保护交易可分为3种类型:基于地址混淆的隐私保护交易、基于信息隐藏的隐私保护交易和基于通道隔离的隐私保护交易[1]。基于地址混淆的隐私保护交易,是通过在同一个交易中构造多个用户和多笔交易输出,打破用户与其匿名地址之间一一对应的关联关系来进行混淆的,以防攻击者通过地址聚类获取用户地址关系。基于信息隐藏的隐私保护交易,使用零知识证明等技术实现,在交易过程中处理联盟链网络账本中的交易参与者、交易详情等数据,从而隐藏用户信息,防止攻击者通过分析联盟链中的存储信息获取用户地址之间的关联关系。基于通道隔离的隐私保护交易(Fabric 通道等)通过在网络层面上对数据进行访问控制,使得通道内的数据只对该通道内的节点可见,每个节点只存储自己所能看到的数据。

联盟链交易隐私保护方案中,如果隐私保护模块与联盟链系统之间紧耦合,大多数功能在联盟链底层实现,一旦隐私保护策略需要删除或增加新的隐私保护功能,就需要对联盟链系统底层进行改造,学习与时间成本较高。此外,如果将隐私保护功能写进智能合约中,通过智能合约之间的相互调用来实现隐私保护,则需要考虑每一次调用智能合约产生的额外计算代价和费用。因此,设计隐私保护的联盟链交易方案时,可以将隐私保护服务功能抽象出来,形成一个独立的第三方可信隐私保护服务端。当交易需要隐私保护功能时,通过与该服务端交互来完成对数据的隐私处理,从而保护用户的敏感信息。此类架构中,所有的隐私保护服务功能均由隐私保护服务端完成,能够实现隐私保护与区块链网络之间的解耦合,降低因多次调用智能合约而产生的额外开销,提高整个系统的运行效率。另外,隐私保护服务端还可以与链上数据访问记录合约联动,将数据的计算过程记录下来,用于监管。基于此,本章针对联盟链中不同类型的交易,如一对一的票据交易、一对多的拍卖交易或者投票、多对多的频谱双向交易,研究交易内容、交易地址和用户身份条件隐私保护,构建可打开的保护交易内容、交易地址与交易的关联关系、用户和交易地址的关联关系、用户和交易的关联关系的方法和策略,满足交易间的不可链接,构建相应的隐私保护策略,实现对不特定内容条件隐私保护。

3.2 隐私保护的票据交易

在联盟链上的隐私商业票据交易中,参与者通常是一些金融机构或其他信誉良好的企业。这些参与者在交易过程中可能会涉及一些敏感信息,如交易金额、交易时间等,这些信息需要进行隐私保护,以防止被泄漏和恶意攻击。

为了保护这些敏感信息，隐私保护的票据交易通常会借助可信第三方隐私保护服务器、哈希算法、加密技术（SM2、SM4）等对用户的身份信息和交易过程中的敏感信息进行处理，以保护用户的隐私和交易的安全性。

同时，联盟链上的隐私商业票据交易还可以通过智能合约来实现。智能合约可以自动执行商业票据交易过程中的规则和条件，以确保交易的公正性和透明度。例如，智能合约可以验证交易双方的资质和信誉，确保交易的合法性和安全性。

3.2.1 票据交易隐私保护需求

商业票据是一种无担保本票，由大型制造商、蓝筹股公司等大牌公司发行，以获得短期资本，履行短期财务义务。商业票据通常由货币市场基金和银行购买，是一种重要的投资策略。

随着联盟链技术的不断发展、应用以及票据交易隐私保护需求的激增，联盟链技术逐渐被应用到票据交易中，以保护票据交易的数据隐私。联盟链技术具有部分去中心化、不可篡改和匿名性等特点，可以为票据交易提供更加安全和可靠的保护。以下是对联盟链票据交易隐私保护需求的分析。

第一，联盟链技术可以为票据交易提供高效的交易记录和交易安全保障。联盟链中的交易记录是以区块的形式存储和验证的，每个区块都包含了前一个区块的哈希值和自身的交易信息，因此可以保证交易记录的完整性和不可篡改性。同时，联盟链技术的匿名性特点可以有效地保护交易参与者的隐私。

第二，联盟链技术可以为票据交易提供更加安全的数据存储和传输方式。联盟链技术采用密码学技术可以保证数据的安全性和隐私性。同时，联盟链技术的部分去中心化特点可以有效地防止黑客攻击和数据篡改等问题的发生。因此，联盟链技术可以为票据交易提供更加可靠的数据存储和传输方式，保障交易数据的安全性和完整性。

第三，联盟链技术可以为票据交易提供更加便捷和高效的交易流程。联盟链技术的去中心化特点可以减少中介机构的干涉，使交易流程更加简单和高效。同时，联盟链技术还可以提高交易的透明度和可追溯性，使交易参与者可以更加清晰地了解交易的过程和细节。

总的来说，联盟链技术可以为票据交易提供更加安全、高效和可靠的保护。同时，联盟链技术还可以为票据交易提供更加便捷和高效的交易流程。基于此，联盟链票据交易的隐私保护需求越来越受到关注。研究者们应当加强对联盟链中隐私保护技术的研究以拓展其应用，为票据交易的安全和可持续发展提供更加可靠的技术保障。

3.2.2 关联关系构建和打开

1. 关联关系构建

联盟链上的商业票据业务的关联关系构建是通过可信第三方的隐私保护服务器对用户身份信息以及票据交易过程中的敏感信息进行处理来实现的。隐私保护器使用国密算法(SM2、SM4)对用户身份信息以及票据交易过程中的敏感信息进行处理。

具体来说,用户的匿名身份信息可以使用 SM2 加密算法进行加密,该算法具有较高的加密强度和计算效率,可以保证用户身份信息的机密性和完整性。同时,SM2 加密算法还支持数字签名,可以验证用户身份信息的真实性和合法性。而对于票据交易的敏感信息,可以使用 SM4 算法进行加密,该算法具有较高的加解密速度和安全性,可以保证票据交易的机密性和完整性。

综上,基于可信第三方的隐私保护服务器进行的对联盟链上的商业票据业务关联关系的构建可以更好地保护用户的隐私和保障交易的安全性。

2. 关联关系打开

联盟链上的商业票据业务的关联关系打开是指,当提供了隐私保护的票据交易出现争执或者纠纷时,有权限的监管方或者其他可信第三方可以通过隐私保护服务器提供的用户密钥信息对匿名信息进行解密,获取相应的用户身份信息,实现对不诚实用户的追责,进而实现关联关系的打开,确保交易的公正性和透明度。

3.2.3 隐私保护的票据交易方案

1. 方案设计概述

本方案基于 Fabric 联盟链架构构建了一对一的隐私保护交易案例:在票据隐私交易中,用户利用可选的加密算法(如 SM2、SM4)对用户发行票据时的身份信息,以及购买的价格信息,通过隐私保护服务进行加密以及签名。

票据隐私交易方案主要包含 3 个部分:后端服务器、隐私保护服务器和 Fabric 联盟链网络。由后端服务器负责用户与联盟链之间的间接交互,由隐私保护服务器保证后端与联盟链网络交互时的隐私保护,并且在 Fabric 联盟链网络的链上存储经过隐私保护服务器处理的隐私数据。

2. 方案总流程

图 3-1 为结合 Fabric 联盟链的票据隐私交易总流程,其中包含 4 个实体:后端服务器、隐私保护服务器、Fabric 联盟链网络以及用户。

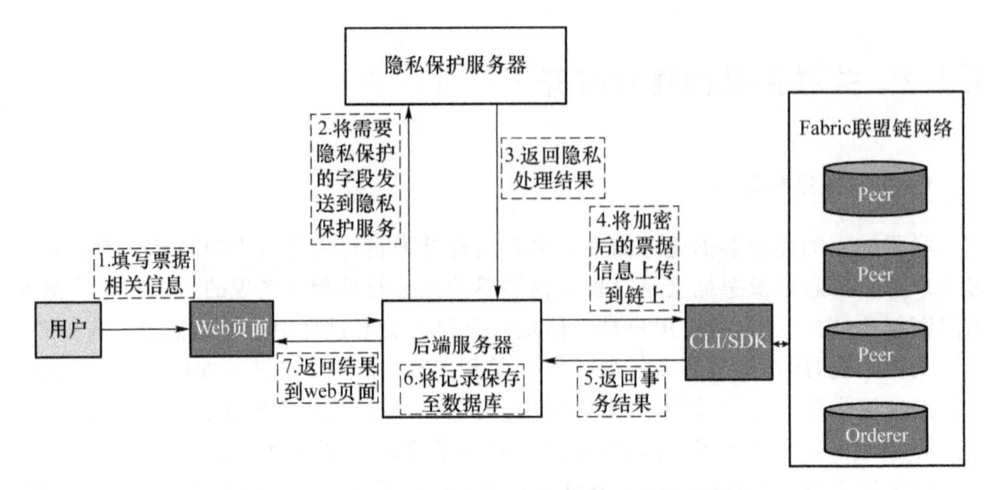

图 3-1　结合 Fabric 联盟链的票据隐私交易总流程

3. 发行票据详细数据流程

用户在 Web 页面填写发行票据的信息(票据编号、到期时间、面值),当用户点击“发行”按钮时,Web 前端会将票据信息通过 post 请求发送至后端服务器;后端服务器接收到票据信息,提取出需要隐私处理的字段发送至隐私保护服务器;隐私保护服务器根据发行者的公钥对票据字段进行加密,并带上发行者的公钥返回后端服务器;后端服务器再通过 grpc 调用 Fabric 联盟链网络中的 application 将隐私处理后的票据上链。最后,票据在本地数据库保存,便于用户查询。发行票据数据流程如图 3-2 所示。

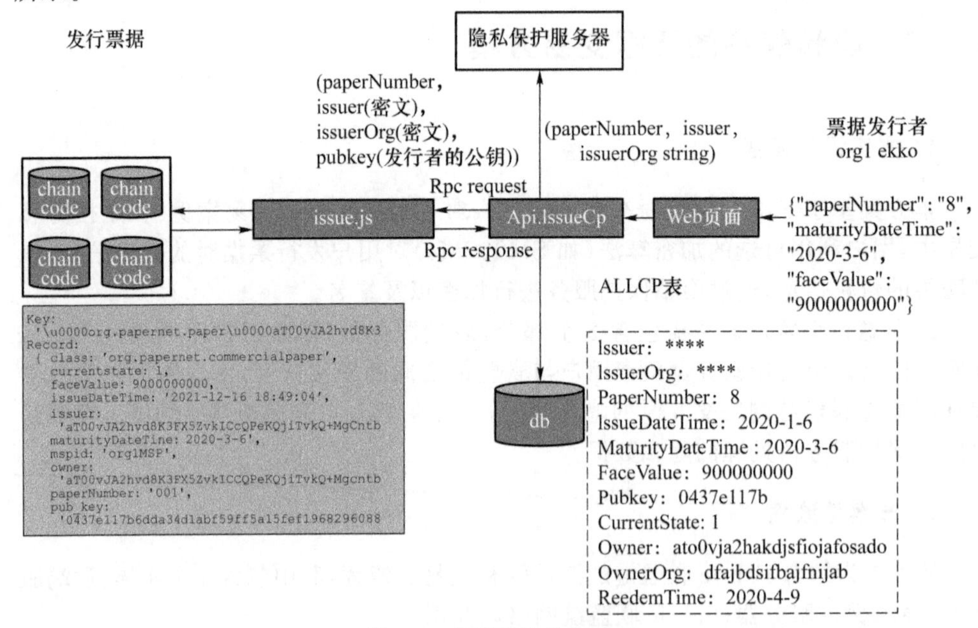

图 3-2　发行票据数据流程

4. 购买票据详细数据流程

用户在 Web 页面选中可购买的票据后，填入购买的价格，前端会将购买信息以 json 格式通过 http 的 post 请求发送至后端服务器；后端服务器将价格和用户身份信息解析出来，同时以 json 格式通过 http 的 post 请求发送到隐私保护服务器；隐私保护服务器将用户的出价与身份进行加密并返回，保存在数据库中，在隐私处理后进行上链操作。购买票据数据流程如图 3-3 所示。

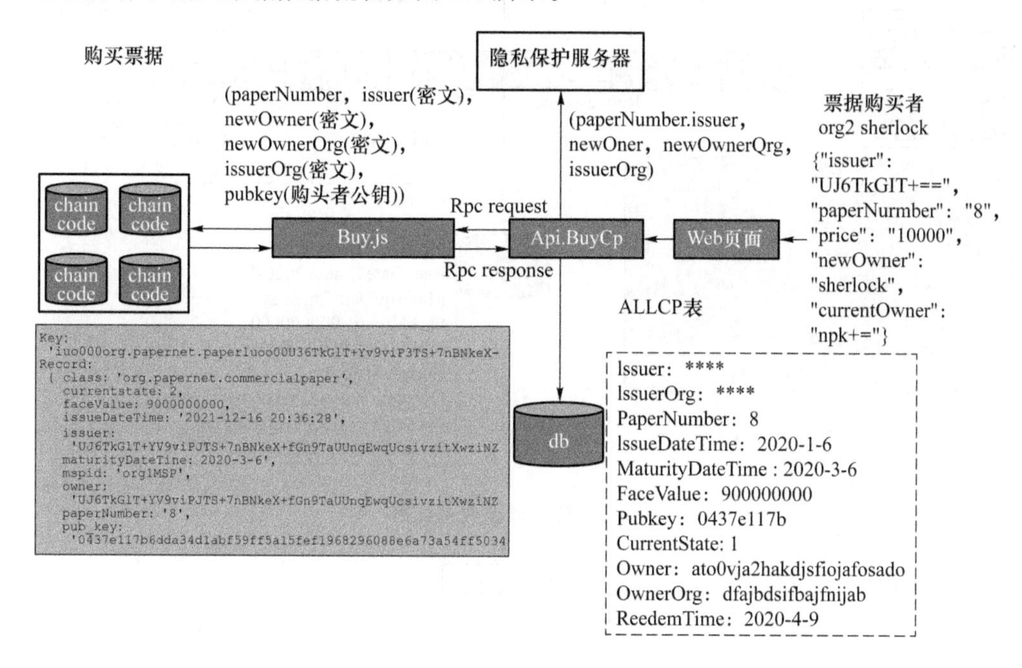

图 3-3 购买票据数据流程

5. 转让票据详细数据流程

发行者决定转让票据时，选中购买者的信息后，点击“转让票据”按钮，前端会将购买者的信息以 json 格式通过 http 的 post 请求传到后端服务器；后端服务器接收信息并将信息以 json 格式通过 http 的 post 请求发送到隐私保护服务器；隐私保护服务器将用购买者的公钥对数据进行加密，并带上购买者公钥返回；后端服务器将购买者信息发送到联盟链执行智能合约上链，成功后将返回结果存到本地数据库内。转让票据数据流程如图 3-4 所示。

6. 赎回票据详细数据流程

赎回阶段不需要与隐私保护服务器交互，票据持有者点击“赎回”按钮，前端将票据信息及用户身份以 json 格式通过 http 的 post 请求传到后端服务器，在做完身份匹配后，如果该用户拥有该票据，则将数据传到智能合约，执行链上赎回，将票据状态改为 4(reedemed)，成功后将返回结果保存在数据库。赎回票据数据流程如图 3-5 所示。

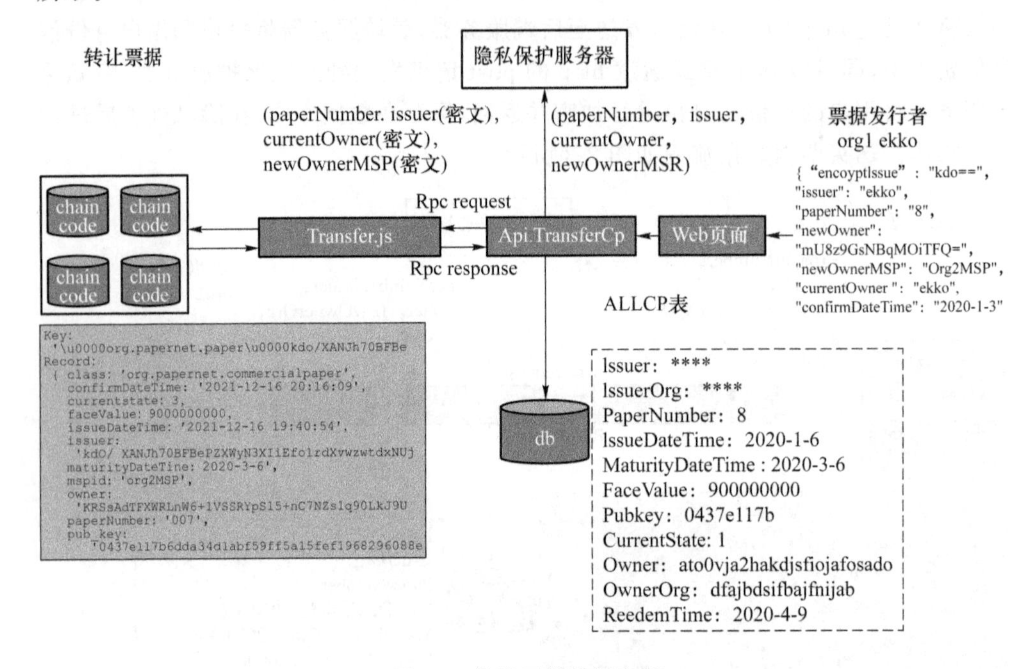

图 3-4　转让票据数据流程

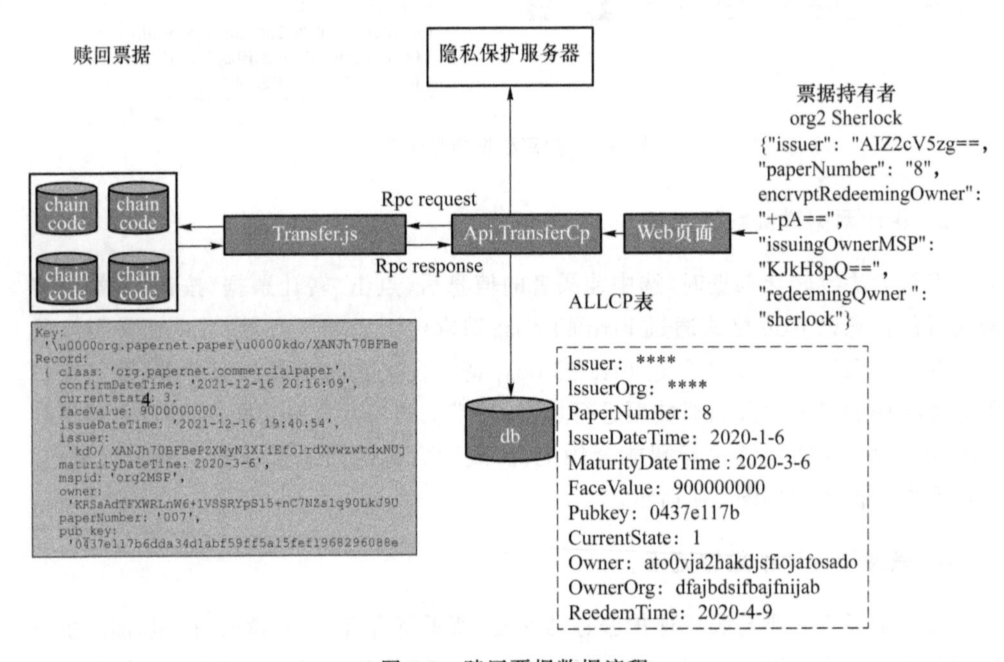

图 3-5　赎回票据数据流程

3.3 隐私保护的拍卖交易

本节主要介绍了一个可追踪的隐私保护的拍卖方案。方案中基于 Shamir 秘密共享方案设计了分布式系统中的恶意用户追踪方案,保证了关联关系的可构建与打开。与此同时,使用保序加密算法保护用户的出价,能够在保护隐私出价的前提下使用密文进行出价的比较。

3.3.1 拍卖隐私保护需求

传统的拍卖对场地、时间、人员有着较高的要求,电子拍卖满足时代发展的需求,对于拍卖机构而言,能够节省租赁场地、布置场地的开销,也无需协调各方人士的时间等烦琐事情;对于竞买方而言,参与拍卖变得跟网购一样方便,足不出户就能对心仪的物品做出竞拍,同样便捷。

然而,电子拍卖会面临着第三方拍卖机构不可信、第三方拍卖机构租金昂贵的问题,更严重的是会对拍卖的正确性和公平性造成威胁。为解决第三方拍卖机构引申出来的问题,联盟链技术大有可为。随着金融科技的发展,联盟链技术开始进入人们的视野。

联盟链的本质是分布式账本,具有公开透明、不可篡改的特性,因此它在多方不信任的交易场景下备受青睐。为解决第三方拍卖机构带来的问题,人们已提出很多使用联盟链技术作为底层架构的方案。但是联盟链公开透明、不可篡改的特性是一把双刃剑:一方面,联盟链的数据是各节点共同维护的,只有达成共识的数据才能上链,保证了数据的正确性以及不可伪造性;另一方面,公开透明的数据,容易带来隐私问题,用户所有的交易数据都能被轻易获取,轻则用户交易习惯、风险偏好等为人利用,重则人身安全受到威胁。因此,对联盟链上电子拍卖产生的交易数据做出隐私保护是至关重要的。

互联网上的交易应遵守相应的规则和秩序,对于做出非法行为或扰乱市场秩序行为的恶意用户的追踪是不可或缺的,研究恶意用户追踪机制势在必行。

因此,基于联盟链技术,设计并实现一个可追踪恶意用户的隐私拍卖框架有一定的研究价值和现实意义。

3.3.2 关联关系构建与打开

本节的关联关系构建与打开表现为,在联盟链上实现该系统时,既能实现隐私保护，又能在出现恶意用户时实现相应的打开，追踪恶意用户。本节包括关联关系构建与关联关系打开两部分。

1. 关联关系构建

如图 3-6 所示，新用户 user_i 进入系统，首先需要在可信第三方注册一个身份。注册身份时，需要提交身份证号 numberid、手机号 tele、用户名 username_i、密码 PW_i 等信息。可信第三方会为新用户 i 生成一对公、私钥（PK_i、SK_i），将公、私钥对作为结果返回用户，将公钥以及用户名记录到联盟链中，并将用户的注册信息和公、私钥对保存在其维护的数据库中。数据库中的增序序列作为主键，是用户的唯一标识，将此序列号记为 N_i；同时，将用户标识进行分片处理，使用 Shamir 秘密共享实现基于区块链的分布式系统中恶意用户的揭示与曝光，实现去中心化系统的自治。

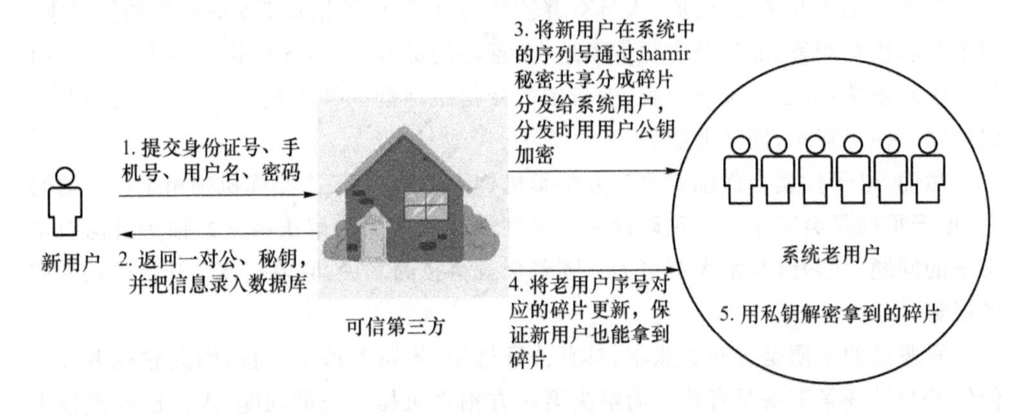

图 3-6　用户注册阶段示意图

下面详细介绍，如何使用 Shamir 秘密共享设计恶意用户追踪方案。

可信第三方会为每一个系统用户重新计算、分发 Shamir 秘密共享碎片，对于任意用户而言：

(1) 可信第三方随机选择大素数 p，确定此时系统中用户数量为 num，并设置阈值 t 为 $(2/3)\times\text{num}$；

(2) 在 1 到 p 的有限域中选择 $t-1$ 个数，分别记作 $a_1,\cdots,a_{t-1}$，作为 $t-1$ 次多项式 $f(x)$ 的非常数项的系数；

(3) 构建多项式：

$$f(x)=S+a_1x+a_2x^2+\cdots+a_{t-1}x^{t-1}\pmod p \tag{3-1}$$

其中 S 为该用户对应的序列号，也即 Shamir 秘密共享中的秘密；

(4) 取 num 个不相等的 x_i，将 $f(x_i)$ 用 N_i 的公钥加密后发送给 N_i，N_i 用自己的私钥进行解密后，可得到对应用户的一个碎片。

每次有新用户注册，可信第三方都会选择一个随机数，为该用户分配系统中已有用户的表示切片。如此一来，新老用户的权益都能够得到保障。

用户注册阶段算法如算法 3-1 所示。

算法 3-1 用户注册阶段算法

输入： 注册用的身份证号 numberid、手机号 tele、用户名 $username_i$、密码 PW_i。

输出： 一对公私钥（PK_i、SK_i）、Shamir 秘密共享产生的碎片。

1 $user_i$ submit numberid, tele, $username_i$, PW_i to TTP for registration

2 Generate PK_i, SK_i for $user_i$

3 num = num + 1

4 **for** $i \leftarrow 0$ to num **do**

5 choose $p, a_1, \cdots, a_{t-1}$

6 Construct a polynomial $f(x) = S + a_1 x + a_2 x^2 + \cdots + a_{t-1} x^{t-1} \pmod p$

7 **for** $j \leftarrow 0$ to num **do**

8 $Fragment_i = f(j)$

9 Send $Enc_{PK_j}(Fragment_i)$ to $user_j$

10 **end for**

11 **end for**

12 **return** PK_i, SK_i

通过以上算法，用户在进入拍卖系统并且参与拍卖的过程中，就能隐藏自己的真实身份，从而保护拍卖方和竞买人的身份信息。但是网络不是法外之地，如果存在恶意用户扰乱市场秩序的行为，系统理应恢复出他的信息以让他无所遁形。拍卖交易隐私保护方案以关联关系打开策略恢复恶意用户的真实信息。

2. 关联关系打开

每位用户在注册时可信第三方都会为其生成一个序列号，该序列号通过 Shamir 秘密共享技术产生 num 个碎片，分别交至系统中每一位用户。如果发现系统中存在恶意用户，用户可以向智能合约提交恶意用户对应的碎片。当智能合约收集到某个用户的(2/3)×num 个碎片时，就能使用这些碎片计算出该用户的序列号：

$$f(x) = \sum_{i=1}^{t} f(i) \prod_{1 \leqslant j \leqslant t, j \neq i} \frac{(x - x_j)}{(x_j - x_i)} \pmod p \tag{3-2}$$

通过计算，能够恢复出多项式，将 $x=0$ 带入多项式，得到的就是该用户的序列号。智能合约将序列号传递给可信第三方，可信第三方检索该序列号的注册信息且曝光，并禁止该用户继续在系统中发起拍卖或参与竞拍。恶意用户追踪曝光示意图如

图 3-7 所示。

恶意用户追踪、曝光算法如算法 3-2 所示。

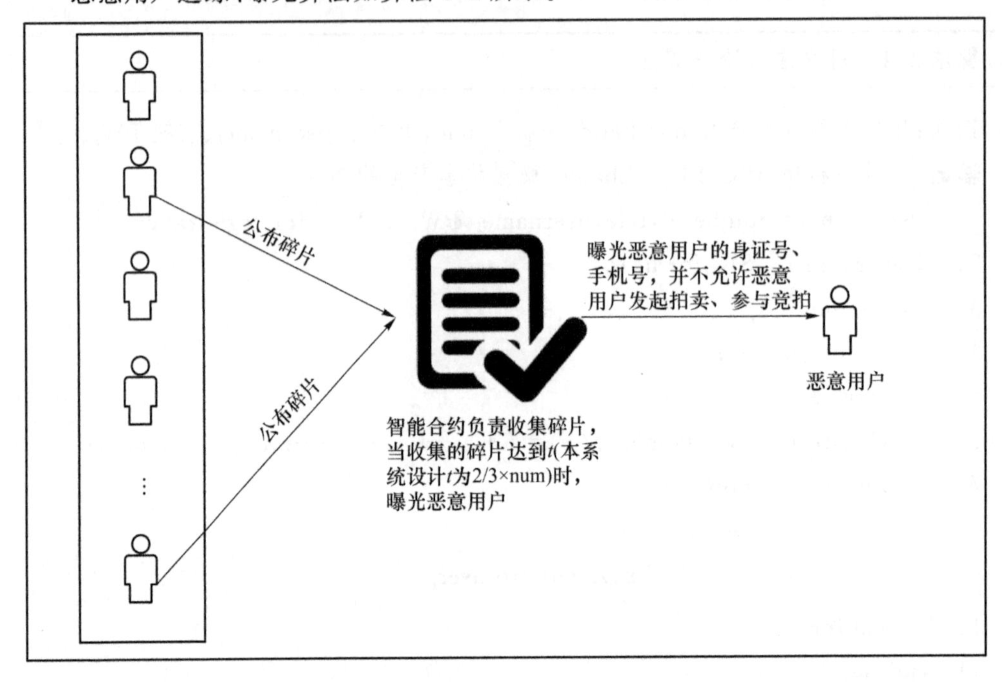

图 3-7 恶意用户追踪曝光示意图

算法 3-2 恶意用户追踪、曝光算法

输入：某恶意用户序列号的碎片 Fragment_i、Shamir 秘密共享的阈值 t。

输出：该用户的身份证号 numberid、手机号 tele。

1 $\text{count}_i = 0$

2 **if** User expose Fragment_i

3 $\text{count}_i = \text{count}_i + 1$

4 **if** $\text{count}_i > t$

5 $f(x) = \sum_{i=1}^{t} \text{Fragment}_i \prod_{1 \leqslant j \leqslant t, j \neq i} \frac{(x - x_j)}{(x_j - x_i)} (\bmod p)$ and bring out the secret $S = f(0)$

6 CA expose the numberid and tele of user whose serial number is S

7 **end if**

8 **end if**

此方案中，利用 Shamir 秘密共享算法满足了联盟链中用户自治的需求，即：尽管不存在超级管理员，系统中在拍卖运行的过程中，依然既能很好地保护隐私，又能通过自治恢复恶意用户信息并禁止其行为，做到安全性与自治性并存。

3.3.3 隐私保护的拍卖交易方案流程

本节将介绍英式拍卖、荷兰式拍卖这两种拍卖形式的保护方案。不同的拍卖物件可以根据需求选择不同的拍卖形式，满足更加多元化的需求。

如图 3-8 所示，拥有数字资源或实物资产的用户可以发起拍卖。用户发起拍卖的请求发出后，可信第三方会先验证用户身份，在确认其不是被揭示的恶意用户后方可通过。在发起拍卖阶段，根据英式拍卖与荷兰式拍卖的特性，拍卖方需要向智能合约提交拍卖的开始时间 T_{begin}、结束时间 T_{finish}、基础价格 baseprice；智能合约会返回一个拍卖号 auctionid 作为此次拍卖的唯一标识，并将拍卖信息记录到联盟链中，供系统中的其他用户查看。

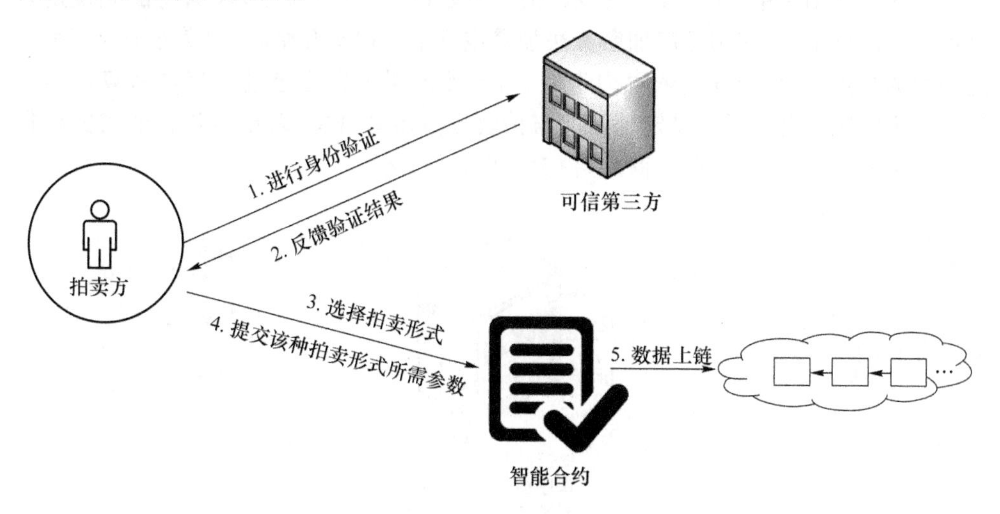

图 3-8 发起拍卖阶段示意图

系统中的所有用户 $\text{user}_i\,(1<i<\text{num})$ 可以随时留意链上信息，如果有心仪的物品且 $T_{\text{begin}}<T<T_{\text{finish}}$，则可以参与到此次拍卖中。同样地，用户参与竞拍的请求发出后，可信第三方会先验证用户身份，在确认其不是被揭示的恶意用户后方可参与竞拍。

在英式拍卖中，如图 3-9 所示，用户的出价会根据保序加密算法加密，将加密后的密文与当前最高价的密文相比较，若其大于最高价密文，则此轮竞拍成功，竞拍信息上链，出价密文为目前最高价密文；否则竞拍失败，可在调整明文价格后再次出价。

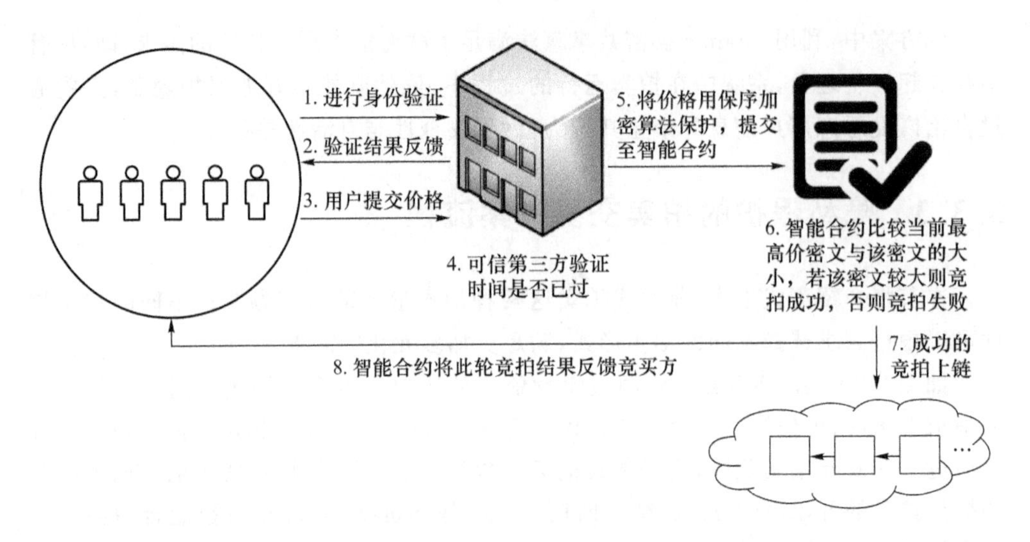

图 3-9　英式拍卖参与竞拍示意图

在荷兰式拍卖中，如图 3-10 所示，拍卖开始前用户（竞买方）根据物品先设定自己可接受的价格，并使用保序加密算法加密该价格。拍卖开始后，拍卖方会根据荷兰式拍卖的特点，从高价开始依次向下叫价，当然此叫价也是经过保序加密算法加密的。竞买方比对自己手中设定的密文与拍卖方喊出的密文，若设定价格的密文比拍卖方的密文大，则可拍下此件商品，拍卖结束。

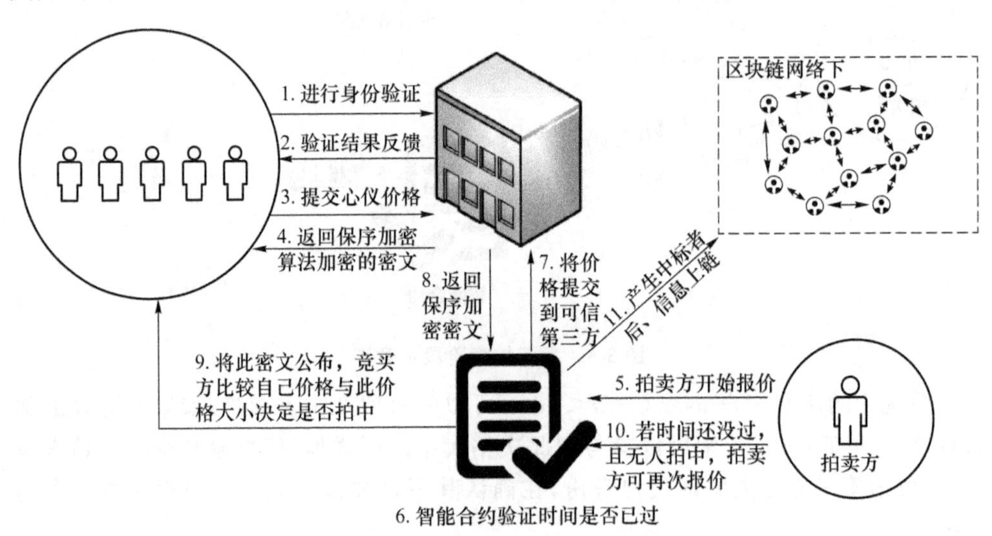

图 3-10　荷兰式拍卖参与竞拍示意图

英式拍卖与荷兰式拍卖都涉及使用保序加密算法对价格进行加密，对价格进行加密的算法如算法 3-3 所示。每一场拍卖生成一张密钥表，在拍卖验证结束后才会销毁，既保证了拍卖的正确性，又阻止了通过历史加密价格推测当前价格的行为。

算法 3-3 保序加密算法加密价格 $Enc(key_{table}, D, R, m)$

输入：密钥表 key_{table}，明文域 D，密文域 R，待加密价格 m。

输出：密钥表 key_{table}，明文域 D，密文域 R，密文价格 p。

1 $M \leftarrow \max(D) - \min(D) + 1; N \leftarrow \max(R) - \min(R) + 1$

2 $d \leftarrow \min(D) - 1; r \leftarrow \min(R) - 1$

3 $y \leftarrow \lceil N/2 \rceil$

4 **if** $M = 1$

5 **return** $p \leftarrow random(r+1, \cdots, r+N+1)$ //明文域长度为 1 的情况下，随机抽取密文价格 p

6 **if** $key_{table}(:, 1).iscontain(r+y)$

7 $index \leftarrow key_{table}(:, 1).find(r+y)$

8 $x \leftarrow key_{table}(index, 2) - d$

9 **else**

10 $x \leftarrow random(HGD(M, N, y))$ //使用超几何分布抽样

11 $key_{table} \leftarrow [key_{table}; r+y, d+x]$

12 **if** $m \leqslant d+x$

13 $D \leftarrow \{d+1, \cdots, d+x\}$

14 $R \leftarrow \{r+1, \cdots, r+y\}$

15 **else**

16 $D \leftarrow \{d+x+1, \cdots, d+M\}$

17 $R \leftarrow \{r+y+1, \cdots, r+N\}$

18 **return** $Enc(key_{table}, D, R, m)$

为了保证拍卖的公平性，使拍卖的结果让参与竞拍的人信服，需要提供中标者的价格 W 确实比所有的 $x_i (1 < i < num)$ 大的证据。本节所提出的英式拍卖和荷兰式拍卖的电子拍卖隐私保护方案，都使用保序加密算法对价格进行加密，而保序加密算法具有正确性，故能够保证最后中标者的密文价格对应的明文是全场最高的。但由于拍卖过程中的叫价一直是密文的形式，故在拍卖方与中标者之间需要验证中标价格的正确性。

对于英式拍卖而言，如图 3-11 所示，中标者需要将自己的明文价格用拍卖方的公钥进行加密，并发布到联盟链上。拍卖方用自己的私钥进行解密，并将解密出的明文输到可信第三方的验证接口中，比对用保序加密算法加密后的密文是否与拍卖时产生的最高价对应的密文一致。若一致，则认为该中标者的价格有效；否则，认为该中标者不诚实。

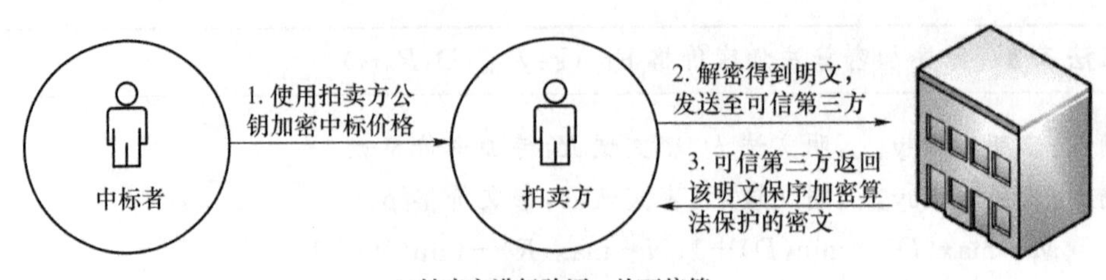

图 3-11　英式拍卖验证过程

对于荷兰式拍卖而言，如图 3-12 所示，拍卖结束时，拍卖方需要将自己的明文报价用中标者的公钥进行加密，并发布到联盟链上。中标者用自己的私钥进行解密，并将解密出的明文输到可信第三方的验证接口中，比对保序加密算法加密后的密文是否与拍卖时的价格对应的密文一致。

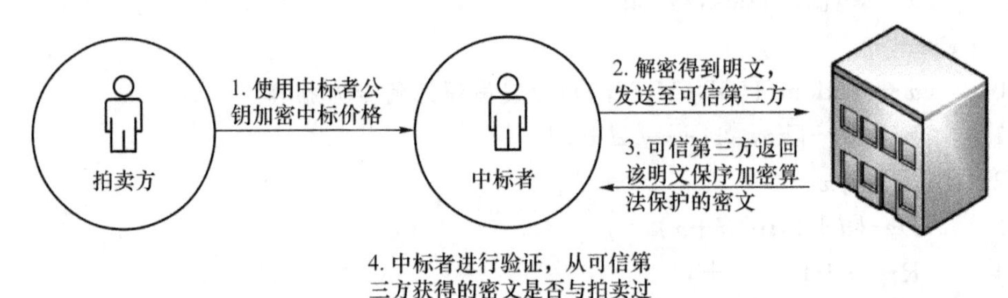

图 3-12　荷兰式拍卖验证过程

由于每一场拍卖都生成一张密钥表，故相同的明文加密得到的密文必然一致，从而保证了拍卖结果的可验证性。

以上基于英式拍卖和荷兰式拍卖的隐私保护方案能满足不同拍卖物件的隐私保护需求，再配合关联关系的构建与打开，可实现自治的安全性拍卖交易隐私保护系统。

3.4　隐私保护的投票交易

随着互联网科技的发展，越来越多的纸质投票转变成电子投票。电子投票方便快捷，便于追踪和审计，降低了投票的成本。使用互联网电子投票的方法，可以提高投票选举的效率、准确性和公正性，节省成本和资源。然而，通过第三方互联网机构进行投票和计票，直到最后的公布过程缺少安全性和透明性的保证，因此投票过程需要利用一定措施保证匿名性、安全性和透明度。

3.4.1 投票隐私保护需求

随着传统投票逐渐转向互联网电子投票，投票交易隐私保护变得越来越重要。在民主社会中，投票是实现公民权利和责任的基础。然而，投票过程中涉及的隐私问题，如匿名性、保密性、安全性、不可追溯性、可验证性和公正性，对于确保公正选举的结果至关重要。因此，本节详细探讨投票交易隐私保护的需求。

1. 匿名性

匿名性是指选民在投票时可以不公开自己的身份，以免泄漏个人身份信息。在投票中，匿名性是一个基本要求，选民不应该被迫在投票时透露自己的身份或投票意愿。此外，还需要保护选民的投票秘密，以避免其受到不必要的压力或威胁。

2. 保密性

保密性是指选民在投票时投票内容应该能够被保护，以免他人获得有关选民投票的信息。保密性是投票的核心要素之一。选民应该能够放心地投票，而不必担心其投票记录被泄漏。在某些情况下，保密性可能会对选民投票的决策产生积极的影响，尤其是在面对敏感性或争议性的议题时。

3. 安全性

安全性是指选民投票的过程和结果应该能够得到保护，以防止未经授权的人篡改选票或黑客攻击投票系统。选民应该相信投票结果的真实性，并能够信任选举结果的合法性。因此，投票系统应该能够抵御潜在的安全漏洞，保护投票系统免受黑客攻击或其他不当行为的侵害。

4. 不可追溯性

不可追溯性是指在投票过程中，选民的投票记录不应该能够被追溯，以保护选民的隐私和投票秘密。选民的投票记录应该只允许选民自己和选举管理人员访问，而不允许第三方监视或收集。因此，投票系统应该使用不可追溯性技术，以确保选民的投票记录是私密的，而不能被不当地收集或利用。

5. 可验证性

可验证性是指选民应该能够对他们的投票进行验证，以确保其投票被正确计算。选民应该能够相信投票结果的真实性，并相信选举结果是公正的和合法的。因此，投票系统应该提供验证功能，以确保选民的投票被正确记录和计算，并能够对选民进行验证。这可以通过使用联盟链技术、多方计算、可证明安全性等技术来实现。

6. 公正性

公正性是指投票应该被公正地计算和审核，以确保选举结果的合法性和公正性。选民应该相信选举过程是公正的，所有选民的投票都能被平等地计算和统计。此外，选举结果的公示应该充分透明，并得到选民和公众的信任和认可。

在现代社会，为了满足上述这些需求，人们在投票系统中采用了许多技术。例如，电子投票系统可以使用密码学技术和双重验证来确保选民的身份和投票记录的保密性和安全性；联盟链利用其不可篡改的特性记录投票结果，并利用智能合约确保投票结果的公正性；多方计算技术可以确保在不泄漏选民投票信息的情况下对投票结果进行统计。

总之，投票交易隐私保护是确保公正选举结果的关键因素之一。在数字时代，投票系统应该使用各种现代技术，以确保选民的隐私得到保护，并保证选举结果的真实性和公正性。同时，投票管理人员也应该加强对投票系统的监督和审计，以确保投票过程和结果的透明和公正。

3.4.2 关联关系构建与打开

隐私保护的投票交易的关联关系构建和打开是确保投票结果准确和透明的重要步骤。以下是构建和打开联盟链投票关联关系的一些关键因素。

1. 身份验证和权限控制

在联盟链投票中，必须使用有效的身份验证和权限控制机制来确保只有经过授权的成员才可以参与投票和访问投票结果。身份验证可以通过使用数字证书、加密技术、生物识别等机制来实现。权限控制可以通过访问控制列表(ACL)等机制来实现。

2. 投票规则

投票规则应该明确规定选票数量、选票计数方式、选票提交时间等重要方面。这些规则必须明确且公平，以确保所有成员都有平等的投票机会，并且投票结果是准确的和可信的。

3. 投票数据的加密和保护

投票数据应该使用加密技术加密，并在传输过程中受到保护，以确保投票数据不被篡改或泄漏。加密技术可以是对称加密、非对称加密、哈希函数等技术。

4. 投票数据的存储和审计

投票数据应该存储在安全的地方，并且应该可以被审计和追踪。审计可以通过使用联盟链技术、时间戳等技术来实现。

5. 投票结果的公示

投票结果应该在投票结束后立即公布，并且应该在联盟链中公开。投票结果的公示可以通过数字签名、哈希函数等技术来实现。

基于以上因素，本章投票方案的关联关系的构建主要包含两方面，一方面是对投票分数的隐私保护，另一方面是对投票者身份的隐私保护。具体来说，方案利用 Paillier 同态加密技术加密投票分数，在投票过程中投票分数以密文形式存在，而 Paillier 同态加密算法的安全性基于判定 n 阶剩余类问题的困难性，所以攻击者无法从密文中获得任何有关投票分数的消息，从而实现对投票分数的隐私保护。同时，本方案利用一次性假名方法实现对投票者身份的隐私保护。投票者在注册阶段使用哈希函数生成假名身份 AID，在投票交易中，使用假名身份提交投票密文，隐藏密文和投票者真实身份的关联关系，从而实现投票者身份的匿名性。投票出现纠纷需要对恶意参与方进行追踪时，监管机构或者可信第三方可以利用保留的匿名身份与真实身份的映射关系，实现对投票者的追踪，从而实现关联关系的可打开，使所有联盟成员和公众对投票结果的公正性有信心。

3.4.3 隐私保护的投票方案流程

本节针对投票过程的隐私保护问题以及投票的计票特性提出隐私保护投票方案。本方案结合 Paillier 同态加密算法，解决了投票过程中的隐私保护问题，具有可以在链上直接对密文投票内容操作的特点；利用 Pedersen 承诺以及 Bulletproof 协议对投票分数的范围进行合规性证明，结合假名机制解决了投票人的身份信息泄漏的问题，最后监管机构可以对恶意投票者进行追踪，追溯恶意投票者的真实身份。如图 3-13 所示为投票系统模型。隐私保护投票方案由 3 个实体以及 6 个阶段组成。

隐私保护的投票方案中的 3 个实体为投票者、链码和监管机构，具体定义如下。

(1) 投票者：包含发起投票者与参与投票者，每个投票者都需要在监管机构进行身份注册，拥有合法身份的投票者才能注册匿名身份从而参与投票。

(2) 链码：负责联盟链上的投票逻辑，验证投票者签名的合法性以及通过辅助数据产生投票的承诺，并通过 Bulletproof 协议对承诺进行范围证明，从而验证投票分数的合规性。

(3) 监管机构：负责为合法的投票者颁发匿名身份，同时保存假名与投票者真实身份的映射关系，便于后续出现问题时进行身份追踪。

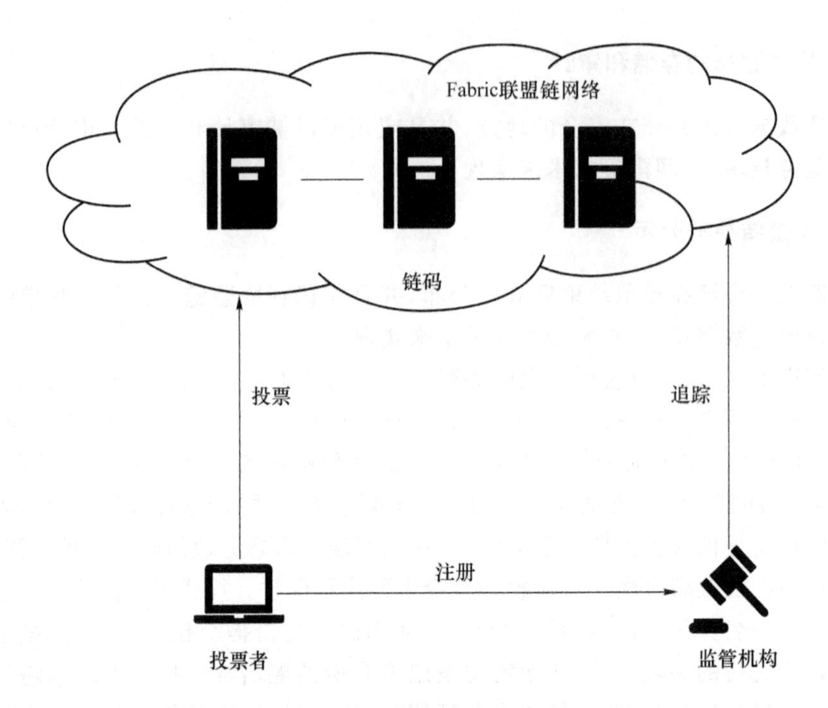

图 3-13　投票系统模型

隐私保护投票方案的 6 个阶段为初始化(Init)阶段、密钥生成(KeyGen)阶段、注册(Setup)阶段、投票(Vote)阶段、验证(Verify)阶段、计票(Tally)阶段。具体定义如下。

(1) 初始化阶段。发起投票者通过初始化算法初始化同态加密参数、Pedersen 承诺参数,定义哈希函数。

(2) 密钥生成阶段。投票发起者产生同态加密公私钥对,并在链上公布投票信息,投票信息包括投票标题、候选人名单、公钥、投票打分范围、投票截止时间等。

(3) 注册阶段。投票者向监管机构注册带有签名的假名身份,用于后续匿名提交投票。同时,监管机构保存假名与投票者真实身份的映射关系,便于后续的身份追踪。

(4) 投票阶段。投票者使用明文输入候选者的投票分数;然后使用 Paillier 同态加密算法进行加密得到密文,生成 Pedersen 承诺,并调用 Bulletproof 协议范围证明;最后将以上数据及签名通过匿名身份提交至链上。

(5) 验证阶段。链码验证投票者签名的合法性以及通过辅助数据产生的承诺,并通过 Bulletproof 协议对承诺进行范围证明,从而验证投票分数的合规性。

(6) 计票阶段。在投票截止后,链码对投票分数进行密文累加得到候选者最终投票分数的密文,链码执行累加操作,然后将累加结果发送至投票发起者,投票发起者进行解密操作,得到各候选者最终投票分数的明文,并公布各候选者的投票分数以及最终获胜的候选者到链码。

方案具体流程图如图 3-14 所示。

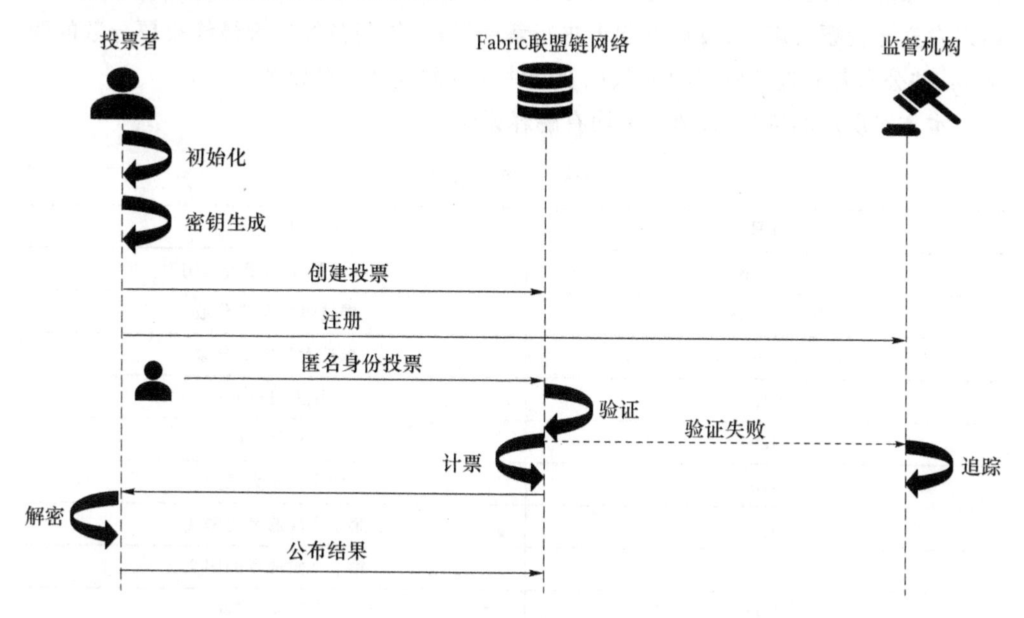

图 3-14 方案具体流程图

假设该方案的系统中有 N 个合法的投票人，且投票候选者为 m 个，定义以下参数和算法。

(1) Init→(n,g,h,q_1)：发起投票者通过初始化算法(Init)初始化同态加密参数(n,g)和 Pedersen 承诺参数(h,q_1)，定义哈希函数 H。

(2) KeyGen→(n,g,λ,μ)：投票发起者运行密钥生成算法(KeyGen)，设置公钥 PK 为(n,g)、私钥 SK 为(λ,μ)。

(3) Setup(UID,ID)→(AID,S)：监管机构通过 Setup 算法接受投票者的 UID 以及参与投票者的 ID 注册假名身份 AID，并调用 ECDSA 签名算法对假名身份进行签名，该身份用于后续匿名提交选票；同时，监管机构保留映射关系，便于在必要情况下追踪用户的真实身份。

(4) Vote(v_j)→$(C,V,K_1,K_2,\mathrm{proof}_j)$：投票者通过明文输入候选者的投票分数 v_j；然后使用 Paillier 同态加密算法进行加密得到密文 c_j，生成 Pedersen 承诺，并调用 Bulletproof 协议范围证明 proof_j；最后将以上数据通过匿名身份带上签名提交至链码。

(5) Verify(S,K_1,K_2)：链码验证投票者签名 S 的合法性以及通过辅助数据 K_1、K_2 产生的承诺，并通过 Bulletproof 协议对承诺进行范围证明，从而验证投票分数的合规性。

(6) Tally(ID)→(C_j,v_j):在投票截止后,链码对投票列表 CD_j 中的投票分数进行密文累加,得到候选者 j 最终投票分数的密文 C_j,链上执行累加操作,然后将累加结果发送至投票发起者;投票发起者进行解密操作,得到各候选者最终投票分数的明文 v_j,并公布各候选者的投票分数以及最终获胜的候选者到链码。

本方案所用的符号,在表 3-1 均有解释说明。

表 3-1 符号解释

符号	描述
PK、SK	Paillier 同态加密公私钥对
$M\{v_1,\cdots,v_j\}$	候选者的明文分数
$C\{c_1,\cdots,c_j\}$	候选者的密文分数
UID	真实用户 ID
ID	投票 ID
p、q	两个安全大素数
c_j	第 j 个候选者的密文
v_j	第 j 个候选者的明文
AID	假名身份 ID
H	哈希函数
V_j	第 j 个候选者分数承诺
proof_j	第 j 个候选者分数的范围证明
$K_{j,1}$	第 j 个候选者的辅助数据 K_1
$K_{j,2}$	第 j 个候选者的辅助数据 K_2
Π	投票者的承诺集
$[0,2^l)$	投票打分范围
h,q_1	Pedersen 承诺参数

隐私保护的投票方案各阶段的算法实现如下。

1) 初始化阶段

在初始化阶段,投票发起者运行初始化算法(Init),选择两个安全大素数 p、q,随后计算 p 和 q 的乘积 $n=p\times q$;选择一个阶为大素数 q_1 的乘法群 G,其生成元为 g 和 h,满足 $g<n^2$;定义函数 $L(x)=\frac{x-1}{n}$ 和哈希函数 $H(x)$;设置公开参数 $\text{pp}=(n,g,h,q_1,H)$。

2) 密钥生成阶段

在密钥生成阶段,投票发起者运行密钥生成算法(KeyGen),产生公私钥对。通过 LCM 函数计算出最小公倍数 $\lambda=\text{LCM}(p-1,q-1)$,计算模逆元素 $\mu=L(g^\lambda \bmod$

$n^2)^{-1} \bmod n$，并设置(n,g)为公钥 PK、(λ,μ)为私钥 SK。

投票发起者在链上公布投票信息，投票信息包括投票标题、m 个候选人名单 $\text{Candidate}=\text{cd}_1,\cdots,\text{cd}_m$、公钥 PK、投票打分范围$[0,2^l)$、投票截止时间等。

3）注册阶段

在注册阶段，监管机构运行注册算法（Register）。投票者向监管机构发起注册假名身份请求，并上传参数〔投票者用户 ID（UID）、本次投票的 ID〕。监管机构根据 UID 和 ID 验证投票者资格，验证通过后为其生成假名身份 $\text{AID}=H(\text{UID}\|\text{ID})$，并对 AID 产生 $S=\text{Sign}(\text{AID}\|\text{ID})$，然后将假名 AID 和签名 S 返回投票者。最后保留映射关系（AID，UID），以便于后续在必要情况下追踪用户真实身份，实现可监管。

4）投票阶段

在投票阶段，投票者运行投票算法（Vote），产生投票分数密文 C、Pedersen 承诺 V、辅助数据(K_1,K_2)、范围证明 proof_j，其中 $C=\{c_1,\cdots,c_m\}$。具体步骤如下。

（1）选择一个随机数 r_j，满足 $0<r_j<n$，通过式（3-3）计算加密后的投票信息 c_j：

$$c_j=g^{v_j}r_j^n \bmod n^2 \tag{3-3}$$

其中 v_j 是投票者对第 j 个候选者的打分，$v_j\in[0,2^l)$，$j\in[1,m]$。

（2）通过式（3-4）计算相应的 Pedersen 承诺：

$$V_j=g^{v_j}h^{r_j} \bmod q_1 \tag{3-4}$$

其中 $j\in[1,m]$。

（3）通过承诺 V_j 和调用 Bulletproof 协议产生 v_j 的范围证明 proof_j，其中 $j\in[1,m]$。

（4）通过式（3-5）计算 $K_{j,1}$、$K_{j,2}$，作为范围证明的辅助数据：

$$K_{j,1}=r_j^n \bmod n^2,\quad K_{j,2}=h^{r_j} \bmod q_1 \tag{3-5}$$

其中 $j\in[1,m]$。

（5）令 $\pi_j=(c_j,K_{j,1},K_{j,2},\text{proof}_j)$，$\Pi=(\pi_1,\cdots,\pi_m,S)$，投票者以假名身份将 Π 上传至链码。

5）验证阶段

在验证阶段，链码运行验证算法（Verify），验证投票者签名的合法性以及投票分数的合规性，具体步骤如下。

（1）验证监管机构签名 S。如果通过则执行（2），如果失败则中止投票。

（2）根据投票分数密文 c_j 和辅助数据$(K_{j,1},K_{j,2})$，通过式（3-6）产生 Pedersen 承诺 V_j：

$$V_j=\frac{c_jK_{j,2}}{K_{j,1}} \tag{3-6}$$

（3）调用 Bulletproof 协议验证 proof_j 的正确性。若验证失败，则将该投票者的匿名身份发送至监管机构，并对其进行追踪；若验证成功，则将密文 c_j 计入投票列表 CD_j。

6)计票阶段

在投票截止时间后,链码运行计票算法(Tally)。链码对投票列表 CD_j 中的投票分数进行密文累加得到候选者 j 最终投票分数的密文,链上执行的累加操作如下:

$$C_j = \prod_{i=1}^{N} c_j^i \bmod n^2 = (g\,m1_j r_1^n)\cdots(g\,mN_j r_2^n) \bmod n^2 \tag{3-7}$$

其中,c_j^i 表示第 i 个投票人对第 j 个候选者的投票分数的密文,C_j 表示所有投票者对第 j 个候选者的投票总和的密文。然后,链码将累加结果发送至投票发起者;投票发起者进行解密操作,得到各候选者的最终投票分数的明文 v_j:

$$v_j = L(c_j^{\lambda} \bmod n^2) \cdot \mu \bmod n \tag{3-8}$$

公布各候选者的投票分数以及最终获胜的候选者到链码。

3.5 隐私保护的频谱双向交易方案

为了提高频谱的利用率,越来越多的研究人员将目光转向频谱拍卖。拍卖可以使得频谱资源在市场中流通,提高其利用率,但同时会产生隐私泄漏、交易不公正等安全问题。因此,本文提出基于联盟链的频谱双向拍卖隐私交易方案,利用联盟链平台和密码算法,在保护用户隐私的同时实现高效公正的频谱交易。

3.5.1 频谱双向拍卖与隐私保护需求

频谱拍卖可以分为一级市场中的频谱拍卖和二级市场中的频谱拍卖[4]。在二级市场中的频谱拍卖中,资源出售方提供心理预期价格出售自己手中的闲置频谱波段,资源购买方提供心理预期价格购买他人的闲置频谱波段,系统作为中介根据出售/购买价格、开始频率和终止频率进行匹配,这样可以提高一级市场中已经分配的频谱波段的利用率。

在频谱双向拍卖的整个交易过程中,需要着重注意两个方面:一方面是双向拍卖中的公平性,即系统促成交易规则的公平性;另一方面是参与双向拍卖的用户提交竞价信息的不可篡改性。将频谱双向拍卖与联盟链网络技术相结合,以此来保证交易过程中促成交易规则的公平性和用户提交竞价信息的不可篡改性。将促成交易的规则写在链码中,部署在联盟链网络中,并且在链码执行过程中,背书节点为每次交易进行背书,进一步保证公平性。将用户的竞价信息存储在联盟链账本中,账本的分布式存储特点使得恶意修改用户提交信息变得十分困难,因此可以保证用户信息的不可篡改性。

对于资源出售方来说,公开用户名之后,市场就知道该用户手中有闲置的频谱波段,很有可能对该用户在一级市场中的拍卖造成不利影响,因此需要对资源出售方的用户名进行匿名操作。对于资源购买方来说,作为频谱波段的使用方,若当前可利用的频谱波段不足以满足其需求,则可能对其经营状况造成影响,因此也需要对资源购买方的用户名进行匿名操作。综上,用户名对于参与拍卖的用户来说是需要保护的隐私信息。

根据频谱双向交易的需求分析,隐私保护的频谱双向交易方案的大致流程为:用户将自己的竞价信息,先发送给隐私保护服务器;隐私保护服务器先对资源出售方或者资源购买方的用户名进行匿名处理,再将处理过的竞价信息发送给联盟链进行存储。在特定时间段内,从联盟链账本中取出用户竞价信息,根据链码中的促成交易规则匹配交易,将最终匹配结果保存在数据库中,并为用户展示。

3.5.2 关联关系构建与打开

1. 关联关系构建

根据隐私保护需求分析,资源出售方和资源购买方的用户名均需要进行匿名处理,本项目采用 SM4 对其进行加密操作,以达到匿名的效果。在每一次完整的隐私保护的频谱双向交易开始之前,隐私保护服务器会随机生成 16 字节的字符串充当本次拍卖中 SM4 加密所使用的密钥,并将添加时间戳保存在隐私保护服务器的密钥数据库中。在资源出售方或资源购买方提交竞拍信息之后,首先将用户名转发给隐私保护服务器进行匿名处理,再将组合后的竞价信息转发给后端服务器进行后续的操作。

2. 关联关系打开

当需要恢复用户的真实用户时,向隐私保护服务器发送匿名后的用户名及其对应的时间戳,隐私保护服务器根据时间戳去 SM4 密钥数据库中找到对应的 SM4 密钥,通过 SM4 解密操作恢复用户的真实用户名并返回。

3.5.3 隐私保护的频谱双向交易方案流程

1. 总流程

隐私保护的频谱双向交易方案中,一次交易有多个资源出售方和资源购买方参与,向系统提交自己的竞价信息,再由系统根据这些信息和匹配规则促成交易。一天中进行四次交易,分别在 8:00、10:00、14:00 和 16 : 00 进行,用户一个时间段只能提交一个波段的出售或购买信息。用户在交易开始时提交自己的竞价信息(包括频谱价格、频谱开始频率、结束频率和使用截止时间)，一小时之后(9:00、11:00、15:00和17:00)停止提交竞价信息，系统调用联盟链上的链码进行交易匹配。在9:10—9:30、11:10—11:30、15:10—15:30和17:10—17:30时间段内，资源购买方选择是否与系统为其匹配的资源出售方进行交易。之后，资源购买方就可以查看该时间段内自己提交的竞价信息的匹配结果了。

2. 详细流程

一次完整的隐私保护的频谱双向交易可以分为四个阶段，分别是资源出售方与资源购买方提交拍卖信息阶段、系统促成交易阶段、资源购买方确认交易结果阶段和资源出售方查看交易结果阶段。下面以8:00—10:00这一交易时段为例阐述频谱双向拍卖隐私交易方案流程。

1) 资源出售方与资源购买方提交拍卖信息阶段

在该阶段中，资源出售方与资源购买方需要在系统中提交拍卖所需要的相关信息，如竞拍价格、竞拍数量等内容，在隐私保护服务器对用户名进行匿名操作之后，通过处理业务逻辑的后端服务器转发到联盟链网络中进行存储。详细过程如图3-15所示。

(1) 资源购买方提交自己ID，心仪卖出价格，卖出频谱信道的开始频率、终止频率和使用时限(或者资源购买方提交自己心仪的买入价格与买入频谱信道的开始频率、终止频率、使用时限)。

(2) 提交信息之后，系统将用户(资源出售方或资源购买方)提交的竞拍信息转发给后端服务器，后端服务器添加时间戳字段之后，将用户名和当前时间戳一起转发给隐私保护服务器对用户名进行匿名处理。

(3) 隐私保护服务器根据时间戳找到该时间段对应的SM4密钥，加密完成之后，将匿名处理后的用户名返回后端服务器。

(4) 后端服务器收到匿名处理后的用户名后，将其存入本地数据库中保存。

(5) 后端服务器将完整的竞价信息发送到联盟链网络中进行存储。

(6) 联盟链网络将操作结果返回后端服务器。

(7) 后端服务器收到联盟链链码的操作结果后，返回前端用户页面，告知用户提交信息是否成功。

2) 系统促成交易阶段

在该阶段，系统通过后端服务器设置的定时任务调用联盟链连接组件，调用联盟链上安装的双向竞拍链码中的匹配函数，从数据库中取出该拍卖时段内资源出售方与资源购买方提交的竞拍信息，并根据促成交易策略将其分别构成资源出售方竞拍信息队列和资源购买方竞拍信息队列，进行交易匹配。将匹配后的交易结果传回后端服务器，并在数据库中进行存储。

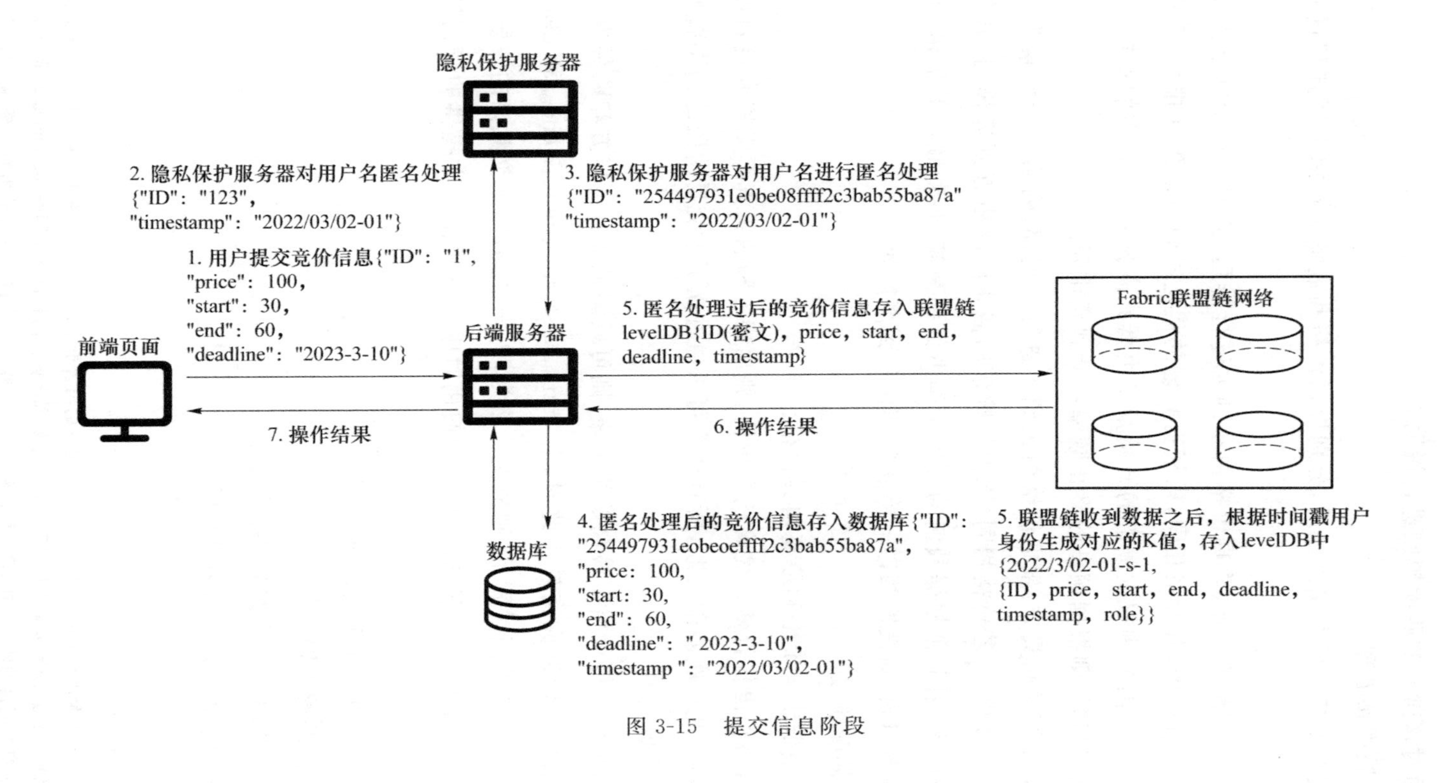
隐私保护服务器
2. 隐私保护服务器对用户名匿名处理
{"ID"："123"，
"timestamp"："2022/03/02-01"}
3. 隐私保护服务器对用户名进行匿名处理
{"ID"："254497931e0be08ffff2c3bab55ba87a"
"timestamp"："2022/03/02-01"}
1. 用户提交竞价信息{"ID"："1"，
"price"：100，
"start"：30，
"end"：60，
"deadline"："2023-3-10"}
前端页面
后端服务器
5. 匿名处理过后的竞价信息存入联盟链
levelDB{ID(密文)，price，start，end，
deadline，timestamp}
Fabric联盟链网络
7. 操作结果
6. 操作结果
数据库
4. 匿名处理后的竞价信息存入数据库{"ID"：
"254497931eobeoeffff2c3bab55ba87a"，
"price：100,
"start：30,
"end"：60,
"deadline"：" 2023-3-10"，
"timestamp "："2022/03/02-01"}
5. 联盟链收到数据之后，根据时间戳用户
身份生成对应的K值，存入levelDB中
{2022/3/02-01-s-1,
{ID，price，start，end，deadline，
timestamp，role}}

图 3-15 提交信息阶段

下面对该阶段的匹配规则进行说明。

(1) 数据预处理

提交拍卖信息阶段结束之后,分别根据价格和数量对资源出售方和资源购买方进行排序。

① 对于资源出售方:根据价格由小到大进行排列,队列第一个元素为最低出售价格。排序过程中,若价格相同,则根据频谱的截止时间由近到远排列;若频谱的价格和截止时间相同,则根据频谱的开始频率由低到高排列;若频谱的价格、截止时间和开始频率相同,则根据频谱的终止频率由低到高排列。

② 对于资源购买方:根据价格由大到小进行排列,队列第一个元素为最高出售价格。排序过程中,若价格相同,则根据频谱的截止时间由近到远排列;若频谱的价格和截止时间相同,则根据频谱的开始频率由低到高排列;若频谱的价格、截止时间和开始频率相同,则根据频谱的终止频率由低到高排列。

(2) 匹配阶段

比较最低出售价格和最高购买价格:

① 若最低出售价格>最高购买价格,则出售方和购买方都无法满足自己的心理预期价格,因此本次匹配失败,所有用户可以通过在下个交易阶段适当调整购买价格和数量来达成交易。

② 若最低出售价格≤最高购买价格,则可以满足部分出售方和购买方的心理预期,所以系统开始促成交易。此时,若 $start_{sn} \leqslant start_{bm}$、$end_{sn} \geqslant end_{bm}$ 和 $deadline_{sn} \geqslant deadline_{bm}$ 三个条件同时满足,则成交价格为 $(P_{sn}+P_{bm})/2$,成交频谱的波段为卖方提供的开始频率和终止频率,成交频谱的使用时限为资源出售方提供的频谱终止使用时间($deadline_{sm}$)[①]。

下面给出两个简单的匹配示例。

示例 1:匹配失败示例

本示例的用户竞价如表 3-2 所示。

排序后的用户竞价如表 3-3 所示。

---

① P_{sn}表示资源出售方队列第 n 个资源出售方的出售价格,$start_{sn}$表示资源出售方队列第 n 个资源出售方的频谱开始频率,end_{sn}表示资源出售方队列第 n 个资源出售方的频谱终止频率,$deadline_{sn}$表示资源出售方队列第n 个资源出售方频谱的使用时限;P_{bm}表示购买方队列第 m 个资源出售方的出售价格,$start_{bm}$表示资源出售方队列第 m 个资源出售方的频谱开始频率,end_{bm}表示资源出售方队列第 m 个资源出售方的频谱终止频率,$deadline_{bm}$表示资源出售方队列第 m 个资源出售方频谱的使用时限。

表 3-2 示例 1 用户竞价

用户身份	用户 ID	用户出售价格	开始频率	终止频率	频谱截止时间
资源出售方	1	100	30	60	2023-03-10
	2	80	40	70	2023-03-10
	3	100	20	50	2023-03-10
	4	100	30	55	2023-03-10
	5	100	50	100	2022-10-10
资源购买方	a	70	30	55	2023-03-10

表 3-3 示例 1 排序后的用户竞价

用户身份	用户 ID	用户出售价格	开始频率	终止频率	频谱截止时间
资源出售方	2	80	40	70	2023-03-10
	5	100	50	100	2022-10-10
	3	100	20	50	2023-03-10
	4	100	30	55	2023-03-10
	1	100	30	60	2023-03-10
资源购买方	a	70	30	55	2023-03-10

此时，资源出售方的最低出售价格＞资源购买方的最高购买价格，所以交易匹配失败，没有成功配对的用户。

示例 2：匹配成功示例

本示例的用户竞价如表 3-4 所示。

表 3-4 示例 2 用户竞价

用户身份	用户 ID	用户出售价格	开始频率	终止频率	频谱截止时间
资源出售方	1	100	30	60	2023-03-10
	2	80	40	70	2023-03-10
	3	100	20	50	2023-03-10
	4	100	30	55	2023-03-10
	5	100	50	100	2022-10-10
资源购买方	a	70	30	55	2023-03-10
	b	120	35	40	2023-03-10
	c	120	30	50	2024-03-10

排序后的用户竞价如表 3-5 所示。

表 3-5　示例 2 排序后的用户竞价

用户身份	用户 ID	用户出售价格	开始频率	终止频率	频谱截止时间
资源出售方	2	80	40	70	2023-03-10
	5	100	50	100	2022-10-10
	3	100	20	50	2023-03-10
	4	100	30	55	2023-03-10
	1	100	30	60	2023-03-10
资源购买方	c	120	30	50	2024-03-10
	b	120	35	40	2023-03-10
	a	70	30	55	2023-03-10

此时,资源出售方的最低出售价格＜资源购买方的最高购买价格,所以交易匹配成功,结果如表 3-6 所示。

表 3-6　匹配结果表

资源出售方 ID	资源购买方 ID	成交价格	开始频率	终止频率	频谱截止时间
3	b	110	20	50	2023-03-10

3) 资源购买方确认交易阶段

与一般的一对多拍卖不同,本隐私保护的频谱双向交易方案中资源购买方只是给出了自己心仪的购买价格和购买数量,没有选择资源出售方的过程,因此在该阶段,资源购买方可以获取系统为其匹配的资源出售方,并选择是否完成交易。

匹配结束之后,通过前端发送的交易结果,后端服务器根据资源购买方的 ID 和时间戳进行查询,将本次为该资源购买方匹配的结果返回用户页面进行展示。用户通过复选框勾选是否同意本次交易,提交同意交易的选择结果之后,由后端服务器对应交易结果修改数据库中的相应字段,表示资源购买方认可该笔交易。

4) 资源出售方查看交易结果

在资源购买方确认交易时段之后,资源出售方可以通过输入交易时间来查询本次交易中系统为其匹配的交易对象。

本章参考文献

[1] 张奥,白晓颖.区块链隐私保护研究与实践综述[J].软件学报,2020,31(5):29.

[2] 王小畅.基于区块链的分布式数据安全共享技术研究及应用[D].北京:北京邮电大学,2021.

[3] 张婷. 基于区块链的动态频谱共享关键技术设计与实现[D]. 北京:北京邮电大学,2021.

[4] 黄河,孙玉娥,陈志立,等. 完全竞争均衡的频谱双向拍卖机制研究[J]. 计算机研究与发展,2014,51(3):479-490.

第4章 联盟链中交易的安全存储

数据存储是区块链系统运行维护、数据分析、交易溯源的基础。对个人用户而言，存储过程中的数据隐私安全一直是其重要的诉求；对于数据存储业务的提供方而言，利用用户数据推进更多的业务并且完成数据监管更符合业务提供方的需求；对于监管用户而言，隐私保护的数据存储系统应该能为其保留“陷门”，以便监管操作。

本章介绍了与联盟链中交易的安全存储相关的技术。其中4.1节介绍了联盟链中交易存储框架存在的问题，设计了“链下存储+数据特征上链”的区块链存储系统框架和核心功能；4.2节介绍了联盟链交易数据安全存储和分析的关键技术，包括数据项匿名、国密算法、中心化差分隐私，提出了高效的本地化差分隐私方案和个性化差分隐私方案，用以解决原始数据定义域大时数据效用低、通信代价大的问题和满足差异化的隐私保护强度需求。4.3节面向链上存储的明文数据、匿名数据和加密数据，从交易特征提取、区块及关键词索引树构建、数据查询三个方面提出了解决方案，以满足链上链下数据的安全、高效获取的需求。

4.1 联盟链中交易安全存储概述

本节阐述了目前基于区块链的存储架构存在的安全问题，设计了链上链下一体化协同存储框架及核心功能。

4.1.1 链上链下一体化协同存储框架

区块链交易通信频繁，要求高的实时性和出块率，以避免双花、分叉等问题的出现[1]，因此目前常见的区块链系统均对区块大小进行了限制。这就导致区块链直接用于数据量较大的数据存储时存在效率低、开销大的问题[2]。尤其是在频谱管理等物联网环境中，高吞吐量的通信场景对存储效率提出了更加苛刻的要求。

现有的基于区块链的存储框架主要有两种：第一种是纯区块链存储框架[3]，将数据直接存储在区块中，若数据的大小超出单个区块容量，则将一个文件分割为 n 个大小不超过区块容量的文件片段，分别存储到不同的区块中并通过区块的哈希值进行文件片段的连接；第二种是"链下存储＋链上哈希存储"的框架[3]，将数据存储在链下的数据库中，并由数据库将其对应的哈希值进行签名后置于链上进行存储。

上述这两种框架各有优劣。第一种框架的优势在于存储系统完全建立在区块链上，是去中心化的区块链存储框架；劣势在于文件的全部上传会导致区块链系统运行效率和数据的查询效率都极低，这导致该类型的存储框架基本上已经被各类区块链技术所抛弃。第二种框架的优势在于上传至区块链的文件小，区块链系统运行效率高；劣势在于其文件存储的实质方式是中心化的，只是将文件标签以去中心化的方式存储在区块链上，并且搜索效率低，不利于文件的使用。在隐私保护方面，上述两种存储方式一般采用明文存储，这就会导致在区块链开放式环境中用户隐私的泄漏；也有部分研究采用密文链上存储，但是数据无法实现高效率回溯，直接影响区块链发挥其不可否认性的优势，进一步阻碍监管[3]。

针对区块链交易存储存在的隐私保护与监管友好互相制约、存储效率有待提高的问题，本节以"链下存储＋链上哈希存储"的存储框架为基础，设计了"链下存储＋数据特征上链"的区块链存储系统框架，如图 4-1 所示。

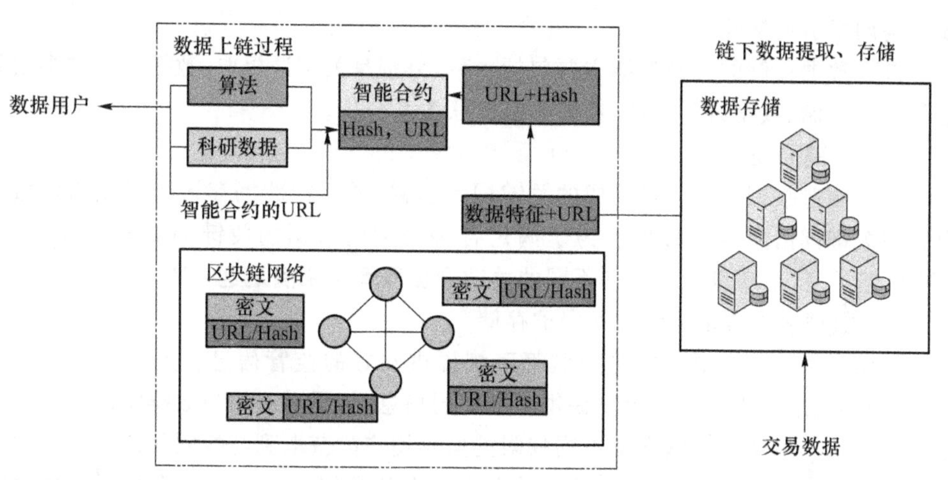

图 4-1 "链下存储＋数据特征上链"的区块链存储系统框架

该框架以链下存储数据库和区块链作为基础，在存储数据到链下数据库的同时，提取数据特征信息(数据哈希值、数据关键词、数据签名等)及链下存储地址进行处理，再上链；用户可通过链上搜索实现对数据链下存储地址的查询。在此框架中，需构建区块索引树、摘要数据的关键词索引树，用于保证区块链系统的运行效率和数据标签的去中心化存储，提升数据在区块链中的搜索效率。同时，链下数据存储系统可以根据联盟链监管需求，为监管用户提供不同功能对应的“陷门”，在实现存储子系统监管友好特性的前提下保证用户隐私。

4.1.2 链上链下一体化协同存储核心功能

链上数据存储的关键功能主要包括 2 种，分别是链上数据快速检索、关键词索引树构建。本节定义了链上存储关键功能和数据结构。

(1) 链上数据快速检索

链上数据快速检索功能的设计是为了解决数据的快速搜索问题，通过区块索引结构树及区块内简要数据索引结构树的两重索引结构，以查询时间及查询关键词作为查询条件实现检索。首先，通过区块索引结构树搜索到包含对应关键词的满足查询时间的区块；其次，通过区块内简要数据索引结构树对包含查询关键词的叶子节点进行搜索；最终，搜索到查询时间内所有包含查询关键词的链上数据信息。

(2) 关键词索引树构建

关键词索引树为链上数据快速搜索提供索引结构。以每条摘要数据信息中的关键词及所有摘要信息的关键词并集为索引核心，按所有摘要信息的关键词并集顺序，逐个关键词将摘要信息不断二分(拥有该关键词的摘要信息存入左分支、不拥有该关键词的摘要信息存入右分支)，直至摘要信息集合不可根据关键词继续二分，才算完成关键词索引树构建。

链下数据存储的关键功能主要包括 4 种，分别是关键词提取、数据多副本多层级隐私保护存储、数据链下统计、数据跨链关联关系分析。

(1) 关键词提取

为了构造数据摘要信息构成的关键词索引树，需要在数据存入数据库前对数据内容的关键词信息进行提取。为了满足各种类型的数据的关键词提取需求，对应 8 种数据类型，本章设置了 4 种不同的关键词提取算法来满足这一需求。

(2) 数据多副本多层级隐私保护存储

存储子系统的主要目的是为监管系统提供友好的监管信息。为了实现这一目的，方便迅捷地为不同监管用户提供各种不同信息，就需要对用户数据实现多层级多副本的存储。多层级存储保证不同权限的监管用户能获取到与权限相匹配的用户数据或统计数据。除此之外，任何单一数据库潜在的数据丢失问题都因为每个层级数据库的多副本存储而避免，这保证了数据的安全性。

(3) 数据链下统计

监管系统不可能同时对所有用户进行详细的监管，因此将整个系统的统计信息作为系统状态的粗略描述，该描述信息是监管系统所必需的信息。为此，基于存储系统统计的各类信息，借助数据多层次存储的便利，本章提供了可自定义时间范围的各数据类型存储次数、各区块链系统的存储次数、各交易类型的交易均价这三种统计信息。

(4) 数据跨链关联关系分析

对于监管系统而言,单独对一个用户的监管可能是无力的,它可能并不能揭示用户在交易中的违规行为。因此,从数据库中同时读取用户的周边交易,并形成一张交易关系图,可以让监管人员直观地了解被监管人的周边交易状况,发现被监管人的违规行为。

4.2 交易数据安全存储技术和分析方案

为了同时满足数据隐私保护和数据利用的需求,本节从交易数据安全存储技术和分析方案两个方面介绍适配 4.1.1 节介绍的存储框架的隐私保护手段,包括链上数据项匿名、数据加密、差分隐私技术。特别地,针对原始数据定义域很大时 ULDP 协议无法兼顾通信代价和数据效用这一不足之处,提出了符合 ULDP 模型的 uOLH 协议。

4.2.1 交易数据安全存储技术

本节介绍 3 种可供选择的数据隐私保护技术,针对存储数据的不同类型字段可以采取不同的处理措施。在实际应用中,交易内容可以分为两类——交易数据内容(包括交易价格、交易主题、交易时间、交易 ID 号、存储文本)与交易个人信息(包括交易双方用户 ID、上传时间)。在用户上传数据前,用户需要对存储数据中的两类字段的隐私保护策略分别进行选择,并由存储服务器对数据进行处理,完成隐私保护后进行数据存储。数据存储隐私保护技术主要包括以下 4 种,它们对一些示例字段的处理效果如表 4-1 所示。

表 4-1 各种数据存储隐私保护技术对不同字段的处理效果示例

数据类型	字段名称	实例	数据项匿名	数据加密	差分隐私
字符串类型(非存储文本)	用户 ID	Ylq3yyXA3isbQ	Ylq3yyXA3i** Q	3a6a4dd3d66e6525c38efa35bc252761	不处理
	交易内容简要描述	8Xjc38y	8Xjc** y	db802719f4c2680bbc1eb71f6a3a9900	不处理
	交易关键词	corda	co** a	d8f2dedc321274fd9a01d25a43b74d78	不处理

续 表

数据类型	字段名称	实例	数据项匿名	数据加密	差分隐私
字符串类型（存储文本）	存储文本	长度不定的存储文本	不处理	根据 SM4 的 CBC 模式进行加密	不处理
日期类型	数据上传时间	2020-01-04	2020-01-04	不处理	2020-01-04
	交易完成时间	01:01:00	01:01:05		01:00:59
整数类型	交易价格	20	25	不处理	19

1. 数据项匿名

可使用数据项匿名进行隐私保护的交易数据字段包括：交易双方用户 ID、交易价格、交易主题、交易完成时间、数据上传时间、交易 ID 这一系列内容。根据数据字段的不同，本节采取如下不同的数据项匿名方式。

（1）对于长度有限的字符串类型数据（交易双方用户 ID、交易主题、交易 ID），根据系统设置的匿名参数 k，数据项匿名将会从字符串的倒数第二个字符起（包含倒数第二个字符），将连续的 k 个字符转换为“ * ”。

（2）对于长度不可预估的字符串数据（存储内容为文本信息），数据项匿名不做处理。

（3）对于日期类型的数据（数据上传时间、交易完成时间），不能随意地将其中的某位数字转换为“ * ”，因为这样的处理方式不利于后续的查询需求。因此，本节设定了一套特殊的处理时间的数据项匿名隐私保护策略，采用的时间格式为 yyyy-MM-dd HH:hh:ss（六个位置分别对应年、月、日、时、分、秒）：对于匿名参数 $k=1$ 的情况，只对秒的最后一位进行替换，替换为“5”；对于匿名参数 $k=2$ 的情况，将秒的第一位进行替换为“3”，依此类推。随着匿名参数的增长，从低到高对时间数据上的每一位数字进行替换，最终可实现对于日期类型数据的数据项匿名。

（4）对于整数类型的数据（交易价格），其数据长度是可变的。本节采取的策略是：若匿名参数 k 小于或等于交易价格的位数，则由低至高将数据的最后 k 位数字替换为“5”；若匿名参数 k 大于交易价格的位数，则用“0”在数字前将数字位数补全至 k 后，将所有数字替换为“5”。但实际上不推荐设置一个过大的 k，以上述情况为例，这会导致大量交易价格变为 k 个“5”，造成后续需要进行的均价统计过度失真。

2. 数据加密

可使用数据加密进行数据隐私保护的交易数据字段包括交易双方用户 ID、交易主题、交易 ID、存储文本这一系列内容。本节使用国密算法 SM4[4] 中的 CBC 模式对交易双方用户 ID、交易主题、交易 ID、存储文本这些字段进行对称加密，并直接将加密后的字符串存储至数据库中。

3. 中心化差分隐私技术

4.1.1 节介绍的存储框架可以使用中心化差分隐私技术进行数据隐私保护，适用字段包括交易价格、交易时间、上传时间这一系列内容。中心化的差分隐私技术的优势是在付出一定计算代价的基础上实现比数据项匿名更小误差的隐私保护，但其具有与数据项匿名相同的缺点——无法还原，这与监管友好的特性相悖。为了能监管友好地使用中心化差分隐私技术，需要进行多副本存储。数据字段不同，采取的差分隐私技术流程略有不同。

(1) 对于日期类型的数据(数据上传时间、交易完成时间)，将日期由 yyyy-MM-dd HH:hh:ss 转化为标准毫秒值 hs(1970 年 1 月 1 日 0 时 0 分 0 秒至今的毫秒值)，生成随机数 random，根据事前预定的差分隐私参数 ε，计算对应的拉普拉斯噪声，并放大 1 000 倍(将生成的毫秒级噪声放大至秒级)，如式(4-1)～式(4-3)所示。最终得到加入噪声后的毫秒值 nhs，并将其转换成 yyyy-MM-dd HH:hh:ss 格式进行存储。

$$\text{signal}=\begin{cases}-1, & \text{random}<0\\ 0, & \text{random}=0\\ 1, & \text{random}>0\end{cases} \tag{4-1}$$

$$\text{noise}=-(1/\varepsilon)\times\text{signal}\times\log(|1-2\times|\text{random}||) \tag{4-2}$$

$$\text{nhs}=\text{hs}+\text{noise}\times 1\,000 \tag{4-3}$$

(2) 对于整数类型的数据(交易价格)，主要步骤与日期类型的数据差分隐私保护一致，但是在向数据加入噪声时，不需要将噪声放大并且不允许价格出现非正数(若加入噪声后价格变为非正数，则保存价格为 1)。

4.2.2 交易数据隐私安全分析方案

本节分别阐述基于本地化差分隐私方案和个性化差分隐私方案的交易数据安全分析。

针对原始数据定义域大时现有的 ULDP 协议无法兼顾通信代价和数据效用的问题，本节基于 OLH 协议提出了符合 ULDP 模型的 uOLH (utility-optimized OLH)协议，该协议在原始数据定义域很大时可以兼顾低通信代价和高数据效用[5]。为了满足用户的个性化隐私保护需求，本节基于 uOLH 协议提出了一种用户可以自由选择的隐私级别，并可为多种可信度的数据使用者服务的 uOLH-DWC (utility-optimized OLH With Data Weighted Combination)协议[6]。

1. 高效的本地化差分隐私方案

1）核心思想

表 4-2　符号描述

符号	说明	符号	说明
ε	隐私预算	n	用户数量
X_S	敏感数据集合	d	原始数据集合维度
X_N	非敏感数据集合	h	隐私级别数量
Y_P	保护数据集合	$c(i)$	真实频率
Y_I	可逆数据集合	$\partial(i)$	估计频率
$\mathbb{H}$	哈希函数集合	$\partial_t(i)$	DWC 机制产生的频率估计结果

该协议的系统模型如图 4-2 所示。参与方包括用户、服务器和数据使用者。假设存在 n 个用户，每人持有一个原始数据。将原始数据集合记为 X，该集合维度大小为 d，原始数据集合被划分为敏感数据集合 X_S 和非敏感数据集合 X_N 两部分，二者不相交，即 $d=|X_S|+|X_N|$。每个用户根据自身情况和行为特征，选择一个隐私级别，根据对应的隐私预算在本地将自己的原始数据编码并扰动，将扰动结果发送至服务器。服务器聚合所有用户的扰动数据，并进行统计分析，估计出所有原始数据的频率分布。之后，服务器将这些频率估计结果发送至对应的数据使用者。

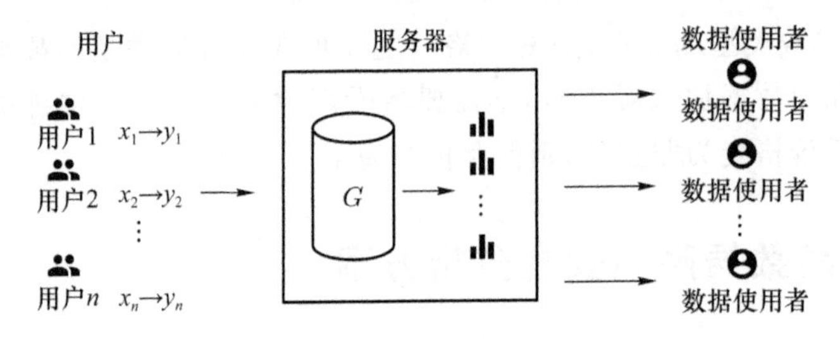

图 4-2　系统模型

2）方案描述

采用本地化哈希机制的 LDP 协议目前主要有两种：BLH（Binary Local Hashing）和 OLH（Optimized Local Hashing），它们之间的区别在于哈希函数的值域大小不同。BLH 的哈希结果只为 0 或 1，这虽然极大地降低了通信代价，但将原始数据哈希降至 1 个比特这一步骤一方面产生了大量哈希碰撞，另一方面造成了很多信息的损失，使得最终统计结果的数据效用严重降低。针对这一点，有研究者提出了 OLH 协议，该协议扩大了哈希函数的输出范围，使其可输出 g 个值，并证明了当 $g=e^{\varepsilon}+1$ 时，该协议可以取得数据效用最优的估计结果。本节基于 OLH 协议提出了一种符合 ULDP 模型的 uOLH 协议。

设置一个哈希函数集合$\mathbb{H}$，该集合里的所有哈希函数的定义域均为 d。当输入值为敏感数据时，将其映射为大小为 g 的集合中的一个元素；当输入值为非敏感数据时，哈希函数直接输出原始值，即不对输入值做任何操作，直接保留非敏感数据。函数集合$\mathbb{H}$中的函数数量以$|\mathbb{H}|$表示。

为不失一般性，假定非敏感数据不会为$\{1,2,\cdots,g\}$中的任意一个数，即 $X_N \cap \{1,2,\cdots,g\}=\varnothing$。敏感数据的哈希结果记为 $y_p=\{1,2,\cdots,g\}$，非敏感数据的哈希结果记为 $y_i=X_N$。此协议中的保护数据集合 Y_P 为$\{<H,y>|H\in\mathbb{H},y\in y_p\}$，可逆数据集合 Y_I 为$\{<H,y>|H\in\mathbb{H},y\in y_i\}$。若用户在扰动步骤生成的结果 b'分别属于 y_p 或 y_i，则代表他们向服务器发送的扰动数据$<H,b'>$分别属于保护数据集合 Y_P 或可逆数据集合 Y_I。

uOLH 方案共包括 3 个步骤：编码、扰动、聚合。各步骤的详细内容如下。

步骤一：编码

假定有 n 个用户，用户手中的原始数据记为 x，为了减少后续的通信代价，采用哈希函数对其进行编码。用户从$\mathbb{H}$中随机选择一个函数 H 对 x 进行哈希操作，得到编码结果 b，即 $b=H(x)$。根据上述对哈希函数的设置，可以看出：当 x 为敏感数据时，它将被编码为$\{1,2,\cdots,g\}$中的一个数据；当 x 为非敏感数据时，它的编码结果为它本身。

步骤二：扰动

用户将自己的原始数据编码后，在本地利用随机扰动机制对其进行扰动，扰动结果记为 b'。根据用户原始数据的敏感度差异，需要选用不同的扰动方式对其进行处理。如果用户的原始数据 x 为敏感数据，则扰动方式如式(4-4)所示；如果用户的原始数据 x 为非敏感数据，则扰动方式如式(4-5)所示。

$$\Pr[b'=i]=\begin{cases}\dfrac{e^{\varepsilon}}{e^{\varepsilon}+g-1}=\dfrac{1}{2}, & \text{如果 } i=b \\ \dfrac{1}{e^{\varepsilon}+g-1}=\dfrac{1}{2e^{\varepsilon}}, & \text{如果 } i\in Y_p\{b\} \\ 0, & \text{其他情况}\end{cases} \tag{4-4}$$

$$\Pr[b'=i]=\begin{cases}\dfrac{1}{e^{\varepsilon}+g-1}=\dfrac{1}{2e^{\varepsilon}}, & \text{如果 } i\in Y_P \\ \dfrac{e^{\varepsilon}-1}{e^{\varepsilon}+g-1}=\dfrac{e^{\varepsilon}-1}{2e^{\varepsilon}}, & \text{如果 } i=b \\ 0, & \text{其他情况}\end{cases} \tag{4-5}$$

可以看出，当 x 为敏感数据时，其编码结果有$\frac{1}{2}$的概率保持本身，有$\frac{1}{2e^{\varepsilon}}$的概率发生偏转；当 x 为非敏感数据时，它的编码结果有$\frac{e^{\varepsilon}-1}{2e^{\varepsilon}}$的概率保持本身，有$\frac{1}{2e^{\varepsilon}}$的概率映射到某一个保护数据中。完成扰动后，用户需要将所选的哈希函数和扰动数据发送给服务器，即<H,b'>。

为表述清晰，将上文出现的$\frac{e^{\varepsilon}}{e^{\varepsilon}+g-1}$记为 p，$\frac{1}{e^{\varepsilon}+g-1}$记为 q，$\frac{e^{\varepsilon}-1}{e^{\varepsilon}+g-1}$记为 z。

步骤三：聚合

在这一阶段，服务器收集并聚合用户发送的扰动数据，聚合后的集合记为 G，根据用户数量可知 G 中共有 n 条数据。之后对扰动数据进行统计分析，估计出每个原始数据的频率。首先引出两个在频率估计时的辅助函数：第一个辅助函数是$\mathbb{B}(x,y)$函数，如式(4-6)所示，其作用是判断某个扰动数据是否和某个原始数据之间存在关联，它的第一个参数是原始数据 x，第二个参数是扰动数据 y（该扰动数据的格式是<H,b'>）；第二个辅助函数是$\mathbb{B}_{Y_{\mathrm{I}}}(y)$函数，如式(4-7)所示，其作用是判断某个扰动数据是否为可逆数据，它的参数是扰动数据 y。

$$\mathbb{B}(x,y)=\begin{cases}0, & \text{如果 } H(x)\neq b' \\ 1, & \text{如果 } H(x)=b'\end{cases} \tag{4-6}$$

$$\mathbb{B}_{Y_{\mathrm{I}}}(y)=\begin{cases}1, & \text{如果 } y\in Y_{\mathrm{I}} \\ 0, & \text{如果 } y\notin Y_{\mathrm{I}}\end{cases} \tag{4-7}$$

频率估计依据原始数据敏感属性进行。如果原始数据 x 是敏感数据，则根据式(4-8)对其进行频率估计；如果原始数据 x 是非敏感数据，则根据式(4-9)对其进行频率估计。

$$\begin{aligned}\hat{c}(x) &= \frac{\sum\limits_{y\in G}\mathbb{B}(x,y)-\frac{n}{g}+\left(\frac{1}{g}-q\right)\frac{\sum\limits_{y\in G}\mathbb{B}_{Y_{\mathrm{I}}}(y)}{z}}{n\left(p-\frac{1}{g}\right)} \\ &= \frac{\sum\limits_{y\in G}\mathbb{B}(x,y)-\frac{n}{e^{\varepsilon}+1}+\frac{\sum\limits_{y\in G}\mathbb{B}_{Y_{\mathrm{I}}}(y)}{e^{\varepsilon}+1}}{\frac{n(e^{\varepsilon}-1)}{2(e^{\varepsilon}+1)}}\end{aligned} \tag{4-8}$$

$$\hat{c}(x)=\frac{\sum\limits_{y\in G}\mathbb{B}(x,y)}{nz}=\frac{2e^{\varepsilon}}{n(e^{\varepsilon}-1)}\sum_{y\in G}\mathbb{B}(x,y) \tag{4-9}$$

2. 个性化差分隐私方案

本节基于 uOLH 协议提出了允许用户自由选择隐私预算的 uOLH-DWC 协议，并对估计结果进行优化。

1）模型定义

服务器在事前将原始数据集合 X 划分为敏感数据集合 X_{S} 和非敏感数据集合 X_{N} 两部分；设置 h 个隐私级别，每个隐私级别对应一个隐私预算。

假设存在 h 个隐私级别，每个隐私级别对应着一个隐私预算，如隐私级别 t 对应

着隐私预算 ε^t。随着隐私级别增加，隐私预算也会变大。对于任意两个隐私级别 i、$j(i<j)$，ε^i 必定小于 ε^j。原始数据的划分和隐私级别的设置对所有用户公开。隐私级别示意图如图 4-3 所示。

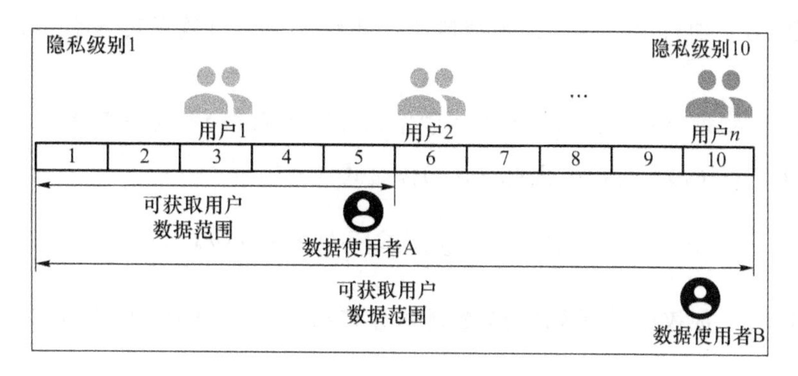

图 4-3　隐私级别示意图

假设存在 n 个用户，每人持有一个原始数据。用户自由选择一个隐私级别，根据对应的隐私预算将自己的原始数据编码并扰动后，将扰动数据 $<H,b'>$ 和自己选择的隐私级别一起发送给服务器。

根据自身可信程度，数据使用者也被分配一个隐私级别。这么做是为了对数据使用者的访问范围做出限制，若其隐私级别为 t，则只能获取隐私级别 1 到隐私级别 t 的扰动数据生成的频率估计结果。

服务器按照隐私级别将所有用户的扰动数据聚合，同一隐私级别下的数据聚合至一个集合中。之后在每个集合下独立地进行频率估计，得到 h 个频率估计结果。服务器通过数据加权组合机制将这些频率结果加权组合，为每个隐私级别生成一个频率估计结果，并将这些频率估计结果发送至对应的数据使用者。

2）DWC 机制

不同隐私级别下的数据隐私预算不同，因此很难一起进行频率估计，只能在每个隐私级别下单独进行频率估计。从隐私预算的设置可以看出，随着隐私级别的扩大，该级别对应的频率估计结果会更加精确。这与数据使用者隐私级别的设计思路相吻合——隐私级别越高的数据使用者可以获取更精确的估计结果。

一个隐私级别为 t 的数据使用者可以获得 t 个频率估计结果，为了取得更高的数据效用，他必然会选择隐私级别 t 对应的频率估计结果。但如果该数据使用者只使用了隐私级别 t 下的扰动数据，而前 $t-1$ 个隐私级别中的数据没有被利用，那么这会浪费很大一部分数据，也会降低数据使用者得到的数据效用。因此，本节提出数据加权组合（Data Weighted Combination，DWC）机制，对隐私级别为 1 至 $t-1$ 的扰动数据提高最终的数据效用。

为了尽可能多地利用这些数据，本节将这 t 个频率分布结果进行加权组合，得到最终的频率分布结果。在式（4-10）中，ω_i 为权重，DWC 机制的目标是找到合适的权重，使得 $\tilde{c}_t(x)$ 的 MSE 最小。

$$\tilde{c}_t(x)=\sum_{i=1}^{t}\omega_i\hat{c}_i(x) \tag{4-10}$$

引理 4-1 加权组合得到的最终频率分布结果 $\tilde{c}_t(x)$ 是真实频率 $c(x)$ 的无偏估计。

证明：已知每个隐私级别下得到的频率估计结果 $\hat{c}_i(x)$ 都是真实频率 $c(x)$ 的无偏估计，即 $E[\hat{c}_i(x)]=c(x)$，因此 $\tilde{c}_t(x)$ 满足式(4-11)。

$$E[\tilde{c}_t(x)]=\sum_{i=1}^{t}\omega_i E[\hat{c}_i(x)]=c(x) \tag{4-11}$$

引理 4-2 加权组合得到的最终频率分布结果 $\tilde{c}_t(x)$ 的 MSE 为 $\sum_{j=1}^{t}(\omega_j^2 V_j)$，其中：

$$V_j=\frac{\left(p_j-\frac{1}{g_j}\right)\left(1-p_j-\frac{1}{g_j}\right)}{n_j\left(p_j-\frac{1}{g_j}\right)^2}c(X_{\mathrm{S}})+|X_{\mathrm{S}}|\frac{\left(q_j-\frac{1}{g_j}\right)\left(1-q_j-\frac{1}{g_j}\right)}{n_j\left(p_j-\frac{1}{g_j}\right)^2}c(X_{\mathrm{N}})+$$

$$|X_{\mathrm{S}}|\frac{\frac{1}{g_j}\left(1-\frac{1}{g_j}\right)}{n_j\left(p-\frac{1}{g_j}\right)^2}+\frac{(1-z_j)}{n_j z_j}c(X_{\mathrm{N}})$$

$c(X_{\mathrm{S}})$ 表示敏感数据的频率总和，$c(X_{\mathrm{N}})$ 表示非敏感数据的频率总和。

证明：已知 $\tilde{c}_t(x)$ 是真实频率 $c(x)$ 的无偏估计，则 $\mathrm{MSE}[\tilde{c}_t(x)]=\sum_{i=1}^{d}\mathrm{Var}(\tilde{c}_t(i))$。之后，将上文求出的方差表达式(4-11)带入，即可得到最终结果：

$$\begin{aligned}\mathrm{MSE}(\tilde{c}_t)&=\sum_{i\in X_{\mathrm{S}}}\sum_{j=1}^{t}\omega_j^2\mathrm{Var}(\hat{c}_j(i))+\sum_{i\in X_{\mathrm{N}}}\sum_{j=1}^{t}\omega_j^2\mathrm{Var}(\hat{c}_j(i))\\&=\sum_{j=1}^{t}\omega_j^2\left[\frac{\left(p_j-\frac{1}{g_j}\right)\left(1-p_j-\frac{1}{g_j}\right)}{n_j\left(p_j-\frac{1}{g_j}\right)^2}c(X_{\mathrm{S}})+\right.\\&\quad|X_{\mathrm{S}}|\frac{\left(q_j-\frac{1}{g_j}\right)\left(1-q_j-\frac{1}{g_j}\right)}{n_j\left(p_j-\frac{1}{g_j}\right)^2}c(X_{\mathrm{N}})+\\&\quad\left.|X_{\mathrm{S}}|\frac{\frac{1}{g_j}\left(1-\frac{1}{g_j}\right)}{n_j\left(p-\frac{1}{g_j}\right)^2}+\frac{(1-z_j)}{n_j z_j}c(X_{\mathrm{N}})\right]\end{aligned} \tag{4-12}$$

现在所要解决的问题就是如何选择权重使得最终的 MSE 最小。这是一个在约束条件下求最值的问题，其形式化定义如式(4-13)所示。

$$\begin{cases} \min \sum_{i=1}^{t} (\omega_i^2 V_i) \\ \text{s. t.} \sum_{i=1}^{t} \omega_i = 1 \end{cases} \tag{4-13}$$

定理 4-1 当 $\omega_i = \frac{\frac{1}{V_i}}{\sum_{i=1}^{t} \frac{1}{V_i}} (i=1,2,\cdots,t)$ 时，可令最终的 MSE 最小。

证明：本节采用拉格朗日乘数法来解决这一问题。首先构造拉格朗日函数：

$$\mathcal{L}(\omega_1, \omega_2, \cdots, \omega_t, C) = \sum_{i=i}^{t} (\omega_i^2 V_i) + C\left(1 - \sum_{i=1}^{t} \omega_i\right) \tag{4-14}$$

之后对函数的每个变量求偏导，使其等于 0，可以得到

$$\omega_i = \frac{C}{2V_i} (i=1,2,\cdots,t) \tag{4-15}$$

由约束条件可知 $\sum_{i=1}^{t} \omega_i = 1$，因此：

$$C = \frac{1}{\sum_{i=1}^{t} \frac{1}{2V_i}} \tag{4-16}$$

$$\omega_i = \frac{\frac{1}{V_i}}{\sum_{i=1}^{t} \frac{1}{V_i}} (i=1,2,\cdots,t) \tag{4-17}$$

由此得到了使 MSE($\tilde{c}_t$) 最小的权重。易证 V_i 为一正数。因此，对于任意 $i(i=1,2,\cdots,t)$ 均满足 $0<\omega_i<1$，满足权重要求。通过权重的构造过程可以得知，若将前 t 个频率估计结果进行加权组合，所得频率估计结果的数据效用必定不小于前 t 个频率估计结果中的任何一个。在 DWC 机制中计算 V_i 时需要使用 $c(X_S)$ 与 $c(X_N)$，这两个参数分别是全体敏感数据的频率总和与全体非敏感数据的频率总和，本节使用估计值对其进行近似替代。

3) uOLH-DWC 协议

在找到了最佳权重后，DWC 机制就构建完成了。将其与 uOLH 协议结合，即构成符合个性化拓展模型的 uOLH-DWC 协议。

uOLH-DWC 协议也分为 3 个步骤：编码、扰动和聚合。编码和扰动的内容与本地化差分隐私方案中 uOLH 协议的步骤一致，只是用户需要在编码步骤前先选择一个隐私级别，拿到对应的隐私预算。用户在执行扰动步骤后，除了所选的哈希函数和扰动数据 $<H, b'>$ 外，还需要把选择的隐私级别发送给服务器。

在聚合步骤中,服务器先按照隐私级别将数据分类存储,按照 uOLH 协议的步骤三,在每个隐私级别下得到一个频率估计结果。之后,按照上述的 DWC 机制对前 $t(t=1,2,3,\cdots,h)$ 个隐私级别的频率估计结果进行加权组合,得到对应隐私级别 t 的最终频率估计结果,即 $\tilde{c}_t(x)=\sum_{i=1}^{t}\omega_i\hat{c}_i(x)$。在每一个隐私级别下都计算出最终的频率估计结果后,将这些频率估计结果发送给对应的数据使用者。

4.3 跨链的交易数据安全获取技术

为了配合监管系统实现各种监管功能,并为数据查询者提供更丰富的查询信息及更快捷的查询速度。本节以 4.1 节中提出的各种数据模型为基础设计了三种核心功能——交易特征提取、区块及关键词索引树构建、数据查询[7]——以满足监管系统及查询者的需求。

4.3.1 交易特征提取方案

联盟链中可能存在第 3 章中提到的拍卖、转账、票据交易等多种交易,并将产生多种类型的数据。不同类型的数据具有不同的格式特性,不能在一个包括多种数据类型的系统中通过一种方法达到特征提取的目的。本节针对论文类文本数据、代码类文本数据、频谱数据、交易数据等四类具有完全不同特点的数据,给出交易数据的特征提取方案。

1. 主要思路

论文类文本数据具有内容多、语句复杂度高、重复率低的特点,可以采用 TextRank 算法;代码类文本数据具有内容结构简单、重复率高的特点,可以采用 LDA 算法;频谱数据具有内容多、词汇量少的特点,可以采用词典——统计词频算法;交易数据具有内容少、结构高度一致的特点,可以采用链上交易数据关键词提取算法。

2. 主要算法描述

1) TextRank 算法

Mihalcea 等人[8]受到谷歌网页排序(PageRank)算法的启发,而发明了 TextRank 算法用于自然语言文本关键词的提取。TextRank 算法是一种抽取式的无监督的文本摘要方法,无需使用事先训练的模型,其主要流程如下:

(1) 把文本分割为句子;

(2) 将句子通过分词法分词为词汇；

(3) 为每个词汇找到向量表示(词向量)；

(4) 计算词汇向量间的相似性并存放在矩阵中；

(5) 将相似矩阵转换为以词汇为节点、以相似性得分为边的图结构，用于句子的 TextRank 计算；

(6) 将一定数量的排名最高的词汇构成最后的摘要。

这样的无监督的文本摘要提取方法保证了该方法适用于任何一个拥有足量长度的高复杂度的文本数据。因此，对于高复杂度类型的数据，本书选择采用 TextRank 算法对其进行关键词提取。

2) LDA 算法

隐含狄利克雷分布(Latent Dirichlet Allocation，LDA)算法是由 Blei[9] 等人提出的一种文档主题生成模型，也是一个三层贝叶斯概率模型，包含词、主题和文档三层结构。LDA 算法是一种非监督机器学习技术，可以被用来识别大规模文档集(document collection)或语料库(corpus)中潜藏的主题信息。这种算法采用了词袋(bag of words)的方法，将每一篇文档视为一个词频向量，从而将文本信息转化为易于建模的数字信息。词袋方法并不保证词在文本中的顺序。LDA 算法实际上将每一篇文档代表的一些主题构成一个概率分布，而每一个主题又代表了很多单词所构成的一个概率分布。其主要流程如下。

步骤一：模型准备

① 针对需要提取关键词的文本类型，收集类似文本；

② 将大量文本输入 LDA 算法，设定需要生成的主题数为 m，每个主题包含的词汇数为 n，生成文档主题的先验分布(狄利克雷分布)和每一个主题的多项式分布；

③ 针对每个主题，生成主题中词的先验分布(狄利克雷分布)和每一个词的多项式分布；

④ 输出 LDA 模型。

步骤二：关键词提取

将文本输入以上述训练出的模型为基础的 LDA 算法中，得到文本中每个主题 $\text{topic}_i\,(i=1,\cdots,m)$ 的占比、每个词汇在每个主题中的占比 $P(\text{word}_{ij})\,(j=1,\cdots,n)$。一个词汇 w 在文本中的占比为 P_w，等于该词汇在对应主题中的占比乘以对应主题的占比的和。

$$P_w = \sum_{i=1}^{m} \text{topic}_i \cdot \text{WP}(\text{word}_{ij}) \tag{4-18}$$

$$\text{WP}(\text{word}_{ij}) = \begin{cases} 0, & \text{word}_{ij} = w \\ P(\text{word}_{ij}), & \text{word}_{ij} = w \end{cases} \tag{4-19}$$

从上述描述可以看出，该关键词提取方法十分适用于内容相似度高、结构简单的文本的关键词。代码类数据正是该类型数据，使用该方法可以高效地提取代码类数据的关键词。

3）词典——统计词频算法

词典——统计词频算法的本质与 Luhn[10] 提出的关键提取方法相似，通过事先准备的与目标文本相似的训练文本，除去部分常用词汇后，对所有文本中词汇的出现频次进行统计，将统计频率排名前列的词汇作为词典。对于后续的需要提取关键词的文本，本节按照词典对文本中的词汇进行频次统计，排名靠前的词汇就是该文本的关键词。

从上述描述可以看出，该提取方法十分适合于提取内容单一、词汇高度重复的文本的关键词。频谱数据正是该类型数据，使用该方法可以高效地提取频谱数据的关键词。

4）链上交易数据关键词提取算法

对于交易数据而言，其文本内容过短，仅包含交易双方 ID、交易价格、交易时间、交易主题、交易 ID 五个内容。因此对于该类数据，本节并不能简单地使用 TextRank 算法或 LDA 算法进行关键词提取。同样地，本节不能使用词典——统计词频算法提取关键词，因为大量的文本训练结果会使词典中包含交易双方 ID、交易价格、交易时间、交易主题、交易 ID 这五个词汇，他们并不能代表交易数据的关键信息。

对于这类数据，本节设计了专用的链上交易数据关键词提取算法，提取交易的大致时间、交易的主题内容、交易的类型、交易发生的区块链、价格的高低（比较交易价格与恒定判断价格，超过恒定判断价格则价格判断为高，反之价格判断为低）。将上述所有信息作为交易数据的关键词可以很好地体现该交易的关键信息，同时隐藏了交易用户的大部分隐私信息。

数据特征提取算法一览表如表 4-3 所示。

表 4-3　数据特征提取算法一览表

算法名称	适用交易类型	限制	算法介绍
TextRank 算法[8]	高复杂度、不可重用的文本数据类型（论文、研究报告）	需提前设置停用词名单	对停用词进行屏蔽，用 jieba 分词法对文本进行分词后，使用 TextRank 算法进行关键词提取
LDA 算法[9]	具有高相似度的文本数据类型（代码、日常会话）	1. 需提前设置停用词名单；2. 需提前训练模型；3. 模型只能用于与训练文本高度相似的文本	对停用词进行屏蔽，用 jieba 分词法对文本进行分词后，使用训练模型进行关键词提取
词典——统计词频算法	频谱数据类型	需提前设置停用词名单	对停用词进行屏蔽，对文本中单词或汉字词语出现的频率进行统计，以频率最高的词语为内容关键词
链上交易数据关键词提取算法	链上交易数据	只能针对特定类型的链上交易数据进行关键词提取	由于链上交易数据内容较少，只能从交易时间、交易类型、交易内容描述、区块链类型、交易价格进行关键词构造

4.3.2 链内及链间的索引构建

为实现对链上加密关键词数据的快速索引，本节提出了区块索引结构树与区块内关键词索引结构树[11]。在此基础上，用户可通过关键词与时间实现对应特定内容的快速搜索。

1. 区块索引结构树

区块通过哈希值连接构成了区块链系统的唯一单链表，用户可通过每个区块中的唯一哈希值搜索到区块的上一个区块。对于目前常用的基于哈希值连接的单链表而言，其提供的数据存储及数据搜索功能可以简单满足使用者对区块链的部分需求。但是，这样的基于哈希值的单链表存在着明显的缺陷。第一，用户对区块的查询只能基于哈希值，从最后一个区块开始，向前逐个查询每个区块中的内容。这样的查询方式对旧区块的查询速度将随着区块链的增长速度而线性增长，最终导致整个区块链系统的查询效率低下。第二，这样的基于哈希值的单链表，并不能满足用户的范围查询需求，区块间仅以哈希值进行链接导致链表没有可用于支持范围查询的属性存在，这也是导致整个区块链系统查询效率低下的重要原因。

相较于单链表的区块存储结构，树型结构可以更有效地提升用户对某个具体区块的查询效率。除此之外，加入其他索引数据的基于哈希值的存储结构，可以使系统支持对该索引数据的区块范围的查询。因此，对于上述问题，本节提出一个基于哈希值、产出时间、区块编号三重索引属性的树型区块存储结构，提升特定时间(编号)范围内的区块索引速度。

1) 主要思想

本节针对区块的产出特性(新区块的产出时间晚于老区块，新区块的访问量一般高于老区块)，设计出具有如下特点的区块索引树：

(1) 区块索引树为非平衡二叉树；

(2) 新旧区块冷热分层，新产出的区块在区块索引树中与根节点的距离更小；

(3) 提供根据区块编号/区块产出时间的高效范围查询功能；

(4) 区块索引树的高效更新；

(5) 只有叶子节点存储具体的区块信息。

根据上述特点，本节设计的区块索引树的结构表如表 4-4 所示(叶子节点与非叶子节点存储的内容稍有不同)。

表 4-4　区块索引树的结构表

变量名称	变量类型	具体说明
time	String	该变量表示节点下所有区块的产出时间范围，若节点为叶子节点，则两个表示时间的字符串相等
hash	String	该变量表示该节点的所有子节点哈希值拼接后求出的哈希值，若该节点为叶子节点，则哈希值为区块哈希值
sid	long	该变量表示该节点下所有区块中最大区块的编号，若该节点为叶子节点，则该叶子节点代表区块的编号
uids	long	该变量表示该节点下所有区块中数据编号的范围，若该节点为叶子节点，则该叶子节点代表区块的数据编号范围
left	BlockTreeNode	左子节点
right	BlockTreeNode	右子节点
content	String	只有当节点为叶子节点时，该变量才会存储对应区块的内容信息，否则该变量置为空。

根据表 4-4 所示的区块索引树的结构表，区块索引树的构造方式有以下 4 步。

(1) 接收到新产出的区块、产出时间及区块编号。

(2) 根据接收到的信息构造一个存储该区块的叶子节点。

(3) 读取当前的区块索引树，可能存在以下 4 种情况[①]。

① 区块索引树为空时：该新叶子节点对应的区块为区块链系统的第一个区块，生成一个父节点作为整个区块索引树的根节点，其左子节点为该新叶子节点，其时间范围为该新叶子节点的产出时间，最大区块编号为该新叶子节点对应区块的编号，并将计算出的根节点哈希值存储在根节点中。

② 区块索引树高度为 2，并且根节点的右子节点为空时：将区块索引树根节点的右子节点设定为该新叶子节点，更改根节点的时间范围为[左叶子节点时间，右叶子节点时间]，根节点下最大区块的编号为该新叶子节点对应区块的编号，并将重新计算出的根节点哈希值存储在根节点中。

③ 区块索引树高度大于 2，并且根节点右子节点的右子节点不为空时：将区块索引树根节点的右子节点的右子节点设定为该新叶子节点，更改根节点的右子节点的时间范围为[该节点的左叶子节点时间，该节点的右叶子节点时间]，根节点的时间范围为[根节点的左子节点最早时间，根节点的右子节点最晚时间]，根节点及其右子节点下最大区块的编号为该新叶子节点对应区块的编号，并将重新计算出的根节点及其右子节点的哈希值进行存储。

---

① 所有新叶子节点更新时，要么更新区块索引树的根节点，要么将新叶子节点放在树的最右侧，这是为了保证所有区块是从左至右按产出时间排序的。

④ 根节点或其右子节点的左、右子节点均不为空时:生成一个父节点,其左子节点为该新叶子节点,其时间范围为该新叶子节点的产出时间,最大区块编号为该新叶子节点对应区块的编号,并计算出该节点的哈希值;再生成一个节点,其左子节点为原根节点,右子节点为刚刚生成的父节点,其时间范围为[该节点的左子节点的最早时间,该节点的右子节点的最晚时间],最大区块编号为该新叶子节点对应区块的编号,并计算出其哈希值,将该节点作为区块索引树的新根节点。

(4) 将更新后的区块索引树进行保存。

根据上述区块索引树的生成及更新步骤,所生成的区块索引树结构图如图 4-4 所示。本节以 7 个区块构成的区块索引树为例对其进行说明,B_1 至 B_7 为所有的区块,即叶子节点(下标表示为区块产出顺序,下标越大产出时间越晚),存储着每个区块中的信息。叶子节点从左至右两两构成上层节点,其中最左边的上层节点,不断与其最靠近的父节点结合形成更上层的节点,直至形成一个具有唯一根节点的完整的区块索引结构树。

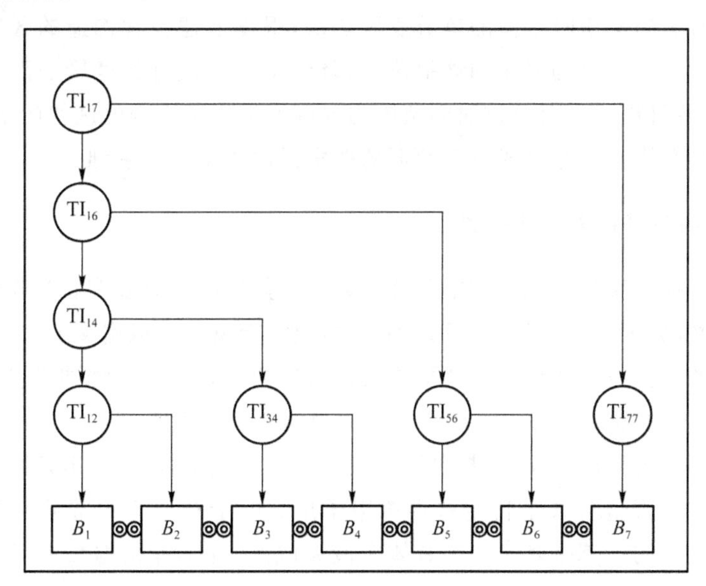

图 4-4 区块索引树结构图

其中,叶子节点存储一个单一的区块信息,第 i 个叶子节点的信息为 $B_i=(h(B_i),\mathrm{index}_i,\mathrm{time}_i^{\mathrm{first}},\mathrm{time}_i^{\mathrm{last}},\mathrm{uid}_i^{\mathrm{first}},\mathrm{uid}_i^{\mathrm{last}},\mathrm{null},\mathrm{null},\mathrm{content})$,其中 $h(B_i)$ 为区块 B_i 的哈希值;index_i 为区块 B_i 中唯一数据包的数据包编号;由于叶子节点仅包含一个数据包,因此节点下区块产出的最早时间等于最晚时间,即 $\mathrm{time}_i^{\mathrm{first}}=\mathrm{time}_i^{\mathrm{last}}$;$\mathrm{uid}_i^{\mathrm{first}}$ 为叶子节点下摘要信息对应数据的最小 uid 标识符,$\mathrm{uid}_i^{\mathrm{last}}$ 表示叶子节点下摘要信息对应数据的最大 uid 标识符;两个占位符 null 表示叶子节点没有左、右子节点;content 是叶子节点独有的,包含唯一区块中数据包的具体信息。

每个中间层节点都包含左右两个子节点 T_{ij}^{l}、T_{ij}^{r}，中间层节点信息为 $T_{ij}=(h(T_{ij}^{l} \| T_{ij}^{r}), \mathrm{index}_{ij}, \mathrm{time}_{ij}^{\mathrm{first}}, \mathrm{time}_{ij}^{\mathrm{last}}, \mathrm{uid}_{ij}^{\mathrm{first}}, \mathrm{uid}_{ij}^{\mathrm{last}}, T_{ij}^{l}, T_{ij}^{r}, \mathrm{null})$，其中 i 为该节点包含的最小叶子节点编号，j 为该节点包含的最大叶子节点编号，$h(T_{ij}^{l} \| T_{ij}^{r})$ 为其左右子节点值的哈希值；index_{ij} 为节点下所有叶子节点包含的最大区块编号；$\mathrm{time}_{i}^{\mathrm{first}}$ 表示该节点下所有叶子节点对应区块的最早产出时间，$\mathrm{time}_{i}^{\mathrm{last}}$ 表示该节点下所有叶子节点对应区块的最晚产出时间；$\mathrm{uid}_{i}^{\mathrm{first}}$ 为节点下所有叶子节点区块中摘要信息对应数据的最小 uid 标识符，$\mathrm{uid}_{i}^{\mathrm{last}}$ 为节点下所有叶子节点区块中摘要信息对应数据的最大 uid 标识符；T_{ij}^{l}、T_{ij}^{r} 为该节点的左、右叶子节点；content 为空(null)，是因为只有叶子节点才会包含对应区块的信息，非叶子节点不直接指向唯一一个区块。

由此，完成对 7 个区块组成的区块索引树的构造。根据该方法构造区块索引树之后，用户可根据数据库返回的数据包编号或者需要查询的时间范围快速找到数据所在的区块，查询的具体流程见 4.3.3 节——链上交易数据快速检索方案。

相较于常见的基于哈希值的单链表区块链，根据上述步骤构造的区块索引树大大提升了对产出时间早的区块的索引速度，降低了随区块链长度增加而增长的区块的索引速度，并且提供了对具体时间范围内或区块编号范围内的区块的索引速度，为用户从区块链系统上迅速完成特定数据的搜索提供了第一层基础。

2. 区块内关键词索引结构树

本节的目标是实现对包含特定关键词数组的数据的快速查询。摘要数据的关键词可以以明文/数据项匿名形式(可识别大致信息)上链或者以密文形式上链，因此需要针对不同的摘要数据关键词上链形式设计对应的摘要数据关键词索引树。

1) 明文/数据项匿名形式的摘要数据关键词索引结构树

对于数据关键词以明文/数据项匿名形式上链的摘要数据，本节判断数据的某个字符串数组中是否包含某个特定的字符串子集。由于对现有的常见索引树[12-14]的各条数据间距离的计算是基于一个具体字段完成的，并不能根据数组间的相似度完成对各条数据间距离的计算。因此，它们并不支持将一个数组作为树形结构的索引，不能满足本节的索引需求。对于数据关键词以明文/数据项匿名形式上链的摘要数据，本节设计了一个以数组间特定的相似度来判断数据间距离的公式来改造现有的常见索引树，以实现本节对该类型数据的索引需求。

本节设计的索引结构支持查询的摘要数据的关键词数组包含目标字符串数组、经数据项匿名处理后的目标字符串数组，具有如下特点：

(1) 明文/数据项匿名形式的摘要数据关键词索引结构树为非平衡二叉树；

(2) 明文/数据项匿名形式的摘要数据关键词索引结构树中子节点的关键词数组一定是父节点关键词数组的子集；

(3) 只有叶子节点存储具体的摘要数据;

(4) 支持对包含目标字符串数组的摘要数据的快速查询;

(5) 明文/数据项匿名形式的摘要数据关键词索引结构树高度不会超过所有摘要数据关键词数组的并集的长度(一般会远小于该值)。

根据上述特点,本节设计的明文/数据项匿名形式的摘要数据关键词索引结构树(以下简称摘要数据关键词索引树)结构表如表4-5所示(叶子节点与非叶子节点的存储内容稍有不同)。

表4-5 摘要数据关键词索引树结构表

变量名称	变量类型	具体说明
keywordArray	int[]	该变量表示该节点下所有简要数据的关键词信息的并集
nodeHash	String	该变量为该节点的所有子节点哈希值拼接后求哈希值的结果,若节点为叶子节点,则哈希值为所有简要信息的哈希值拼接后求哈希值的结果
leaf	List<LeafNode>	若该节点为叶子节点,则为该叶子节点下所有简要信息的列表;若不是叶子节点,则为空
left	TreeNode	左子节点
right	TreeNode	右子节点

注:keywordArray为一个int型数组,这是因为存在一个相同长度的字符串数组keyword(该字符串数组为所有简要信息关键词的不重复集合)。其中,当keywordArray中的第i个元素为0时,表示该节点下的所有简要信息不包含keyword中的第i个关键词;当keywordArray中的第i个元素为1时,表示该节点下的所有简要信息包含keyword中的第i个关键词。

摘要数据关键词索引树的构建方式包含以下8步。

(1) 提取所有摘要数据的关键词,获取所有摘要数据关键词数组的并集,即将所有不重复的关键词构成的数组。

(2) 为所有摘要数据添加一个长度与关键词数据的并集长度相同的数字数组。该数字数组中的每个位置只能是0或1,这是由摘要数据关键词数组的并集对应位置上的关键词是否在该摘要数据的关键词数组中出现而决定的。若出现,则该位置为1,反之,则为0。

(3) 将所有摘要数据的数字数组进行比较,对数字数组完全相同的摘要数据(一个或多个),生成一个单独的叶子节点,并将这些数据存储到该叶子节点的leaf属性下。该叶子节点的keywordArray属性与这些摘要数据的数字数组相同。最后为所有节点计算它们的哈希值。

(4) 将所有叶子节点放入一个节点池。

(5) 计算所有叶子节点间的距离L(如果已存在,则无需重复计算),任意节点i与节点j之间的距离定义如算法4-1所示。

算法 4-1　摘要数据关键词索引树中任意两个节点的距离计算

$L=0$;
for $k=0$:keywordArray. length
　　if($\text{keywordArray}_i[k] \neq \text{keywordArray}_j[k]$)
　　　　$L=$ keywordArray. length $-k$;
　　　　break;

(6) 选出所有距离最小的叶子节点对[①]，为所有叶子节点对生成一个父节点，该父节点的 keywordArray 的每个位置的值为两个子节点的 keywordArray 的对应位置的值做并运算的结果（只有当两个子节点 keywordArray 的对应位置的值均为 0 时，父节点的 keywordArray 的该位置值才为 0，反之为 1），并为父节点计算其哈希值。

(7) 将步骤(4)中得到的距离最近的叶子节点对的一个或多个父节点加入节点池，将这些叶子节点对中的叶子节点从池中取出。

(8) 重复步骤(5)、步骤(6)，直至节点池中仅存在一个节点，该节点就是摘要数据关键词索引树的根节点。

根据上述摘要数据关键词索引树的生成步骤，所生成的摘要数据关键词索引树的构造示意图如图 4-5 所示。本节以所有摘要数据关键词数组的并集长度为 8，每个摘要数据关键词数组长度为 5 的情况为例进行说明。

根据数据包中的字符串数组 $\text{keyword}=\{v_1,v_2,\cdots,v_8\}$，将数据包中所有的 n 条摘要信息按照上述步骤(2)添加一个关键词位置数组 $\text{keywordArray}_i=\{a_{i1},a_{i2},a_{i3},a_{i4},a_{i5},a_{i6},a_{i7},a_{i8}\}$，$a_{ij}\in\{0,1\}$，$i=1,2,\cdots,n$，再将关键词位置数组相同的所有简要信息打包到同一个叶子节点中。该叶子节点的 $\text{keywordArray}=\{a_{i1},a_{i2},a_{i3},a_{i4},a_{i5},a_{i6},a_{i7},a_{i8}\}$ 就是其包含的简要信息的关键词位置数组。随后将所有叶子节点放入节点池，对节点池中所有的节点间的距离按照步骤(5)进行计算。每次从节点池中选择距离 L 最小的所有节点对，为每一对节点构造一个父节点，再将节点对从节点池中取出，将父节点放入节点池中（父节点关键词位置数组为 $\{a_{i1}\&a_{j1},a_{i2}\&a_{j2},a_{i3}\&a_{j3},a_{i4}\&a_{j4},a_{i5}\&a_{j5},a_{i6}\&a_{j6},a_{i7}\&a_{j7},a_{i8}\&a_{j8}\}$）。重复该步骤，直到节点池中仅剩下一个节点，即为摘要数据关键词索引树的根节点。

---

① 每次将距离最小的两个节点结合，源自我们对距离的定义。两个节点距离越小，意味着两个节点间的数字数组从左至右出现区别的位置越靠后。每次按照这个距离定义将距离最小的节点组合，可以保证，我们是按照摘要数据关键词数组的并集中关键词从右至左的顺序，对该节点下的摘要数据是否包含该关键词进行判断，保证判断顺序的一致性。除此之外，从下至上的构造方式，虽然会让构造过程中的计算复杂度变高，但会让摘要数据关键词索引树的所有节点均具有两个叶子结点，保证摘要数据关键词索引树不存在冗余结构。

相较于常见的索引树结构而言，摘要数据关键词索引树的创新之处主要有三点。一是将树的索引内容(进行分叉判断的内容)从一个值变为了一个字符串数组，这点改动为用户根据关键词内容对摘要信息进行查询的功能提供了保证，实现了对满足条件的摘要信息的快速查询。二是自定义了一个节点间的距离计算方式，该方式解决了树的不同层之间(不同的关键词之间)的分叉判断问题，保证了树从根节点至叶子节点对关键词的判断顺序一定与所有摘要数据关键词数组的并集的顺序一致。三是确定了自下而上的生成模式，与距离计算方式相结合，在一些分布稀疏(关键词并集较大，但实际叶子节点数量少)的情形中，减少了一些冗余节点(左右子节点至少一个为空的非叶子节点)的存在，降低了摘要数据关键词索引树的存储冗余，加快了摘要数据关键词索引树上的索引速度。

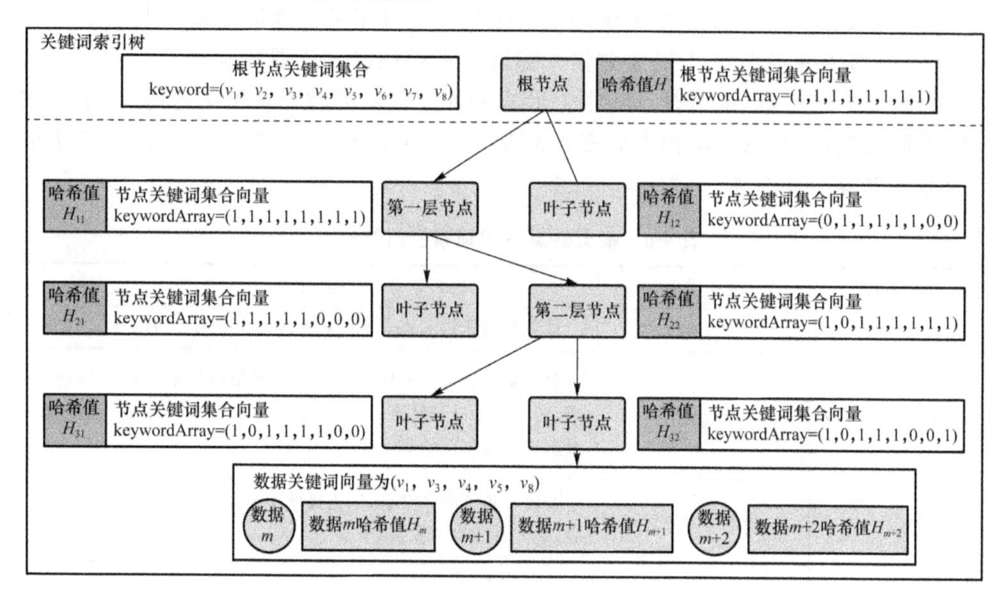

图 4-5　摘要数据关键词索引树的构造示意图

2) 密文形式的摘要数据关键词索引结构树

对于数据关键词以密文形式上链的摘要数据，相较于数据关键词以明文/数据项匿名形式上链的摘要数据，此类型数据的索引过程，还涉及索引目标的明密文转换。近来，研究人员也提出了一些区块链系统中可使用的基于密文的搜索算法[15-17]。这些算法实现了基于密文的索引功能，但是效率较低。为了实现区块链系统中基于密文的快速范围索引，需要实现特定的 kd-tree 结构[18]，以及最近数据优先搜索的功能。本节基于 Wang 等人[19]的研究内容，设计了以数据关键数组作为索引的密文索引结构，并提供了该索引结构上的密文快速范围索引。

针对查询需求的特点，查询数据关键词以密文形式上链的包含目标字符串数组的摘要数据(摘要数据的关键词数组包含经数据加密处理后的目标字符串)，设计出的密文形式的摘要数据关键词索引结构树应满足如下特点。

(1) 密文形式的摘要数据关键词索引结构树的基础为高维数据空间中常用的kd-tree[19]。

(2) 密文形式的摘要数据关键词索引结构树实质上也是二叉索引树(常见的二叉索引树是一维的,本节的关键词索引树是对多维数据的切分)。

(3) 密文形式的摘要数据关键词索引结构树的根节点代表整个空间;叶子节点代表不能再分割的最小的超矩形,用于存储唯一的摘要数据;每个非叶节点都有两个子节点,代表被分割之后的两个子空间。

(4) 密文形式的摘要数据关键词索引结构树每个节点的左子树与右子树实际包含的数据点的数量之差不大于1。

(5) 密文形式的摘要数据关键词索引结构树的叶子节点高度之差不大于1。

(6) 可实现密文形式下摘要数据关键词索引结构树的范围快速索引。

为满足上述特点,本节设计的密文形式的摘要数据关键词索引结构树(以下简称摘要数据关键词索引树)结构表如表4-6所示。需要注意的是,叶子节点与非叶子节点的存储内容稍有不同。

表4-6　摘要数据关键词索引树结构表

变量名称	变量类型	具体说明
rectangle	String	该变量表示该节点对应的超矩阵范围的两个极限点
nodeHash	String	该变量为该节点的所有子节点哈希值拼接后求哈希值的结果,若节点为叶子节点,则哈希值为所有简要信息的哈希值拼接后求哈希值的结果
leaf	List<LeafNode>	若该节点为叶子节点,则为该叶子节点下所有简要信息的列表;若不是叶子节点,则为空
left	TreeNode	左子节点
right	TreeNode	右子节点
size	int	该节点下叶子节点的个数

摘要数据关键词索引树的构建方式包括以下8步。

(1) 判断上传的数据集 L 是否为空。若为空,则返回结果为空;反之,进行步骤(2)。

(2) 获取数据集中的所有数据 $P_j, j\in\{1,2,\cdots,n_i\}, P_j\in L$ 的关键词向量的信息,构成超矩阵 $\boldsymbol{R}$,生成根节点 u。根节点的参数为:u. rectangle=$\boldsymbol{R}$,u. nodeHash=Null,u. left=u. right=null,u. size=n_i,u. leaf=null。

(3) 如果 u. size=1 或超平面 $\boldsymbol{R}$ 无法分割,则将所有数据以集合形式存储到 u. leaf下,并返回节点 u。反之,则选择第 t 个维度上的分割标准sp,将 $u.\boldsymbol{R}$ 分割成 $\boldsymbol{R}^{\leqslant}$,$\boldsymbol{R}^{>}$ 两个子超平面。

(4) 创建新的节点 u_1 和 u_2。u_1. rectangle=$\boldsymbol{R}^{<}$,u_2. rectangle=$\boldsymbol{R}^{>}$;u_1. nodeHash=

Null, u_2. nodeHash = Null; u_1. left = u_1. right = null, u_2. left = u_2. right = null; u_1. size = $|P_{1j}|$, u_2. size = $|P_{2j}|$; u_1. leaf = null, u_2. leaf = null。$|P_{1j}|$指包含在超平面 $\boldsymbol{R}^{\leqslant}$ 中数据的个数，$|P_{2j}|$指包含在超平面 $\boldsymbol{R}^{>}$ 中数据的个数。

(5) u. left = u_1, u. left = u_2，对 u_1、u_2 重复步骤(3)，直至二者均跳出循环；

(6) 如果已经退出所有递归循环，则返回根节点 u；

(7) 利用返回的根节点 u，对 kd 树进行遍历，用密钥 K 对从上至下的每个节点的超平面 u. rectangle 进行加密，实际上是对 u. rectangle 的两个极限点$\{V_{\perp}, V_{\top}\}$加密。首先对$\{\boldsymbol{V}_{\perp}, \boldsymbol{V}_{\top}\}$进行拓展在向量尾部添加数字 1，扩展后的向量记为$\{\boldsymbol{V}_{\perp}, \boldsymbol{V}_{\top}\}$。依照 ASPE 算法，首先用密钥 K 中的二进制向量 $\boldsymbol{s}$ 将扩展后的向量随机分割成两个等长的向量，记为$\{\boldsymbol{V}'_{\perp}, \boldsymbol{V}''_{\perp}\}$和$\{\boldsymbol{V}'_{\top}, \boldsymbol{V}''_{\top}\}$，再对分割后的这两组向量分别用 $\boldsymbol{K}_{i,2}$ 中的矩阵 $\boldsymbol{M}_1$、$\boldsymbol{M}_2$ 进行加密，结果如下：

$$\begin{cases} \widetilde{\boldsymbol{V}}_{\perp}^{*} = \{\boldsymbol{M}_1^{\mathrm{T}} \cdot \boldsymbol{V}'_{\perp}, \boldsymbol{M}_2^{\mathrm{T}} \cdot \boldsymbol{V}''_{\perp}\} \\ \widetilde{\boldsymbol{V}}_{\top}^{*} = \{\boldsymbol{M}_1^{\mathrm{T}} \cdot \boldsymbol{V}'_{\top}, \boldsymbol{M}_2^{\mathrm{T}} \cdot \boldsymbol{V}''_{\top}\} \end{cases} \tag{4-20}$$

(8) 从下至上计算每个节点的哈希值，存储到每个节点 nodeHash 中，并对根节点的哈希值进行签名。完成以上步骤后，返回根节点 u，即构建出密文形式的摘要数据关键词索引结构树。

4.3.3 链上交易数据快速检索方案

本节在 4.3.2 节的基础上设计出明文、匿名数据项和加密数据项的链上快速检索方案，用以实现交易数据的安全高效获取。

1. 明文/数据项匿名形式的摘要数据关键词链上数据快速检索方案

本节针对查询功能的特点，以区块索引树结构与明文/数据项匿名形式的摘要数据关键词索引树结构为基础，设计了对自定义时间范围内、自定义目标关键词数组的摘要数据查询功能。明文/数据项匿名形式的摘要数据检索的具体流程如下。

(1) 查询用户输入需要查询的时间范围 $d = [d_1, d_2]$ 与目标关键词数组 $a = [v_1, \cdots, v_n]$(长度需小于单个摘要数据的关键词数组的长度，保证该数组可能是单个摘要数据关键词数组的子集)。

(2) 从区块索引树的根节点开始，比较节点内的时间范围$[w_1, w_2]$与查询的时间范围 $d = [d_1, d_2]$，共有以下 3 种情况：

① 若节点的时间范围 $w_1 = w_2$(节点为叶子节点)，并且 $d_1 \leqslant w_1 \leqslant d_2$，则返回该叶子节点对应的区块信息(以下所有返回的区块信息都是符合查询时间范围的区块)；

② 如果 $d_1 > w_2$ 或 $d_2 < w_1$，则返回查询结果为空；

③ 如果$[d_1, d_2] \cap [w_1, w_2] \neq$ null，则对节点的左右子节点进行步骤(3)；

(3) 对所有符合查询时间范围的区块，找到其中包含的明文/数据项匿名形式的摘要数据关键词索引树的根节点，以及其所有摘要信息关键词数组的并集，生成一个长度与所有摘要信息关键词数组的并集长度相同的数字数组 β，该数字数组每个位置上的值只能为 0 或 1。如果所有摘要信息关键词数组的并集的某个位置上的字符串出现在目标查询的关键词数组 α 中，则数字数组对应位置的值为 1，反之则为 0。

(4) 从明文/数据项匿名形式的摘要数据关键词索引树的根节点开始，比对节点中的数字数组与步骤(3)生成的数字数组 β，共有以下 3 种情况(以下所有返回的摘要数据信息就是符合目标关键词数组的摘要信息)：

① 若生成的数字数组 β 中每个值为 1 的位置，在节点中的数字数组同样为 1，且节点为叶子节点，则返回叶子节点下存储的摘要数据信息；

② 若生成的数字数组 β 中每个值为 1 的位置，在节点中的数字数组同样为 1，且节点为非叶子节点，则继续对该节点的左、右子节点执行步骤(4)；

③ 若生成的数字数组 β 中每个值为 1 的位置，在节点中的数字数组不全为 1，则返回查询结果为空。

(5) 将所有摘要信息返回查询者，将区块索引树的结构返回查询者(其中，如果该叶子节点或该节点的叶子节点包含符合查询条件的摘要信息，则标记为绿，反之则标记为红)。

本节以包含 7 个区块的区块索引树为例进行说明。此区块索引树单个区块内所有摘要数据关键词数组的并集长度为 8，每个摘要数据关键词数组的长度为 5，目标查询关键词数组长度为 2。区块索引树的索引过程图如图 4-6 所示，明文/数据项匿名形式的关键词索引树的索引过程图如图 4-7 所示。

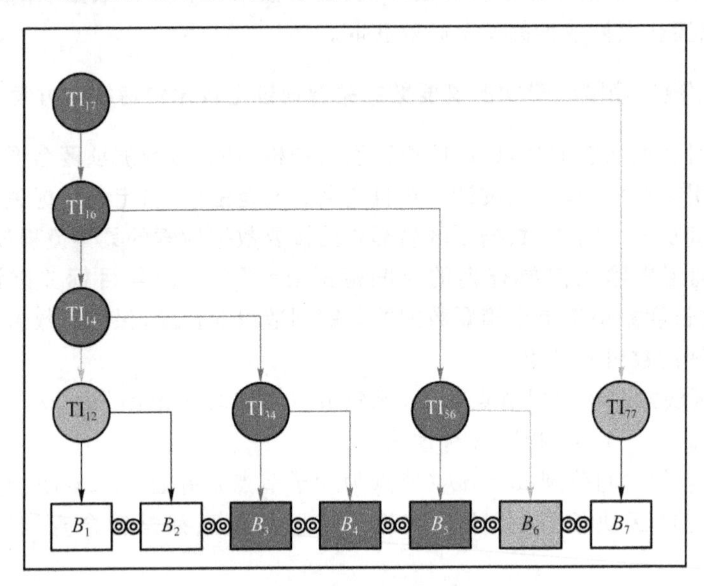

图 4-6　区块索引树的索引过程图

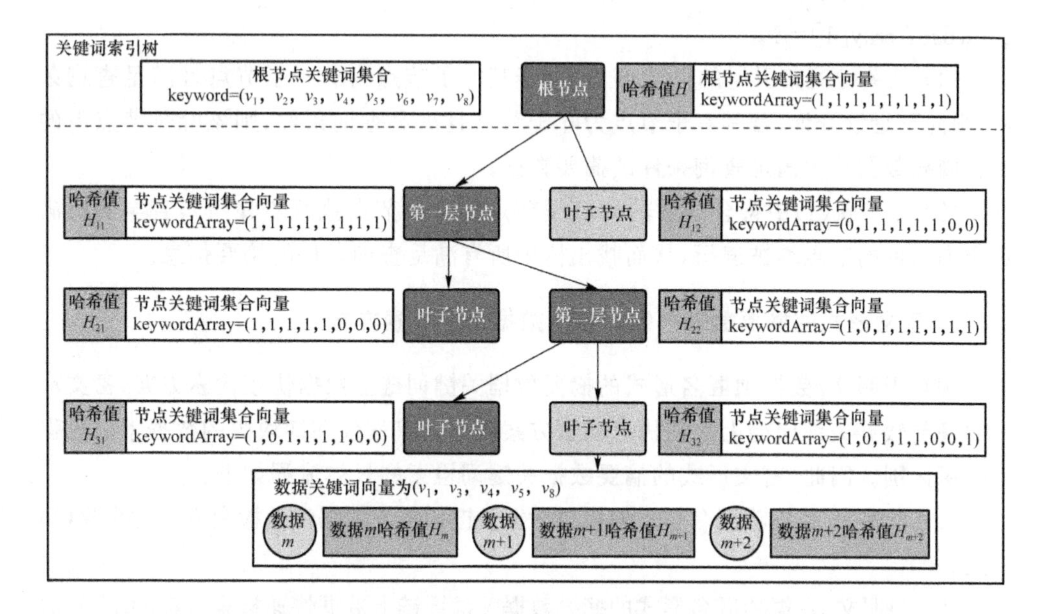

图 4-7 明文/数据项匿名形式的摘要数据关键词索引树的索引过程图

1）区块索引树查询流程示例

如图 4-6，查询时间在[3,5]之间的区块。其中，深灰色表示该节点下存在符合查询条件的区块或表示该区块是符合查询条件的，浅灰色表示该节点下不存在符合查询条件的区块或表示该区块不符合查询条件，白色代表不会遍历到的节点与区块。

（1）设置需要查询的时间范围为[3,5]。

（2）由区块根节点 TI_{17} 开始，比对 TI_{17} 的时间范围[1,7]与查询时间范围[3,5]的并集是否为空。若不为空，则进行步骤(3)；若为空，则返回空集。

（3）将 TI_{17} 的左子节点与右子节点的时间范围与查询时间范围[3,5]比较。若与查询时间范围有交集，则向下继续查询，直至获得时间范围在[3,5]的所有叶子节点；若无交集，则返回空集。

（4）将所有查询到的符合时间范围的区块构成一个集合并返回。

2）明文/数据项匿名形式的摘要数据关键词索引树查询流程示例

如图 4-7，在数据包 keyword＝(v_1，v_2，v_3，v_4，v_5，v_6，v_7，v_8)中寻找包含关键词 v_1、v_2 的简要信息数据。其中，深灰色表示该节点下存在符合查询条件的简要信息数据，浅灰色表示该节点下不存在符合查询条件的简要信息数据。

（1）设置需要查询的数据必须包含的关键词 v_1、v_2。

（2）在数据包 keyword＝(v_1，v_2，v_3，v_4，v_5，v_6，v_7，v_8)中寻找需求的关键词 v_1、v_2。若不完全存在，则认为该数据包中不包含满足条件的摘要数据；反之，则继续下一步查询。

（3）根据需求的关键词 v_1、v_2 在 keyword 中的位置，令其满足条件 keywordArray[0]＝1， keywordArray[1]=1。

(4) 从关键词索引树的根节点出发,若其左子节点为非叶子节点且满足查询条件,则向下继续查询;若其右子节点为叶子节点且满足查询条件,则该叶子节点下的所有摘要数据均为满足查询条件的摘要数据。

(5) 以步骤(4)中符合条件的非叶子节点作为根节点执行步骤(4),直至所有满足查询条件的节点均被遍历,从而找出树中所有满足查询条件的摘要信息。

2. 密文形式的摘要数据关键词链上数据快速检索方案

相较于明文/数据项匿名形式的摘要数据关键词链上数据快速检索方案,密文形式的摘要数据关键词链上数据快速检索方案的检索流程仅在区块内的数据索引流程上有所区别。因此,密文形式的摘要数据关键词检索的具体流程如下:

(1) 与明文/数据项匿名形式的摘要数据关键词链上数据快速检索方案的步骤(1)一致;

(2) 与明文/数据项匿名形式的摘要数据关键词链上数据快速检索方案的步骤(2)一致;

(3) 采用了 Wang 等人[19]提出的基于加密半空间查询(EhQ)的加密矩形相交判定算法,生成查询超矩形 $\boldsymbol{Q}$ 并利用 ASPE 算法对 $\boldsymbol{Q}$ 的每个超平面($\boldsymbol{H}$)上的两个锚点($A_{\leqslant}$和 $A_{>}$)加密,并根据这些信息通过 ASPE 算法的特殊属性遍历密文形式的摘要数据关键词索引树,判断 $A_{\leqslant}$或 $A_{>}$是否与超平面的范围$\{\boldsymbol{V}_{\perp},\boldsymbol{V}_{\top}\}$相交,得知 $\boldsymbol{V}_{\perp}$或者 $\boldsymbol{V}_{\top}$是否在 $\boldsymbol{H}$ 的内空间;

(4) 将遍历得到的所有摘要信息返回查询者,将区块索引树的结构返回查询者(其中,如果该叶子节点或该节点的叶子节点包含符合查询条件的摘要信息,则标记为绿,反之则标记为红)。

本节以包含 7 个区块的区块索引树为例进行说明。此区块索引树区块内所有 9 条(9 类,每类摘要数据的关键词不完全相同)摘要数据的关键词以密文形式存储,共划分为 9 个超平面。区块索引树的索引过程图如图 4-6 所示,密文形式的摘要数据关键词索引树的索引过程图如图 4-8 所示。

1) 区块索引树查询流程示例

该示例流程与明文/数据项匿名形式的摘要数据关键词链上数据快速检索方案的区块索引树查询流程示例一致。

2) 密文形式的摘要数据关键词索引树查询流程示例

(1) 设置需要查询的数据必须包含的关键词 v_1、v_2。

(2) 将查询目标关键词转化为查询超矩形 $\boldsymbol{Q}$,利用 ASPE 算法对 $\boldsymbol{Q}$ 的每个超平面上的两个锚点 $A_{\leqslant}$和 $A_{>}$加密,并对锚点使用 ASPE 算法的密钥 K 中的二进制向

量 $\boldsymbol{s}$ 进行随机分割，得到两组向量 $\{\widetilde{A}^{\leqslant\prime},\widetilde{A}^{\leqslant\prime}\}$ 和 $\{\widetilde{A}^{>\prime},\widetilde{A}^{>\prime}\}$，再用矩阵 $\boldsymbol{M}_1^{-1}$、$\boldsymbol{M}_2^{-1}$ 将其加密，得到 $\{\widetilde{A}^{>*},\widetilde{A}^{\leqslant*}\}$。

(3) 从根节点开始，对当前节点的加密超平面上的极限点 $\widetilde{V}^*$ 与 $\{\widetilde{A}^{>*},\widetilde{A}^{\leqslant*}\}$ 进行计算，判断当前节点的加密超平面与查询目标的超平面是否相交。若不相交，则返回为空；若相交且为叶子节点，则返回叶子节点下的摘要数据；若相交且不为叶子节点，则继续向该节点的子节点进行步骤(3)。

(4) 完成上述流程后，返回步骤(3)查找到的所有符合查询需求的摘要数据。

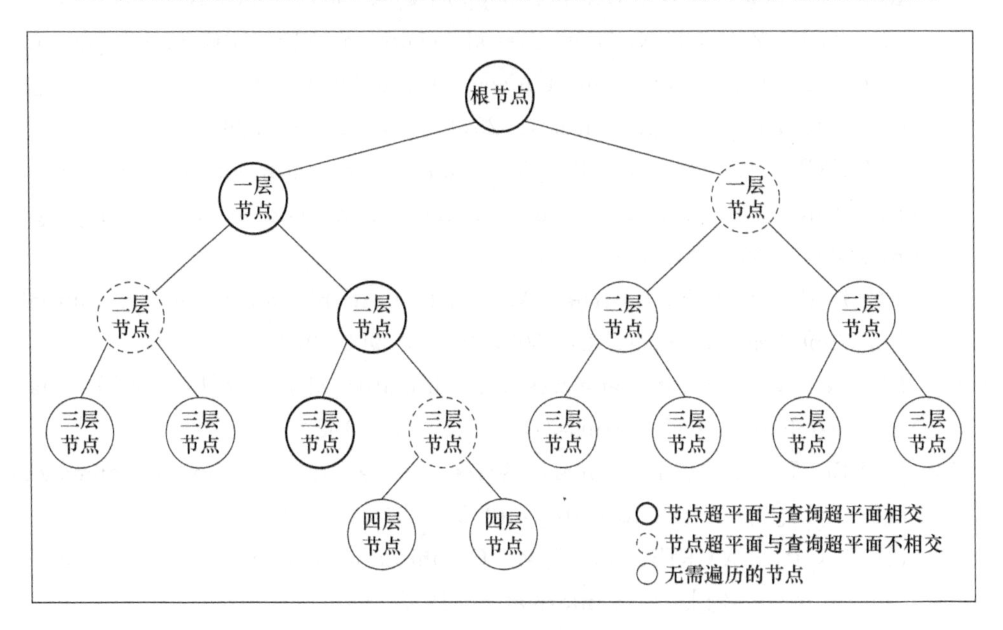

图 4-8　密文形式的摘要数据关键词索引树的索引过程图

本章参考文献

[1] YAO A C. Protocols for secure computations[C]. Proc. of the 23rd Annual IEEE Symposium on Foundations of Computer Science, 1982. 1982.

[2] GENTRY, CRAIG. Fully homomorphic encryption using ideal lattices[C]. ACM, 2009: 169-178.

[3] SWEENEY L. k-anonymity: A model for protecting privacy [J]. International Journal of Uncertainty, Fuzziness and Knowledge-Based Systems, 2002, 10(5): 557-570.

[4] DWORK C, ROTH A. The Algorithmic Foundations of Differential Privacy[J]. Foundations and Trends in Theoretical Computerence, 2013, 9(3-4):1-27,29-117,119-141,143-191,193-219,221-235,237-259,261-267,269-277,279-286, a1-a2.

[5] 贺星宇，朱友文，张跃. 基于 OLH 的效用优化本地差分隐私机制[J]. 密码学报，2022, 9(5):820-833.

[6] MARSTON S, LI Z, BANDYOPADHYAY S, et al. Cloud computing-The business perspective[J]. Decision Support Systems, 2011, 51(1): 176-189.

[7] ZHANG H, ZHANG X, GUO Z,et al. Secure and Efficiently Searchable IoT Communication Data Management Model: Using Blockchain as a new tool[J]. IEEE Internet of Things Journal,2023,10(14):11985-11999.

[8] MIHALCEA R, TARAU P. Text rank: Bringing order into text[C]. Proceedings of the 2004 conference on empirical methods in natural language processing. 2004: 404-411.

[9] BLEI D M, NG A Y, JORDAN M I. Latent dirichlet allocation[J]. Journal of machine Learning research, 2003, 3(Jan): 993-1022.

[10] LUHN H P. The automatic creation of literature abstracts[J]. IBM Journal of research and development, 1958, 2(2): 159-165.

[11] BAYER R. Symmetric binary B-trees: Data structure and maintenance algorithms[J]. Acta informatica, 1972, 1(4): 290-306.

[12] BAYER R, MCCREIGHT E M. Organization and maintenance of large ordered indexes[J]. Acta Informatica, 1972, 1(3): 173-189.

[13] MAURER W D, LEWIS T G. Hash table methods[J]. ACM Computing Surveys (CSUR). 1975, 7(1): 5-19.

[14] JIANG P, GUO F, LIANG K, et al. Searchain: Blockchain-based private keyword search in decentralized storage[J]. Future Generation Computer Systems, 2020, 107: 781-792.

[15] Do H G, NG W K. Blockchain-based system for secure data storage with private keyword search [C]. IEEE World Congress on Services (SERVICES), 2017.

[16] NIU S, WANG J, WANG B, et al. Ciphertext sorting search scheme based on b + tree index structure on blockchain[J]. Journal of Electronics & Information Technology, 2019, 41(10): 2409-2415.

[17] BENTLEY J L. Multidimensional binary search trees used for associative searching[J]. Communications of the ACM, 1975, 18(9): 509-517.

[18] PENG W, RAVISHANKAR C V. Secure and efficient range queries on outsourced databases using rp-trees[C]. IEEE International Conference on Data Engineering, 2013:314-325.

第5章
联盟链交易数据完整性审计

数据存储审计、共享和交易等操作通常在一定的组织范围内完成，因此可以采用联盟链解决方案解决对可信第三方的依赖问题。远程数据完整性审计方案通常需要云服务器、第三方审计者协同实施，对第三方审计者的依赖给审计过程和结果的回溯带来挑战。

为了保证审计过程和结果的公开和可追溯，基于联盟链的数据完整性审计技术应运而生。其中，用户的操作信息和文件的元数据存储在区块链中，保证了审计结果不可篡改和审计过程可查、可追踪。目前，基于联盟链的数据完整性审计的研究方向主要集中于以下 3 个方面：①在审计效率和安全性之间寻求平衡；②具有附加功能的完整性审计及隐私保护；③审计中激励机制的设计。

本章共分为 4 个小节，其中，5.1 节介绍了联盟链中交易数据完整性审计的现实需求及现有技术。5.2 节基于 PDP 公共审计的思想设计了支持所有权可追踪可交易的数据完整性审计方案——TDT-PDP 方案，相较于其他的公共审计方案，TDT-PDP 方案在支持所有权可追踪的情况下，可保证方案的正确性、健壮性、不可伪造性、所有权安全转移性、可检测性及可追踪性。5.3 节设计了所有权可批量交易的数据完整性审计方案——DBT-PDP 方案，使用该方案可大大提升数据所有权交易的效率。5.4 节提出了面向全链节点的公平激励机制 FIMFN，通过演化博弈模型进行了局部稳定性分析，为激励机制参数的设计提供了依据；还设计并实现了一个基于联盟链的公平云存储安全审计方案 SAFSB。

5.1 联盟链中交易数据完整性审计概述

本节从现实需求及现有技术两方面介绍联盟链中交易数据完整性审计的研究情况。

5.1.1 联盟链中交易数据完整性审计现实需求

为了满足日益增长的数据处理需求,用户需要一个高效、多功能、安全且保护隐私的数据管理办法。采用云服务对数据进行外包存储可以避免本地存储面临的成本高、稳定性差、可伸缩性差、数据流通性差等问题。但云存储数据也面临着外界和内部的诸多风险。如为了节省本地存储资源,用户在完成数据外包远程存储后,通常会将本地原始数据删除,这样的操作在节省用户空间的同时,也使用户失去了对数据的直接物理控制,使用户面临着一系列的安全问题。

第一,云存储数据需要面临来自外界的风险。即使云服务提供商采取最先进、最尖端的软硬件技术,这些云存储数据依然会由于潜在的软硬件故障、网络攻击及物理攻击手段而遭遇损失。近年来,国内外云服务提供商均发生过此类事故,导致用户对云服务提供商的安全性产生怀疑。阿里云曾由于自动化运维功能的上线而导致服务器出现宕机事故,亚马逊云也发生过由于数据光纤的切断而使服务中断的情况,这些事故均导致了用户数据的丢失。

第二,云服务器作为一个存在自主意识的实体,不是完全可信的。出于节省存储空间、恶意针对用户等各种原因,云服务器可能会主动删除用户远程存储的数据并将问题推诿至用户。国内云服务市场曾发生过典型案例:世融通联公司曾将中国移动状告至法院,指责移动云无故删除世融通联公司数据,导致世融通联公司遭受了巨大损失,最终法院判决世融通联公司胜诉。虽然法院最终判决用户获胜,但此类事件的发生也加深了用户对云服务提供商的不信任。

基于联盟链的交易数据完整性审计技术是帮助用户规避数据外包远程风险的重要手段,但现有审计方案会影响数据的潜在流通性。同态验证标签技术使用户可以通过少量的计算代价及通信代价完成对数据完整性的审计,保障了用户数据的完整性,并为事故责任的判定提供了相应的依据。然而这一设计却成了阻碍数据交易的原因,这是因为在交易完成后,用户需要更新数据同态标签以便后续数据完整性审计的持续进行,在大部分数据完整性审计方案中,这需要用户对数据进行下载、标签计算及上传三个步骤,将消耗大量的计算资源及通信资源。尽管部分审计方案通过修改标签结构及方案流程处理了该问题,但随之而来的交易追踪问题及效率问题仍然难以解决。

随着信息化社会的进一步发展,社会信息数据呈指数级形式增长,个人及团体愈发迫切地需求一个低价、高效的云端实现数据存储及数据交易。然而,屡次发生的云存储安全事故及数据交易效率低下的问题,让用户对云服务的可用性产生了疑问。因此,如何让用户对云服务的安全性认可,如何在联盟链中为用户提供一个高效的数据交易审计方案是云服务未来进一步发展迫切需要解决的问题。

5.1.2 联盟链中交易数据完整性审计现有技术

对远程存储在云服务器中的数据进行完整性审计，是用户保证远程存储数据完整性并防止事故纠纷的重要手段。为高效且准确地实现对远程数据的完整性审计，研究人员提出了多种远程数据完整性审计方案。Juels 等人[1]为了减少常见的数据审计方式“下载-审计”机制中的计算和通信代价，提出了基于哨兵块模式的远程数据的可验证方案。用户在存储数据的前向数据中插入多个哨兵块，这些哨兵块将在用户的每次审计过程中被消耗，从而验证数据的完整性。但显然，这一研究成果存在着无法持续审计的问题。针对该问题，Ateniese 等人基于 BLS 签名方案[2]提出了 PDP 方案[3-4]，该方案对数据进行分块后，对各分块进行标签计算并与数据同时进行存储。在后续的完整性审计过程中，云服务器需要根据分块标签为用户的审计挑战生成证明信息，该证明可由用户进行数据完整性验证，从而持续性地确保数据的完整性。

然而，功能单一的 PDP 方案难以满足现实社会中对云存储数据的功能需求，用户希望在保证数据完整性的基础上，实现更加丰富的功能。为了拓展数据完整性审计方案的应用前景，研究人员针对不同的需求提出了各种各样的数据完整性审计方案，包括且不限于支持重复数据删除的数据完整性审计方案[5-8]、支持数据批量动态操作的数据完整性审计方案[9-11]、抗延时审计的数据完整性审计方案[12]。以上方案均从不同的角度对数据完整性审计方案进行了改进与延展，增加了数据完整性审计方案的实用性，为数据完整性审计的进一步推广做出了贡献。

Wang 等人[13]首次提出了支持所有权交易的数据完整性审计方案（简称 DT-PDP 方案），但是该方案存在着标签设计的缺陷，导致数据所有权在一次交易后无法持续交易，且该方案的计算及通信代价较高。基于以上问题，Shen 等人[14]提出了所有权可交易的安全云审计方案（简称 DT-CA 方案），相较于 DT-PDP 方案，该方案支持数据所有权可重复交易，且其效率更高。但所有权可交易的数据完整性审计方案仍存在着两个可改进的方向。一是，由于数据所有权交易涉及多方利益交换，用户或交易监管方需要所有权可交易的数据完整性审计方案为数据纠纷或日常监管提供相应依据；除此之外，持有的信息作为数据的一种属性也会是购买者所期望获取的信息，因此一个所有权可追踪、可交易的数据完整性审计方案是此类方案的改进方向。二是，由于 DT-CA 方案本身不支持数据的批量交易，用户需要为每一个数据单独执行一次交易，导致大规模数据交易的效率偏低，影响数据的流通性，因此所有权可批量交易的数据完整性审计方案也是一个有价值的改进方向。

5.2 可追踪的交易数据完整性审计

为了在保证交易数据安全性的同时向用户提供可追踪的交易数据安全性审计功

能，本节提出了一个基于联盟链的所有权可追踪、可交易的数据完整性审计方案，命名为 TDT-PDP（Provable Data Possession with Traceable Outsourced Data Transfer）方案。在本方案中，只要数据持有者不透露可获取的交易信息，那么有且仅有数据持有者可对数据曾发生的交易信息进行追踪，并可将数据所有权进行再次交易。

5.2.1 可追踪的交易数据完整性审计模型

本节将介绍可追踪的交易数据完整性审计的系统模型及安全模型。

1. 系统模型

TDT-PDP方案的系统模型如图5-1所示，方案的参与方主要包括三类实体：远程数据服务器、联盟链（包括联盟链节点及数据完整性审计智能合约）、用户。

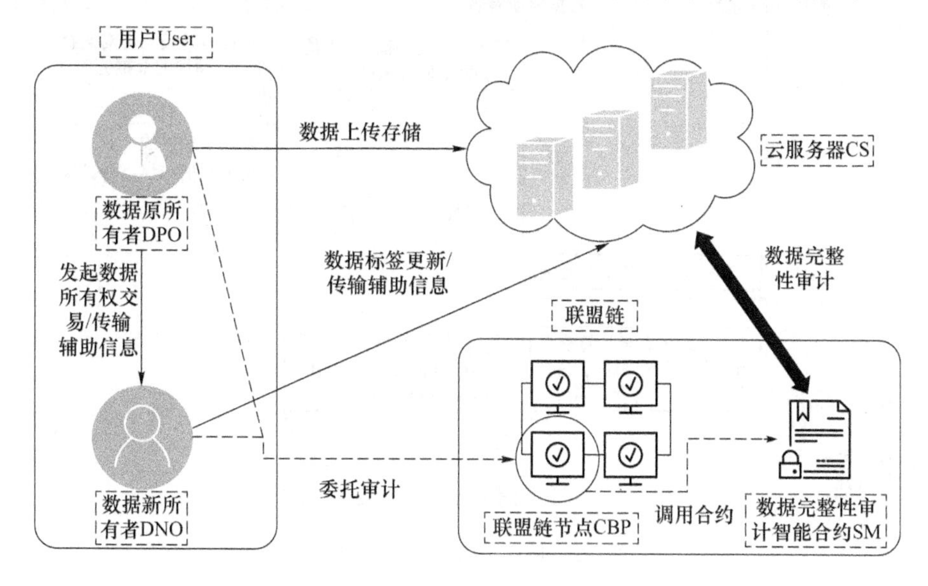

图5-1 TDT-PDP方案的系统模型

（1）云服务器（CS，Cloud Server）：云服务器拥有强大的计算资源及高容量的存储资源。在本方案中，其主要负责接收来自用户的数据存储请求、完成定期数据审计挑战以及参与用户间的数据所有权交易流程。

（2）联盟链节点（CBP，Consortium Blockchain Peer）：联盟链节点是联盟链系统的组成部分，负责维护联盟链账本及智能合约的运行和维护。在本方案中，联盟链节点负责运行数据完整性审计智能合约（Smart Contract，SM），完成来自用户的数据完整性审计任务。

（3）数据完整性审计智能合约：数据完整性审计智能合约部署在联盟链上，由任意用户(User)向联盟链节点发起调用请求,并与云服务器进行交互完成对用户数据的完整性审计。

(4) 用户:本节的用户分为两类——数据原所有者(Data Previous Owner, DPO)及数据新所有者(Data New Owner, DNO)。

① 数据原所有者:数据原所有者是系统中的一类用户。他将参与数据的标签计算、数据及其标签的上云存储、委托第三方审计者进行周期性数据审计,并进行云存储数据所有权的转让操作。

② 数据新所有者:数据新所有者是系统中的一类用户。他将向数据原所有者购买存储在云服务器上的数据的所有权并进行数据标签更新,除此之外,他可以委托第三方审计者对购买到的存储在云服务器上的数据进行周期性数据审计。

如图 5-2 所示的 TDT-PDP 方案功能流程主要包含如下两个流程。

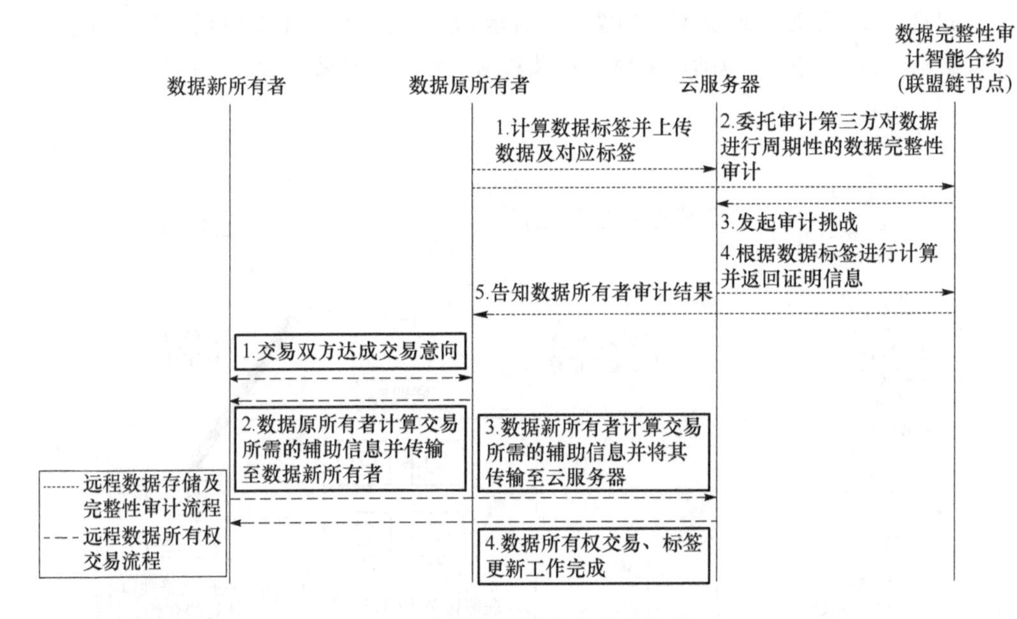

图 5-2 TDT-PDP 方案功能流程

(1) 远程数据存储及完整性审计流程。在远程数据存储及完整性审计流程中,数据原所有者在本地计算数据标签,上传数据及其标签至云服务器存储,并通过联盟链节点调用数据完整性审计智能合约完成数据完整性审计。数据完整性审计智能合约根据数据原所有者的委托内容对云服务器进行数据完整性挑战,云服务器生成相应的完整性证明并发送至数据完整性审计智能合约进行正确性验证。

(2) 远程数据所有权交易流程。在远程数据所有权交易的流程中,数据原所有者与数据新所有者对某远程存储数据所有权达成交易后,数据原所有者在本地计算出辅助信息并发送至数据新所有者,数据新所有者根据来自数据原所有者的辅助信息生成次级辅助信息并发送至云服务器,最终云服务器依照来源于数据新所有者的次级辅助信息完成对应数据的标签更新工作。

定义 5-1 TDT-PDP 方案包含以下 5 个算法。算法介绍如下。

(1) $SetUp(1^{\lambda}) \rightarrow Para$:该算法基于输入的系统安全参数 λ,生成一系列的系统参数 Para。

(2) $KeyGeneration(Para) \rightarrow (KeyDPO, KeyDNO)$:该算法基于输入的系统参数 Para,为所有用户(包括数据原所有者及数据新所有者)生成对应的密钥信息,每个用户的密钥信息中包含一对用于加解密的密钥(PK_{user}, SK_{user})和一对用于数据签名的密钥(SPK_{user}, SSK_{user})。

(3) $DataOutSource(F, n, h_F, KeyDPO, Para, Iden_{DPO}) \rightarrow (\sigma_{DPO \| F}, Sign_{DPO \| F})$:该算法由数据原所有者根据个人密钥 KeyDPO、身份信息 $Iden_{DPO}$、系统参数 Para 对划分为 n 块、哈希值为 h_F 的数据 F 进行分块标签运算。数据原所有者根据输入信息,计算数据 F 的同态标签集 $\sigma_{DPO \| F} = \{\sigma_{DPO \| F \| i}\}_{i=1,2,\cdots,n}$ 及整体标签 $Sign_{DPO \| F}$。

(4) $DataAudit(chal, Sign_{user \| F}, F, \sigma_{user \| F}, Para) \rightarrow \{0,1\}$:该算法由云服务器和数据完整性审计智能合约共同执行,共分 3 步:

① 数据完整性审计智能合约对需要进行审计的数据 F 生成挑战 chal 并发送至云服务器;

② 云服务器根据挑战 chal、数据 F 的 n 块及每一块对应的同态标签$\{(m_{F \| i}, \sigma_{user \| F \| i})\}$, $i \in chal$ 生成一个证明 P_F,并发送至数据完整性审计智能合约;

③ 将数据所有方 User 的加解密公钥 PK_{user} 及系统参数 Para 作为输入,由数据完整性审计智能合约验证证明 P_F 的正确性,若正确则输出"1",反之则输出"0"。

(5) $DataDeal(h_F, PK_{DPO}, SK_{DPO}, PK_{DNO}, SK_{DNO}, \sigma_{DPO \| F}, Iden_{DPO}, Iden_{DNO}, Para) \rightarrow (\sigma_{DNO \| F}, Sign_{DNO \| F})$:算法由云服务器、数据原所有者和数据新所有者共同执行,共分为 3 步:

① 根据交易数据 F 的哈希值 h_F,数据原所有者通过个人的加解密私钥 SK_{DPO}、数据原所有者及数据新所有者身份信息 $Iden_{DPO}$ 和 $Iden_{DNO}$ 计算出辅助信息 $AUX_{DPO \| F}$,并发送至数据新所有者;

② 数据新所有者根据数据原所有者的加解密公钥 PK_{DPO}、计算出的辅助信息 $AUX_{DPO \| F}$ 以及自己的加解密私钥 SK_{DNO},计算出二阶辅助信息 $AUX_{DNO \| F}$ 并发送至云服务器(同时可对来自数据原所有者的辅助信息进行验证);

③ 云服务器根据数据新所有者的加解密公钥的 PK_{DNO}、计算出的辅助信息 $AUX_{DNO \| F}$、原数据块同态标签集 $\sigma_{DPO \| F}$ 以及系统参数 Para 运算,更新数据整体标签为 $Sign_{DNO \| F}$、更新数据分块同态标签集为 $\sigma_{DNO \| F}$。

2. 安全模型

由于 TDT-PDP 方案支持数据完整性审计及数据所有权可交易、可追踪,因此该方案应具有以下安全特性。

1）正确性

若用户与云服务器均正确执行各自的步骤，则对于任何数据块内容的挑战审计 $\mathrm{DataAudit}(\mathrm{chal},\mathrm{Sign}_{\mathrm{User}\|F},F,\sigma_{\mathrm{user}\|F},\mathrm{Para})\rightarrow\{0,1\}$ 均输出1；若数据原所有者、数据新所有者和云服务器均诚实地执行各自的步骤，通过 $\mathrm{DataDeal}(h_F,\mathrm{PK}_{\mathrm{DPO}},\mathrm{SK}_{\mathrm{DPO}},\mathrm{PK}_{\mathrm{DNO}},\mathrm{SK}_{\mathrm{DNO}},\sigma_{\mathrm{DPO}\|F},\mathrm{Iden}_{\mathrm{DPD}},\mathrm{Iden}_{\mathrm{DNO}},\mathrm{Para})\rightarrow(\sigma_{\mathrm{DNO}\|F},\mathrm{Sign}_{\mathrm{DNO}\|F})$ 为数据生成属于数据新所有者的新标签 $\sigma_{\mathrm{DNO}\|F}$。数据完整性审计智能合约对数据 F 进行的任意挑战审计 $\mathrm{DataAudit}(\mathrm{chal},\mathrm{Sign}_{\mathrm{User}\|F},F,\sigma_{\mathrm{user}\|F},\mathrm{Para})\rightarrow\{0,1\}$ 均输出1。

2）健壮性

若数据完整性审计智能合约随机审计的数据块内容 $m_{F\|i}$ 被损坏，存储内容 $m'_{F\|i}\neq m_{F\|i}$，那么云服务器只能以可忽略的概率生成可通过数据完整性审计智能合约查验的证明。其概率为

$$\Pr(\mathcal{A}^{\mathcal{O}_{\mathrm{Sign}}(\mathrm{SK}_{\mathrm{user}},\cdot)}(\mathrm{PK}_{\mathrm{user}},\mathrm{Para})\rightarrow(\sigma'_{\mathrm{DPO}\|F},\mathrm{Sign}'_{\mathrm{DPO}\|F})\wedge(m'_{F\|i},\sigma'_{\mathrm{user}\|F\|i})\notin \{(m_{F\|i},\sigma_{\mathrm{user}\|F\|i})\}_{i\in\mathrm{chal}}\wedge\mathrm{DataAudit}(\mathrm{chal},\mathrm{Sign}'_{\mathrm{DPO}\|F},F,\sigma'_{\mathrm{DPO}\|F},\mathrm{Para})\rightarrow 1)\leqslant\mathrm{neg}(\lambda) \tag{5-1}$$

其中，Para 为 $\mathrm{SetUp}(1^\lambda)\rightarrow\mathrm{Para}$ 得到的系统参数，$(\mathrm{PK}_{\mathrm{user}},\mathrm{SK}_{\mathrm{user}})$ 为 $\mathrm{KeyGeneration}(\mathrm{Para})\rightarrow(\mathrm{KeyDPO},\mathrm{KeyDNO})$ 得到的任意一位用户用于加解密的密钥对，$\mathcal{O}_{\mathrm{Sign}}(\cdot,\cdot)$ 为签名的随机预言机，$\{(m_{F\|i},\sigma_{\mathrm{user}\|F\|i})\}$，$i\in\mathrm{chal}$ 为审计 $\mathcal{A}$ 需要查询的内容，λ 为系统安全参数，$\mathrm{neg}(\cdot)$ 为一个可忽略的概率函数。

3）不可伪造性

对于任意一个未被审计过的数据块 $m_{F\|i}$，敌手对其进行的同态标签的伪造为 $\sigma'_{\mathrm{user}\|F\|i}$，云服务器只能以可忽略的概率提供可通过数据完整性审计智能合约查验的证明。其概率为

$$\Pr(\mathcal{A}^{\mathcal{O}_{\mathrm{Sign}}(\mathrm{SK}_{\mathrm{user}},\cdot)}(\mathrm{PK}_{\mathrm{user}},\mathrm{Para})\rightarrow(\sigma'_{\mathrm{user}\|F},\mathrm{Sign}'_{\mathrm{user}\|F})\wedge(m_{F\|i},\sigma'_{\mathrm{user}\|F\|i})\notin \{(m_{F\|i},\sigma_{\mathrm{user}\|F\|i})\}_{i\in\mathrm{chal}}\wedge\mathrm{DataAudit}(\mathrm{chal},\mathrm{Sign}'_{\mathrm{user}\|F},F,\sigma'_{\mathrm{user}\|F},\mathrm{Para})\rightarrow 1)\leqslant\mathrm{neg}(\lambda) \tag{5-2}$$

Para 为 $\mathrm{SetUp}(1^\lambda)\rightarrow\mathrm{Para}$ 得到的系统参数，$(\mathrm{PK}_{\mathrm{user}},\mathrm{SK}_{\mathrm{user}})$ 为 $\mathrm{KeyGeneration}(\mathrm{Para})\rightarrow(\mathrm{KeyDPO},\mathrm{KeyDNO})$ 得到的任意一位用户用于加解密的密钥对，$\mathcal{O}_{\mathrm{Sign}}(\cdot,\cdot)$ 为签名的随机预言机，$\{(m_{F\|i},\sigma_{\mathrm{user}\|F\|i})\}$，$i\in\mathrm{chal}$ 为审计 $\mathcal{A}$ 需要查询的内容，λ 为系统安全参数，$\mathrm{neg}(\cdot)$ 为一个可忽略的概率函数。

4）所有权安全转移性

所有权安全转移性包括数据原所有者的所有权安全转移性以及数据新所有者的所有权安全转移性。数据原所有者的所有权安全转移性表现为：即使数据新所有者与云服务器相互勾结，他们也不能在多项式时间内以不可忽略的概率生成一个可通过数据完整性审计智能合约查验的新标签。攻击生效的概率可表示为

$$\Pr(\mathcal{A}^{\mathcal{O}_{\mathrm{Sign}}(\mathrm{SK}_{\mathrm{DNO}},\cdot)\mathcal{O}_{\mathrm{Aux}}(\cdot)}(\mathrm{PK}_{\mathrm{DPO}},\mathrm{PK}_{\mathrm{DNO}},\mathrm{SK}_{\mathrm{DNO}},\mathrm{Para})\rightarrow (\sigma_{\mathrm{DNO}\|F},\mathrm{Sign}_{\mathrm{DNO}\|F})\wedge(m_{F\|i},\sigma_{\mathrm{DNO}\|F\|i})\notin\{(m_{F\|i},\sigma_{\mathrm{DPO}\|F\|i})\}_{i\in\mathrm{chal}}\wedge$$

$$\text{DataAudit}(\text{chal},\text{Sign}_{\text{DNO}\|F},F,\sigma_{\text{DNO}\|F},\text{Para})\rightarrow 1)\leqslant \text{neg}(\lambda) \quad (5\text{-}3)$$

数据新所有者的所有权安全转移性表现为：即使数据原所有者与云服务器相互勾结，他们也不能在多项式时间内以不可忽略的概率生成一个可以通过数据完整性审计智能合约查验的新标签。攻击生效的概率为

$$\Pr(\mathcal{A}^{\mathcal{O}_{\text{Sign}}(\text{SK}_{\text{DPO}},\cdot)\mathcal{O}_{\text{Aux}}(\cdot)}(\text{PK}_{\text{DNO}},\text{PK}_{\text{DPO}},\text{SK}_{\text{DPO}},\text{Para})\rightarrow$$
$$(\sigma_{\text{DNO}\|F},\text{Sign}_{\text{DNO}\|F})\wedge(m_{F\|i},\sigma_{\text{DNO}\|F\|i})\notin\{(m_{F\|i},\sigma_{\text{DPO}\|F\|i})\}_{i\in\text{chal}}\wedge$$
$$\text{DataAudit}(\text{chal},\text{Sign}_{\text{DNO}\|F},F,\sigma_{\text{DNO}\|F},\text{Para})\rightarrow 1)\leqslant \text{neg}(\lambda) \quad (5\text{-}4)$$

式(5-3)和式(5-4)中，Para 为 $\text{SetUp}(1^{\lambda})\rightarrow\text{Para}$ 得到的系统参数，$(\text{PK}_{\text{DPO}},\text{SK}_{\text{DPO}})$与$(\text{PK}_{\text{DNO}},\text{SK}_{\text{DNO}})$为 KeyGeneration(Para)→(KeyDPO, KeyDNO)得到的数据原所有者与数据新所有者分别用于加解密的密钥对，$\mathcal{O}_{\text{Sign}}(\cdot,\cdot)$为签名的随机预言机，$\mathcal{O}_{\text{Aux}}(\cdot)$为获取辅助信息的随机预言机，$\{(m_{F\|i},\sigma_{\text{user}\|F\|i})\}$，$i\in\text{chal}$ 为审计$\mathcal{A}$需要查询的内容，λ 为系统安全参数，neg(·)为一个可忽略的概率函数。

5）可检测性

对于数据 F 中被损坏的数据块，本方案具有(ε,δ)——可检测性，若存储在云服务器中的数据损坏率为 ε，那么云服务器生成的证明不可通过数据完整性审计智能合约的完整性审计过程的概率不低于 δ。

6）可追踪性

在数据所有权发生转移时，数据原所有者通过个人签名私钥对数据新所有者的信息进行签名，并用数据新所有者的加密公钥对个人信息列表加密，最终其将作为辅助信息的一部分参与到数据 F 的标签更新计算中。数据新所有者可通过个人的解密私钥以及数据原所有者的签名公钥对个人信息列表进行验证，从而实现对所有权交易的追踪，并验证数据原所有者计算辅助信息的正确性。

5.2.2 可追踪的交易数据完整性审计方法

本节对 TDT-PDP 方案进行详细描述。TDT-PDP 方案需要分别在周期性的远程数据完整性审计及数据所有权交易的两个主要流程中实现三个需求——数据完整性审计、数据标签可重复交易和数据标签交易可追踪。针对上述需求，TDT-PDP 方案采用了一种改进的数据同态标签结构，将用户的身份信息嵌入其中。通过该标签结构，用户可以实现周期性的远程数据完整性审计、数据所有权交易、数据所有权追踪等功能，其中任意流程产生的问题均可由各方签名进行责任认定。在 TDT-PDP 方案中，为进一步降低用户的计算资源及通信资源开销，用户仅需要通过计算并传输辅助信息即可完成数据所有权交易，同时可以向联盟链节点发起数据完整性审计智能合约调用请求，完成数据完整性审计任务。可以说，TDT-PDP 方案在提供所有权可追踪可交易工作、数据完整性审计功能的前提下，为用户提供了安全的存储环境及极少的计算耗时。

数据原所有者可将哈希值为 h_F 的数据 F 划分为 n 块，具体表示为 $F=\{m_{F\|i}\in Z_p\}$，$i=1,2,\cdots,n$。与本章参考文献[14]相似，我们对一些常用的算法做出如下定义：Kgn(·)是国密算法 SM2[15]中的密钥生成算法，用于为用户生成一对用于数据加解密和签名的公私钥对；$\mathrm{Sig}(\cdot)_{SSK_{user}}$ 是国密算法 SM2[15]中的数字签名算法，通过用户的私钥 SSK_{user} 对信息进行数字签名；$\mathrm{Ver}(\cdot)_{SPK_{user}}$ 是国密算法 SM2[15]中的数字签名验证算法，通过用户的公钥 SPK_{user} 对数字签名的内容进行验证；$\mathrm{DEC}(\cdot)_{SK_{user}}$ 是国密算法 SM2[15]中的非对称解密算法，通过用户的私钥 SK_{user} 对加密内容进行解密；$\mathrm{ENC}(\cdot)_{PK_{user}}$ 是国密算法 SM2[15]中的非对称加密算法，通过用户的公钥 PK_{user} 对信息进行加密。

如定义 5-1 所示，所有权可追踪可交易的数据完整性审计方案包含 5 个算法：系统参数生成算法 SetUp、密钥生成算法 KeyGeneration、数据外包存储算法 DataOutSource、数据完整性审计算法 DataAudit、数据所有权交易算法 DataDeal。各算法具体内容(输入、输出、相关参数及算法流程)依次如算法 5-1～算法 5-5 所示。

算法 5-1 系统参数生成算法 SetUp

系统输入：系统安全参数 λ。

输出：系统参数集合 Para。

1 $p=\mathrm{Random}()$；//生成随机值 p

2 $G,G_T=\mathrm{ConstructGroup}(p)$；//生成两个阶为 p 的循环群

3 $g,u=\mathrm{Random}(G)$；//生成两个群 G 中的生成元

4 $H_{Z_p}=\mathrm{ConstructHash\ Function}(p)$；//生成映射至正整数群 Z_p 的哈希函数

5 $H_G=\mathrm{ConstructHash\ Function}(G)$；//生成映射至群 G 的哈希函数

6 $e:(G^*,G)\to G_T$；//双线性映射 e

7 $\mathrm{Para}=\{G,G_T,p,g,u,e,H_G,H_{Z_p}\}$；

8 **return** Para；

算法 5-2 密钥生成算法 KeyGeneration

系统输入：系统参数集合 Para。

输出：数据原所有者的密钥信息 KeyDPO、数据新所有者的密钥信息 KeyDNO。

1 $(PK_{DPO},SK_{DPO})=(g^{\alpha},\alpha)=\mathrm{KeyGen}(\mathrm{Para})$；//根据系统参数生成数据原所有者在群 G 下的密钥对

2 $(PK_{DNO},SK_{DNO})=(g^{\beta},\beta)=\mathrm{KeyGen}(\mathrm{Para})$；//根据系统参数生成数据新所有者在群 G 下的密钥对

3 $(SPK_{DPO}, SSK_{DPO}) = Kgn(\cdot)$；//根据 SM2 密钥生成算法为数据原所有者生成一对密钥

4 $(SPK_{DNO}, SSK_{DNO}) = Kgn(\cdot)$；//根据 SM2 密钥生成算法为数据新所有者生成一对密钥

5 **return**{KeyDPO, KeyDNO}；

//$KeyDPO = \{(PK_{DPO}, SK_{DPO}), (SPK_{DPO}, SSK_{DPO})\}$

//$KeyDNO = \{(PK_{DNO}, SK_{DNO}), (SPK_{DNO}, SSK_{DNO})\}$

算法 5-3 数据外包存储算法 DataOutSource

数据原所有者输入：数据 F、分块数 n、哈希值 h_F、数据原所有者的身份信息 $Iden_{DPO}$、密钥信息 KeyDPO。

输出：数据原所有者所拥有数据 F 的整体标签 $Sign_{DPO\|F}$ 及各分块同态标签集合 $\sigma_{DPO\|F} = \{\sigma_{DPO\|F\|i}\}_{i=1,2,3,\cdots,n}$（最终这些信息会发送至云服务器）。

其他相关参数：系统参数集合 Para。

1 $L = [ENC(Iden_{DPO})_{SPK_{DPO}} \| Sig(Iden_{DPO} \| h_F)_{SSK_{DPO}}]$；

2 $\gamma = H_{Z_p}(\alpha \| L)$；$s_1 = g^{\gamma}$；$s_2 = s_1^{\alpha}$；

3 **for** $i = 1, 2, \cdots, n$ **do**

4 $\quad \sigma_{DPO\|F\|i} = H_G(h_F \| i)^{\gamma} \times (u^{m_{F\|i}})^{1/\alpha + H_{Z_p}(h_F \| s_1)}$；

5 **end for**

6 $\sigma_{DPO\|F} = \{\sigma_{DPO\|F\|i}\}_{i=1,2,3,\cdots,n}$；

7 $infor = h_F \| n \| s_1 \| s_2 \| L$；

8 $Sign_{DPO\|F} = infor \| Sig(infor)_{SSK_{DPO}}$；

9 **return**$\{Sign_{DPO\|F}, \sigma_{DPO\|F}\}$；

算法 5-4 数据完整性审计算法 DataAudit

数据完整性审计智能合约输入：数据原所有者所拥有数据 F 的分块数 n，挑战块个数 k。

云服务器输入：数据原所有者所拥有数据 F 的整体标签 $Sign_{DPO\|F}$ 及各分块同态标签集 $\sigma_{DPO\|F}$。

输出：审计结果正确/错误。

其他相关参数：系统参数集合 Para。

数据完整性审计智能合约

1　chal=[ ]；

2　**for** $i=1,2,\cdots,k$ **do**

3　　chal[i]=[Random Choose(n,chal),Random()]；

4　**end for** //从 1 到 n 中选取 k 个不重复的数作为挑战信息，并为选中的数生成一个对应的随机值

5　send chal to CS；//数据完整性审计智能合约返回对于数据 F 的挑战 chal 至云服务器

云服务器

6　**for** $i=1,2,\cdots,k$ **do**

7　　$A_m += m_{F\|\text{chal}[i][0]} \times r_{\text{chal}[i][1]}$；

8　　$A_\sigma *= \sigma_{\text{DPO}\|F\|C[i][0]}^{r_{\text{chal}[i][1]}}$；

9　**end for**

10　send(A_m,A_σ,$\text{Sign}_{\text{DPO}\|F}$) to SM；//云服务器将数据 F 关于挑战 chal 的证明信息发送至数据完整性审计智能合约

数据完整性审计智能合约

11　**if** $\text{Ver}(\text{Sign}_{\text{DPO}\|F})_{\text{SSK}_{\text{DPO}}}=1$ &&

$$e(A_\sigma, PK_{\text{DPO}}g^{H_{Z_p}(h_F\|s_1)})=e\left(\prod_{(i,r_i)\in C} H_G(h_F\|i)^{r_i}, s_2 s_1^{H_{Z_p}(h_F\|s_1)}\right)\times e(u^{A_m},g):$$

12　　**return** true；//上述等式验证通过则审计结果正确

13　**else**：

14　　**return** false；//上述等式验证不通过则审计结果错误

算法 5-5　数据所有权交易算法 DataDeal

数据原所有者输入：哈希值 h_F，数据原所有者的身份信息 Iden_{DPO}、密钥信息 KeyDPO，数据新所有者的身份信息 Iden_{DNO}、SM2 公钥 SPK_{DNO}。

数据新所有者输入：数据新所有者的密钥信息 KeyDNO、数据 F 的原整体标签集 $\mathrm{Sign}_{\mathrm{DPO}\|F}$。

云服务器输入：数据 F 的原同态标签集 $\sigma_{\mathrm{DPO}\|F}$。

输出：数据原所有者所拥有数据 F 的整体标签 $\mathrm{Sign}_{\mathrm{DNO}\|F}$ 及各分块同态标签集合 $\sigma_{\mathrm{DPO}\|F}=\{\sigma_{\mathrm{DPO}\|F\|i}\}_{i=1,2,3,\cdots,n}$。

其他相关参数：系统参数集合 Para。

数据原所有者

1　$x=\mathrm{Random}(Z_p)$；//在 Z_p 得到一个随机值

2　$\mathrm{aux}=(-1/(\alpha+H_{Z_p}(h_F\|s_1)))-x$；

3　$v=u^x$；

4　$s=\mathrm{Cut}(L)$；//截取原列表中的签名部分 $\mathrm{Sig}(\mathrm{Iden}_{\mathrm{DPO}}\|h_F)_{\mathrm{SSK}_{\mathrm{DPO}}}$

5　$L_{\mathrm{new}}=[\mathrm{ENC}(\mathrm{Iden}_{\mathrm{DPO}}\|\mathrm{Iden}_{\mathrm{DNO}})_{\mathrm{SPK}_{\mathrm{DNO}}}\|s\|\mathrm{Sig}(\mathrm{Iden}_{\mathrm{DNO}}\|h_F)_{\mathrm{SSK}_{\mathrm{DPO}}}]$；

6　$\mathrm{AUX}_{F\|\mathrm{DPO}}=(\gamma\|\mathrm{aux}\|v\|L_{\mathrm{new}})\|\mathrm{Sig}(\gamma\|\mathrm{aux}\|v\|L_{\mathrm{new}})_{\mathrm{SSK}_{\mathrm{DPO}}}$；

7　send $\mathrm{AUX}_{F\|\mathrm{DPO}}$ to DNO；//数据原所有者发送交易辅助信息 $\mathrm{AUX}_{F\|\mathrm{DPO}}$ 至数据新所有者

数据新所有者

8　**do**

9　　$y=\mathrm{Random}(Z_p)$；//在 Z_p 得到一个随机值

10　　$v'=u^y$；

11　　$V=vv'=vu^y$；

12　**while**$(V=0)$ //保证 y 与 x 不同

13　$\gamma'=H_{Z_p}(\beta\|L_{\mathrm{new}})$；

14　$s_1'=g^{\gamma'}$；

15　$s_2'=s_1'^{\beta}$；

16　$\Gamma=\gamma'-\gamma$；

17　$\mathrm{aux}'=(1/(\beta+H_{Z_p}(h_F\|s_1')))-y+\mathrm{aux}$；

18　$\mathrm{AUX}_{F\|\mathrm{DNO}}=(\Gamma\|\mathrm{aux}'\|V)\|\mathrm{Sig}(\Gamma\|\mathrm{aux}'\|V)_{\mathrm{SSK}_{\mathrm{DNO}}}$；

19　$\mathrm{infor}=\mathrm{Sign}_{\mathrm{DPO}\|F}[0]\|\mathrm{Sign}_{\mathrm{DPO}\|F}[1]\|s_1'\|s_2'\|L_{\mathrm{new}}$；

20　$\mathrm{Sign}_{\mathrm{DNO}\|F}=\mathrm{infor}\|\mathrm{Sig}(\mathrm{infor})_{\mathrm{SSK}_{\mathrm{DNO}}}$；

21 send ($AUX_{F\|DNO}$, $Sign_{DNO\|F}$) to CS; //数据新所有者发送交易辅助信息 $AUX_{F\|DNO}$ 及数据 F 的新整体签名 $Sign_{DNO\|F}$ 至云服务器

云服务器
22 **for** $i=1,2,\cdots,n$ **do**
23 $\sigma_{DNO\|F\|i}=\sigma_{DPO\|F\|i}\times H_G(h_F\|i)^{\Gamma}\times(u^{m_{F\|i}})^{aux'}\times V^{m_{F\|i}}$;
//$\sigma_{DNO\|F\|i}=H_G(h_F\|i)^{\gamma}\times(u^{m_{F\|i}})^{1/\beta+H_{Z_p}(h_F\|s'_1)}$
24 **end for**
25 $\sigma_{DNO\|F}=\{\sigma_{DNO\|F\|i}\}_{i=1,2,3,\cdots,n}$;
26 **return**($\sigma_{DNO\|F}$, $Sign_{DNO\|F}$); //更新存储于云服务器的数据 F 的整体标签及分块同态标签集

5.3 支持批量交易的交易数据完整性审计

为了在保有数据完整性审计功能的同时向用户提供数据所有权的可批量交易功能，本节提出了一个基于联盟链的所有权可批量交易的数据完整性审计方案，根据所实现的功能将其命名为 DBT-PDP(Provable Data Possession with Outsourced Data Batch Transfer)方案。在 DBT-PDP 方案中，用户可一次性实现对多条数据的所有权的批量交易，并且可对这些数据的所有权进行持续性交易。

5.3.1 批量交易的交易数据完整性审计模型

本节介绍批量交易的交易数据完整性审计的系统模型及安全模型。

1. 系统模型

DBT-PDP 方案的系统模型如图 5-3 所示。方案的参与方主要包括 3 类实体：云服务器、联盟链(包括联盟链节点及数据完整性审计智能合约)、用户(包括数据新所有者、数据原所有者)。

(1) 云服务器：云服务器是一个具有海量的计算资源及存储空间的实体。在本方案中，云服务器需要存储用户的数据及其对应的数据标签，完成定期数据完整性审计任务，并为数据所有权批量交易流程提供数据标签更新的功能。

(2) 联盟链节点：联盟链节点是联盟链系统的组成部分，负责维护联盟链账本及智能合约的运行和维护。在本方案中，联盟链节点负责运行数据完整性审计智能合约，完成来自用户的数据完整性审计任务。

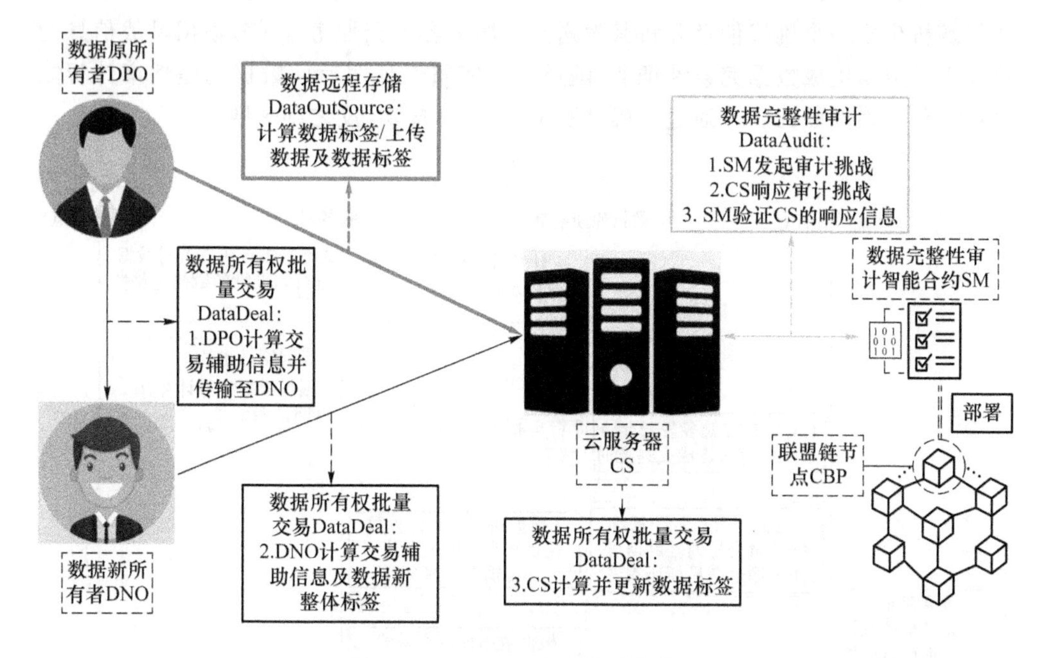

图 5-3　DBT-PDP 方案的系统模型

(3) 数据完整性审计智能合约：数据完整性审计智能合约部署在联盟链上，由任意用户向联盟链节点发起调用请求，并与云服务器进行交互完成对用户数据的完整性审计。

(4) 用户：DBT-PDP 方案中的用户均可以在云服务器存储数据，并将这些数据的审计任务交由联盟链上的数据完整性审计智能合约完成。根据数据所有权交易的立场，可将用户分为如下两类。

① 数据原所有者：数据原所有者在数据所有权交易过程中是数据的出售者。在数据所有权批量交易时，数据原所有者需要为数据所有权的出售计算一级辅助信息，并将其发送至数据新所有者进行数据所有权交易的下一个步骤。

② 数据新所有者：数据新所有者在数据所有权交易过程中是数据所有权的购买者。在数据所有权批量交易时，数据新所有者接收来自数据原所有者的一级辅助信息，随后基于这些信息计算一些二级辅助信息，最后将二级辅助信息发送至云服务器完成数据标签的更新。

DBT-PDP 方案的功能流程分为数据存储及完整性审计流程、数据所有权批量交易流程，如图 5-4 所示。

(1) 数据存储及完整性审计流程。数据存储过程中，数据原所有者在对本地数据完成标签计算后，将数据及对应标签上传至云服务器进行存储，并通过联盟链节点调用数据完整性审计智能合约完成数据完整性审计。由数据完整性审计智能合约主导的数据完整性审计参与方还包括云服务器，数据完整性审计智能合约对目标审计数据随机生成一个挑战信息并将其发送至云服务器。云服务器 CS 根据挑战信息为目标审计数据生成数据完整性证明，随后将该完整性证明返回数据完整性审计智能合约进行正确性验证。若通过正确性验证，则审计成功，反之则失败。

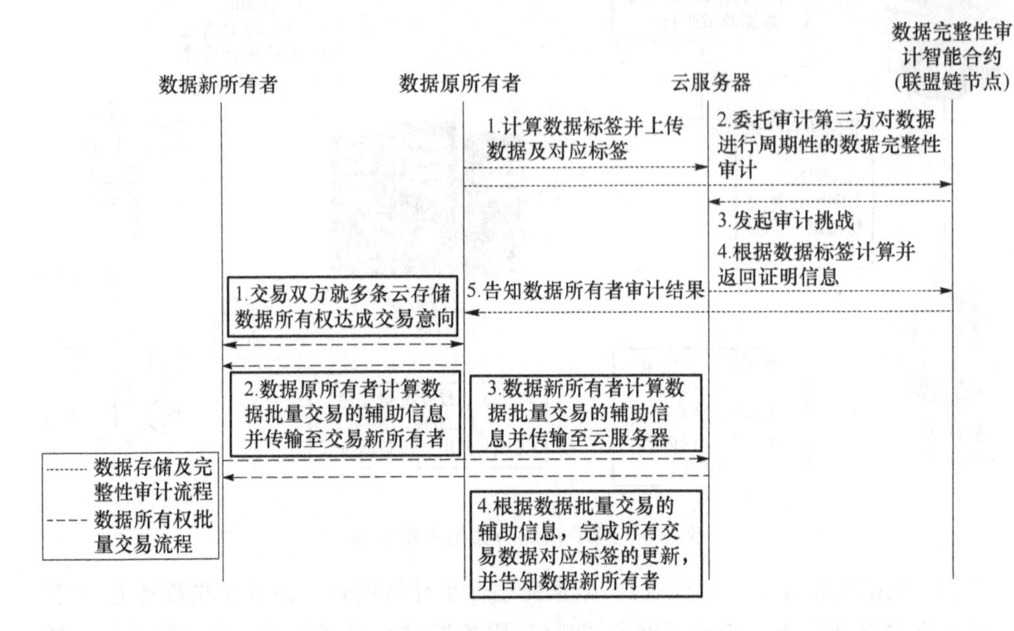

图 5-4　方案功能流程

(2) 数据所有权批量交易流程。数据所有权批量交易的参与方包括数据原所有者、数据新所有者及云服务器。在数据原所有者与数据新所有者对一批数据所有权达成交易共识后，数据原所有者为这批数据生成一级交易辅助信息并发送至数据新所有者。数据新所有者根据一级辅助信息计交易二级辅助信息，随后将生成的二级辅助信息传递给云服务器。云服务器利用来自数据新所有者的二级辅助信息，完成批量交易数据的数据标签更新。

定义 5-2　为实现数据完整性审计及数据所有权批量交易功能，DBT-PDP 方案由以下 5 个算法组成。算法如下。

(1) SetUp(1^λ)→Para：该算法基于输入的系统安全参数 λ，生成一系列的系统参数 Para。

(2) KeyGeneration(Para)→(KeyDPO，KeyDNO)：该算法输入 Para，为数据原所有者和数据新所有者生成密钥 KeyDPO 和 KeyDNO。用户密钥包含一对加解密密钥及一对数字签名密钥 KeyDPO＝(PK_{DPO}，SK_{DPO})，(SPK_{DPO}，SSK_{DPO})，KeyDNO＝(PK_{DNO}，SK_{DNO})，(SPK_{DNO}，SSK_{DNO})。

(3) DataOutSource(F，n，h_F，KeyDPO，Para)→($\sigma_{DPO\|F}$，$Sign_{DPO\|F}$)：该算法由数据原所有者根据个人密钥 KeyDPO、系统参数 Para、对划分为 n 块的哈希值为 h_F 的数据 F 进行分块标签运算。数据原所有者根据输入信息，计算数据 F 的同态标签集

$\sigma_{DPO\|F}=\{\sigma_{DPO\|F\|i}\}_{i=1,2,\cdots,n}$，以及整体标签 $Sign_{DPO\|F}$。

(4) DataAudit(chal, $Sign_{user\|F}$, F, $\sigma_{user\|F}$, Para)→{0,1}：该算法由云服务器和数据完整性审计智能合约共同执行，共分3步：

① 数据完整性审计智能合约对需要进行审计的数据 F 生成挑战 chal 并发送至云服务器；

② 云服务器根据挑战 chal、数据 F 的 n 块及每一块对应的同态标签 $\{(m_{F\|i}, \sigma_{user\|F\|i})\}$，$i\in$ chal 生成一个证明 P_F，并发送至数据完整性审计智能合约；

③ 将数据所有方的加解密公钥 PK_{user} 及系统参数 Para 作为输入，由数据完整性审计智能合约验证证明 P_F 的正确性，若正确则输出"1"，反之则输出"0"。

(5) DataDeal(KeyDPO, KeyDNO, σ_{all}, $Sign_{all}$, list)→(σ'_{all}, $Sign'_{all}$)：算法由云服务器、数据原所有者和数据新所有者共同执行，共分为3步：

① 根据待交易数据列表 list，数据原所有者通过个人密钥信息 KeyDPO 运算一级辅助信息 AUX_{DPO} 并发送至数据新所有者；

② 数据新所有者验证来自数据原所有者的数据，根据数据原所有者的密钥信息 KeyDPO 的公钥部分、一级辅助信息 AUX_{DPO}、所有交易数据的整体标签 $Sign_{all}$ 及个人密钥信息 KeyDNO，计算二级辅助信息 AUX_{DNO} 及所有交易数据新的整体标签 $Sign'_{all}$ 发送至云服务器；

③ 云服务器根据数据新所有者密钥信息 KeyDNO 的公钥部分、二级辅助信息 AUX_{DNO}、所有交易数据同态标签集 σ_{all} 以及系统参数 Para 计算所有交易数据的新同态标签集 σ'_{all}，最后以 $Sign'_{all}$ 与 σ'_{all} 对所有交易数据的整体标签及同态标签集进行更新。

2. 安全模型

为实现数据完整性审计及所有权可批量交易，DBT-PDP 方案具有以下5项安全特性。

1) 正确性

若用户与云服务器均正确执行各自步骤，则可对任何数据完成存储 DataOutSource (F, n, h_F, KeyDPO, Para)→($\sigma_{DPO\|F}$, $Sign_{DPO\|F}$)。若数据原所有者、数据新所有者和云服务器均诚实地执行所有权批量交易流程，则采用 DataDeal(KeyDPO, KeyDNO, σ_{all}, $Sign_{all}$, list)→(σ'_{all}, $Sign'_{all}$)算法可为数据新所有者购买的数据生成新的标签 $\sigma_{DNO\|F}$。若云服务器与数据完整性审计智能合约均正确执行各自步骤，则对数据 F 进行的任意完整性审计挑战 DataAudit(chal, $Sign_{user\|F}$, F, $\sigma_{user\|F}$, Para)→{0,1}均输出为1。

2) 健壮性

若数据完整性审计智能合约随机审计的数据块内容 $m_{F\|i}$ 被损坏，存储内容 $m'_{F\|i}\neq m_{F\|i}$，那么云服务器只能以可忽略的概率生成可通过数据完整性审计智能合

约查验的证明。其概率可表示为

$$\Pr(\mathcal{A}^{\mathcal{O}_{\text{Sign}}(\text{SK}_{\text{user}},\cdot)}(\text{PK}_{\text{user}},\text{Para})\rightarrow(\sigma'_{\text{DPO}\parallel F},\text{Sign}'_{\text{DPO}\parallel F})\wedge(m'_{F\parallel i},\sigma'_{\text{user}\parallel F\parallel i})\notin\{(m_{F\parallel i},\sigma_{\text{user}\parallel F\parallel i})\}_{i\in\text{chal}}\wedge\text{DataAudit}(\text{chal},\text{Sign}'_{\text{DPO}\parallel F},F,\sigma'_{\text{DPO}\parallel F},\text{Para})\rightarrow 1)\leqslant\text{neg}(\lambda) \tag{5-5}$$

Para 为 $\text{SetUp}(1^{\lambda})\rightarrow\text{Para}$ 得到的系统参数，$(\text{PK}_{\text{user}},\text{SK}_{\text{user}})$ 为 KeyGeneration(Para)→(KeyDPO,KeyDNO)得到的任意一位用户的用于加解密的公私钥对，$\mathcal{O}_{\text{Sign}}(\cdot,\cdot)$ 为签名的随机预言机，$\{(m_{F\parallel i},\sigma_{\text{user}\parallel F\parallel i})\}$，$i\in\text{chal}$ 为审计$\mathcal{A}$需要查询的内容，λ 为系统安全参数，neg(·)为一个可忽略的概率函数。

3）不可伪造性

对于任意一个未被审计过的数据块 $m_{F\parallel i}$，敌手对其进行的同态标签的伪造 $\sigma'_{\text{user}\parallel F\parallel i}$，云服务器只能以可忽略的概率提供可通过数据完整性审计智能合约查验的证明。其概率可表示为

$$\Pr(\mathcal{A}^{\mathcal{O}_{\text{Sign}}(\text{SK}_{\text{user}},\cdot)}(\text{PK}_{\text{user}},\text{Para})\rightarrow(\sigma'_{\text{user}\parallel F},\text{Sign}'_{\text{User}\parallel F})\wedge(m_{F\parallel i},\sigma'_{\text{user}\parallel F\parallel i})\notin\{(m_{F\parallel i},\sigma_{\text{user}\parallel F\parallel i})\}_{i\in\text{chal}}\wedge\text{DataAudit}(\text{chal},\text{Sign}'_{\text{User}\parallel F},F,\sigma'_{\text{user}\parallel F},\text{Para})\rightarrow 1)\leqslant\text{neg}(\lambda) \tag{5-6}$$

Para 为 $\text{SetUp}(1^{\lambda})\rightarrow\text{Para}$ 得到的系统参数，$(\text{PK}_{\text{user}},\text{SK}_{\text{user}})$ 为 KeyGeneration(Para)→(KeyDPO,KeyDNO)得到的任意一位用户的用于加解密的密钥对，$\mathcal{O}_{\text{Sign}}(\cdot,\cdot)$ 为签名的随机预言机，$\{(m_{F\parallel i},\sigma_{\text{user}\parallel F\parallel i})\}$，$i\in\text{chal}$ 为审计$\mathcal{A}$需要查询的内容，λ 为系统安全参数，neg(·)为一个可忽略的概率函数。

4）所有权安全转移性

所有权安全转移性包括数据原所有者的所有权安全转移性以及数据新所有者的所有权安全转移性。数据原所有者的所有权安全转移性表现为：即使数据新所有者与云服务器相互勾结，他们也不能在多项式时间内以不可忽略的概率生成一个可以通过数据完整性审计智能合约查验的新标签。攻击可生效的概率表示为

$$\Pr(\mathcal{A}^{\mathcal{O}_{\text{Sign}}(\text{SK}_{\text{DNO}},\cdot)\mathcal{O}_{\text{Aux}}(\cdot)}(\text{PK}_{\text{DPO}},\text{PK}_{\text{DNO}},\text{SK}_{\text{DNO}},\text{Para})\rightarrow(\sigma_{\text{DNO}\parallel F},\text{Sign}_{\text{DNO}\parallel F})\wedge(m_{F\parallel i},\sigma_{\text{DNO}\parallel F\parallel i})\notin\{(m_{F\parallel i},\sigma_{\text{DPO}\parallel F\parallel i})\}_{i\in\text{chal}}\wedge\text{DataAudit}(\text{chal},\sigma_{\text{DNO}\parallel F},F,\text{Sign}_{\text{DNO}\parallel F},\text{Para})\rightarrow 1)\leqslant\text{neg}(\lambda) \tag{5-7}$$

数据新所有者的所有权安全转移性表现为：即使数据原所有者与云服务器相互勾结，他们也不能在多项式时间内以不可忽略的概率生成一个可以通过数据完整性审计智能合约查验的新标签。攻击可生效的概率表示为

$$\Pr(\mathcal{A}^{\mathcal{O}_{\text{Sign}}(\text{SK}_{\text{DPO}},\cdot)\mathcal{O}_{\text{Aux}}(\cdot)}(\text{PK}_{\text{DNO}},\text{PK}_{\text{DPO}},\text{SK}_{\text{DPO}},\text{Para})\rightarrow(\sigma_{\text{DNO}\parallel F},\text{Sign}_{\text{DNO}\parallel F})\wedge(m_{F\parallel i},\sigma_{\text{DNO}\parallel F\parallel i})\notin\{(m_{F\parallel i},\sigma_{\text{DPO}\parallel F\parallel i})\}_{i\in\text{chal}}\wedge\text{DataAudit}(\text{chal},\sigma_{\text{DNO}\parallel F},\text{F},\text{Sign}_{\text{DNO}\parallel F},\text{Para})\rightarrow 1)\leqslant\text{neg}(\lambda) \tag{5-8}$$

式(5-7)和式(5-8)中，Para 为 $\text{SetUp}(1^{\lambda})\rightarrow\text{Para}$ 得到的系统参数，$(\text{PK}_{\text{DPO}},\text{SK}_{\text{DPO}})$ 与 $(\text{PK}_{\text{DNO}},\text{SK}_{\text{DNO}})$ 为 KeyGeneration(Para)→(KeyDPO,KeyDNO)得到的数据原所有者与数据新所有者分别用于加解密的密钥对，$\mathcal{O}_{\text{Sign}}(\cdot,\cdot)$ 为签名的随机预言机，

$\mathcal{O}_{Aux}(\cdot)$为获取辅助信息的随机预言机，$\{(m_{F\|i},\sigma_{user\|F\|i})\}$，$i\in$ chal 为审计$\mathcal{A}$需要查询的内容，λ 为系统安全参数，neg(·)为一个可忽略的概率函数。

5）可检测性

对于数据 F 中被损坏的数据块，DBT-PDP 方案具有(ε,δ)——可检测性，若存储在云服务器中的数据损坏率为 ε，那么云服务器生成的证明不可通过数据完整性审计智能合约的完整性审计过程的概率不低于 δ。

5.3.2 批量交易的交易数据完整性审计方法

本节对 DBT-PDP 方案进行完整详细的介绍。DBT-PDP 方案的设计目的是在数据完整性审计方案中为用户提供更高效的数据所有权交易功能。为了实现方案设计目的，DBT-PDP 方案设计了一种新的数据标签格式，简化了数据标签中的部分信息。新的标签结构在保证方案安全性的同时，实现了数据完整性审计功能及数据所有权批量交易功能。为进一步节省用户在各个流程所需的资源，在 DBT-PDP 方案中，数据完整性审计任务可以委托给第三方审计者执行，数据所有权批量交易也仅需用户计算少量信息即可完成。综上所述，DBT-PDP 方案是一个在数据完整性审计及数据所有权交易上高效而安全的方案。

数据原所有者可将哈希值为 h_F 的数据 F 划分为 n 块，具体表示为 $F=\{m_{F\|i}\in Z_p\}$，$i=1,2,\cdots,n$，其中 Z_p 表示各数据块内容均落在阶为 p 的正整数群上。与本章参考文献[14]相似，我们对一些常用的算法做出如下定义：Kgn(·)是国密算法 SM2[15]中的密钥生成算法，本章中主要为用户生成一对用于数据加解密和签名的公私钥对；$\mathrm{Sig}(\cdot)_{\mathrm{SSK}_{user}}$ 是国密算法 SM2[15]中的数字签名算法，通过用户的私钥 SSK_{user} 对信息进行数字签名；$\mathrm{Ver}(\cdot)_{\mathrm{SPK}_{user}}$ 是国密算法 SM2[15]中的数字签名验证算法，通过用户的公钥 SPK_{user} 对数字签名的内容进行验证；$\mathrm{DEC}(\cdot)_{\mathrm{SK}_{user}}$ 是国密算法 SM2[15]中的非对称解密算法，通过用户的私钥 SK_{user} 对加密内容进行解密；$\mathrm{ENC}(\cdot)_{\mathrm{PK}_{user}}$ 是国密算法 SM2[15]中的非对称加密算法，通过用户的公钥 PK_{user} 对信息进行加密。

DBT-PDP 方案如定义 5-2 描述，共包含 5 个算法。这些算法分别是系统参数生成算法 SetUp、密钥生成算法 KeyGeneration、数据外包存储算法 DataOutSource、数据完整性审计算法 DataAudit、数据所有权交易算法 DataDeal。各算法具体内容（输入、输出、相关参数及算法流程）依次详见算法 5-6～算法 5-10。

算法 5-6 系统参数生成算法 SetUp

系统输入：系统安全参数 λ。

输出：系统参数集合 Para。

1 p=Random()；//生成随机值 p

2 e, G, G_T = ConstructGroup(p)；//生成 2 个阶为 p 的循环群及其映射关系 e

3 g, u, w = Random(G)；//生成 3 个群 G 中的生成元

4 H_{Z_p} = ConstructHash Function(p)；//生成映射至正整数群 Z_p 的哈希函数

5 Para = $\{G, G_T, p, g, u, e, w, H_{Z_p}\}$；

6 **return** Para；

算法 5-7 密钥生成算法 KeyGeneration

系统输入：系统参数集合 Para。

输出：数据原所有者密钥信息 KeyDPO、数据新所有者密钥信息 KeyDNO。

1 $(\mathrm{PK_{DPO}}, \mathrm{SK_{DPO}}) = (g^{\alpha}, \alpha)$ = KeyGen(Para)；//根据系统参数生成数据原所有者在群 G 下的密钥对

2 $(\mathrm{PK_{DNO}}, \mathrm{SK_{DNO}}) = (g^{\beta}, \beta)$ = KeyGen(Para)；//根据系统参数生成数据新所有者在群 G 下的密钥对

3 $(\mathrm{SPK_{DPO}}, \mathrm{SSK_{DPO}})$ = Kgn(·)；//根据 SM2 密钥生成算法为数据原所有者生成一对密钥

4 $(\mathrm{SPK_{DNO}}, \mathrm{SSK_{DNO}})$ = Kgn(·)；//根据 SM2 密钥生成算法为数据新所有者生成一对密钥

5 **return**{KeyDPO, KeyDNO}；

  //KeyDPO = $\{(\mathrm{PK_{DPO}}, \mathrm{SK_{DPO}}), (\mathrm{SPK_{DPO}}, \mathrm{SSK_{DPO}})\}$

  //KeyDNO = $\{(\mathrm{PK_{DNO}}, \mathrm{SK_{DNO}}), (\mathrm{SPK_{DNO}}, \mathrm{SSK_{DNO}})\}$

算法 5-8 数据外包存储算法 DataOutSource

数据原所有者输入：数据 F、分块数 n 以及哈希值 h_F、数据原所有者的密钥信息 KeyDPO。

输出：数据原所有者所拥有数据 F 的整体标签 $\mathrm{Sign}_{\mathrm{DPO}\|F}$ 及各分块同态标签集合 $\sigma_{\mathrm{DPO}\|F} = \{\sigma_{\mathrm{DPO}\|F\|i}\}_{i=1,2,3,\cdots,n}$（最终这些信息会发送至云服务器）。

其他相关参数：系统参数集合 Para。

1 $\gamma = H_{Z_p}(\alpha)$；$s_1 = g^{\gamma}$；$s_2 = s_1^{\alpha}$；

2 **for** $i = 1, 2, \cdots, n$ **do**

3 $\quad \sigma_{\mathrm{DPO}\|F\|i} = w^{H_{Z_p}(h_F\|i)\gamma} \times (u^{m_{F\|i}})^{1/\alpha + H_{Z_p}(s_1)}$；

4 **end for**

5 $\sigma_{DPO\|F}=\{\sigma_{DPO\|F\|i}\}_{i=1,2,3,\cdots,n}$;
6 $infor=h_F\|n\|s_1\|s_2$;
7 $Sign_{DPO\|F}=infor\|Sig(infor)_{SSK_{DPO}}$;
8. **return**$\{Sign_{DPO\|F},\sigma_{DPO\|F}\}$;

算法 5-9 数据完整性审计算法 DataAudit

数据完整性审计智能合约输入:数据原所有者所拥有数据 F 的分块数 n、挑战块个数 k。
云服务器输入:数据原所有者所拥有数据 F 的整体标签 $Sign_{DPO\|F}$ 及同态标签集 $\sigma_{DPO\|F}$。
输出:审计结果正确/错误。
其他相关参数:系统参数集合 Para。

数据完整性审计智能合约
1 chal=[];
2 **for** $i=1,2,\cdots,k$ **do**
3 chal[i]=[RandomChoose(n,C),Random()];
4 **end for** //从 1 到 n 中选取 k 个不重复的数作为挑战信息,并为选中的数生成一个对应的随机值
5 send chal to CS; //数据完整性审计智能合约发送对于数据 F 的挑战 chal 至云服务器

云服务器
6 **for** $i=1,2,\cdots,k$ **do**
7 $A_m+=m_{F\|chal[i][0]}\times r_{chal[i][1]}$;
8 $A_\sigma *=\sigma_{DPO\|F\|chal[i][0]}^{r_{chal[i][1]}}$;
9 **end for**
10 send(A_m,A_σ,$Sign_{DPO\|F}$) to SM; //云服务器将数据 F 关于挑战 chal 的证明信息发送至数据完整性审计智能合约

数据完整性审计智能合约
11 **if** $Ver(Sign_{DPO\|F})_{SSK_{DPO}}=1$ &&

$$e(A_\sigma, PK_{DPO} g^{H_{Z_p}(s_1)}) = e(\prod_{(i,r_i)\in C} w^{H_{Z_p}(h_F \| i) r_i}, s_2 s_1^{H_{Z_p}(s_1)}) \times e(u^{A_m}, g):$$

12 **return** true; //上述等式验证通过则审计结果正确

13 **else**:

14 **return** false; //上述等式验证不通过则审计结果错误

算法 5-10 数据所有权交易算法 DataDeal

数据原所有者输入:密钥信息 KeyDPO、交易数据集合 list $=\{F_j\}_{j=1,2,\cdots,k}$。

数据新所有者输入:密钥信息 KeyDNO、交易所有数据的整体标签集合 $\text{Sign}_{\text{all}}=\{\text{Sign}_{\text{DPO}\|F_j}\}_{j=1,2,\cdots,k}$。

云服务器输入:交易所有数据的同态标签集 $\sigma_{\text{all}}=\{\sigma_{\text{DPO}\|F_j}\}_{j=1,2,\cdots,k}$。

输出:数据原所有者交易所得全部数据的新整体标签 $\text{Sign}'_{\text{all}}$及新的分块同态标签集合 σ'_{all}。

其他相关参数:系统参数集合 Para。

数据原所有者

1 $x_1, y_1 = \text{Random}(Z_p)$; //在 Z_p 得到两个随机值

2 $\text{aux}=(-1/(\alpha+H_{Z_p}(s_1)))-x_1$;

3 $v=u^{x_1}$;

4 $q=w^{y_1}$;

5 $\gamma_p=H_{Z_p}(\alpha)+y_1$;

6 $\text{list}=[(F_1,F_2,\cdots,F_j)\|\text{Sig}(F_1,F_2,\cdots,F_j)_{\text{SSK}_{\text{DPO}}}]$;

7 $\text{AUX}_{\text{DPO}}=(\gamma_p\|q\|\text{aux}\|v)\|\text{Sig}(\gamma_p\|q\|\text{aux}\|v)_{\text{SSK}_{\text{DPO}}}$;

8 send ($\text{AUX}_{F\|\text{DPO}}$, list) to DNO; //数据原所有者发送交易辅助信息 $\text{AUX}_{F\|\text{DPO}}$及交易列表 list 至数据新所有者

数据新所有者

9 **do**

10 $x_2, y_2 = \text{Random}(Z_p)$; //在 Z_p 得到两个随机值

11 $v'=u^{x_2}$;

12 $q'=w^{y_2}$;

13 $V=vv'=vu^{x_1}$;

14 $Q=qq'=qw^{y2}$;
15 **while**($V=0 \| Q=0$) //保证 y 与 x 不同
16 $\gamma'=H_{Z_p}(\beta)$;
17 $s_1'=g^{\gamma'}$;
18 $s_2'=s_1'^{\beta}$;
19 $\Gamma=\gamma'-\gamma_p-y_2$;
20 $aux'=(1/(\beta+H_{Z_p}(s_1')))-y_2+aux$;
21 $AUX_{DNO}=(\Gamma \| aux' \| V \| Q) \| Sig(\Gamma \| aux' \| V \| Q)_{SSK_{DNO}}$;
22 $Sign'_{all}=[]$;
23 **for** j in $Sign_{all}$ **do**
24 $infor=Sign_{all}[j][0] \| Sign_{all}[j][1] \| s_1' \| s_2'$;
25 $Sign'_{all}[j]=infor \| Sig(infor)_{SSK_{DNO}}$;
26 **end for**
27 send ($AUX_{F \| DNO}$, $Sign'_{all}$, list) to CS; //数据新所有者发送交易辅助信息 $AUX_{F \| DNO}$、所有交易数据的新整体签名 $Sign'_{all}$及交易列表 list 至云服务器

云服务器
28 **for** $\sigma_{DPO \| F_j}$ in σ_{all} **do**
29 **for** $i=1,2,\cdots,n$ **do**
30 $\sigma_{DNO \| F_j \| i}=$
$\sigma_{DPO \| F_j \| i} \times w^{H_{Z_p}(h_{F_j} \| i)\Gamma} \times Q^{H_{Z_p}(h_{F_j} \| i)} \times (u^{m_{F_j} \| i})^{aux'} \times V^{m_{F_j} \| i}$;
31 **end for**
32 $\sigma'_{all}[j]=\{\sigma_{DNO \| F_j \| i}\}_{i=1,2,3,\cdots,n}$;
33 **end for**
34 **return**($\sigma'_{all}[j]$, $Sign'_{all}[j]$)$_{j=1,2,\cdots,k}$; //更新存储在云服务器中的所有数据 $\{F_j\}_{j=1,2,\cdots,k}$交易后的整体标签及分块同态标签集

5.4 基于激励机制的数据完整性审计

针对现有云存储审计系统的激励机制对系统中那些不参与审计但参与区块链记账的记账节点不予任何奖励,从而使得审计系统活跃度降低的问题,本节设计了一个

面向全链节点的激励机制 FIMFN,能使系统活跃度在多轮记账后达到最大的效果,并根据该激励机制设计并实现了一个基于联盟链的公平云存储安全审计方案系统 SAFSB。

5.4.1 面向全链节点的激励机制

现有的云存储完整性审计[16-21]对记账节点的利益不做分析,可能导致记账节点因无法得到足够收益而不参与区块链记账,从而使得区块链网络节点过少,区块链被攻击的风险大大增加。本节提出了面向全链公平的激励机制 FIMFN,用于分析系统节点加入审计任务的各种收益成本并设置参数。针对审计节点和记账节点两个实体是否参与审计相关任务的两个策略进行演化博弈建模分析(分析在 6 种不同情况下的节点演化),为面向全链公平的激励机制的参数设计提供了依据。

1. 激励机制设计

针对参与区块链记账需要成本而导致记账节点不愿意加入审计任务的问题,FIMFN 设计了分配系数 f,该系数决定审计节点将收益的多少份额分配给记账节点。对于记账节点,如果被分配了合适的激励收益,则会愿意加入审计任务,参与记账。如图 5-5 所示,在审计完成后,面向全链公平的激励机制首先会从审计收益 R_a 中扣减安全储蓄金 T,安全储蓄金 T 会被存入公共账户 $\mathrm{Account_{public}}$;然后按分配系数 f 把审计利益分配给记账节点,分配给记账节点的审计利益为 $f(R_a-T)$。

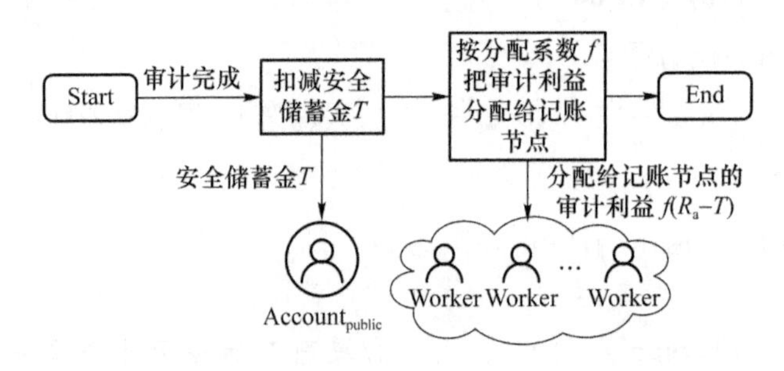

图 5-5 面向全链公平的激励机制执行流程

1) 扣减安全储蓄金 T

安全储蓄金 T 被存储在公共账户 $\mathrm{Account_{public}}$ 中,常在系统发生安全故障时取出并用于支付维护区块链网络的人工或时间成本。在每次审计任务执行过程中,首先会从审计收益 R_a 中减去安全储蓄金 T,T 在系统中被设置为

$$T=\begin{cases}t, & w=0\\ 0, & w>0\end{cases}$$

系统设置安全储蓄金 T 值的依据是：当记账节点数 w 的值为 0 时，系统中只有审计节点，被攻击的风险大，设置安全储蓄金 $T=t$；当记账节点数 w 的值大于 0 时，系统中记账节点数较多，被攻击的风险小，设置安全储蓄金 $T=0$。

安全储蓄金 T 需要从审计收益 R_a 中扣减，如果设置得较大则会使审计节点获益太少而无法覆盖审计成本，从而导致审计节点不愿意参与到审计任务中。

2) 按分配系数 f 分配记账节点审计收益

分配系数 f 用于给记账节点分配审计收益，这个收益表示为 $f(R_a-T)$，因此审计节点在被分配收益后自身的收益为 $(1-f)(R_a-T)$。记账节点获得收益后，会衡量审计收益与参与成本的差，并做出理性选择。

分配系数 f 影响着审计节点和记账节点的利益：f 越大，审计节点的收益越少，当审计节点的收益无法覆盖其参与成本时，审计节点将不愿再参与到审计任务中；f 越小，记账节点收益越少，当记账节点的收益无法覆盖其参与成本时，审计节点将不愿再参与到记账任务中。

安全储蓄金 T 和分配系数 f 的设置影响着审计节点和记账节点是否选择参与的策略，系统各节点之间也存在博弈：审计节点的不参与会导致系统收益为 0，记账节点也会因没有收益而选择不参与；记账节点的不参与会导致被攻击的风险增大，审计节点也会因此选择不参与策略。因此，对于激励的设计需要考虑到各节点的利益，保证尽可能多的节点参与到审计任务中。为保证激励的合理设计，需要建立演化博弈模型并进行多种情况下的演化分析。

2. 演化博弈模型建模

本节对问题进行描述并做了参数定义和模型假设，得到演化博弈矩阵。

1) 问题描述和参数定义

如图 5-6 所示，云存储审计系统的区块链节点中存在审计节点 Cooperative Party（简称 CP）和记账节点 Worker（简称 W）。CP 负责系统的审计工作，包括向云服务器发起挑战、记录审计结果、负责节点审计信誉分计算等，负责激励的智能合约会将利益 R_{cp} 分配给审计节点；W 参与区块链记账，但不参与审计工作，负责激励的智能合约会将利益 R_w 分配给记账节点。

在各节点组成的区块链系统中，CP 负责审计功能而消耗更多的服务器资源，如上传/下载的带宽成本 C_b、CPU 占用成本 C_c、内存使用成本 C_m、磁盘占用成本 C_d，CP 的收益来源为审计收益 R_a；W 负责记账功能，消耗的服务器资源类型和 CP 一致，但 CPU 占用、内存使用可以忽略不计，主要资源消耗为上传/下载的带宽成本 C_b 和磁盘占用成本 C_d。不采取激励的情况下，W 没有收益来源，将脱离区块链系统，使得区块链系统节点数减少、不稳定，被 51%攻击的概率大大提高。

面向全链节点的公平激励机制的参数说明如表 5-1 所示。

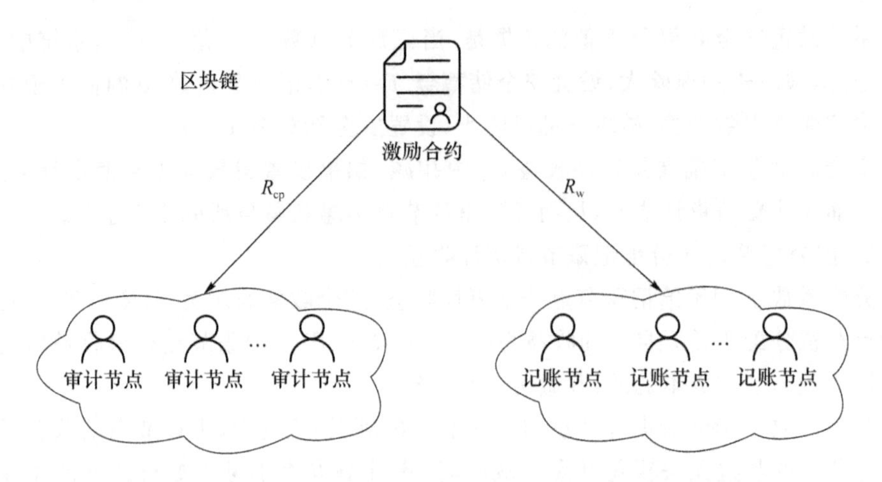

图 5-6 区块链上的两类节点在激励合约下的分配收益图

表 5-1 面向全链节点的公平激励机制的参数说明

参数名	说明
C_b	上传下载的带宽成本,由审计节点审计产生
C_c	CPU 占用成本,由审计节点审计产生
C_m	内存使用成本,由审计节点审计产生
C_d	磁盘占用成本,由审计节点审计或者记账节点记账产生
C_{cp}	审计节点的主要成本,由审计节点审计产生
C_w	记账节点的主要成本,由记账节点记账产生
T	安全储蓄金,节点数少时系统产生的用于预防攻击的成本
R_a	审计收益,通过审计节点进行审计获得
f	分配系数,用于给记账节点分配审计收益

2）模型假设

在审计节点和记账节点进行博弈的过程中,节点在决策时会受到信息、时间、认知能力等因素的限制,由于信息不足和时间紧迫,审计节点与记账节点只能根据自身利益做出决策,因而无法考虑到系统的整体利益。两类节点存在着博弈关系:审计节点的不参与会导致系统收益为 0,记账节点也会因没有收益而选择不参与;记账节点的不参与会导致被攻击的风险增大,审计节点也会选择不参与策略。

审计节点因为系统的主要收益都来自审计收益而在系统利益分配中占主体地位,记账节点则通过对区块链中审计任务的记账获得激励机制分配的收益。审计节点和记账节点的博弈策略都可以划分为参与审计任务和不参与审计任务。审计节点做出参与审计任务选择的概率为 x,做出不参与审计任务选择的概率为 $1-x$;记账节点做出参与审计任务选择的概率为 y,做出不参与审计任务选择的概率为 $1-y$。

因为博弈涉及成本和收益的比较，下面对两类节点的成本和收益做出分析。

(1) 审计节点参与审计任务的主要成本分析：如果审计节点选择参与审计任务，那么其主要成本为对审计挑战的发起和云服务商通信造成的上传/下载带宽成本 C_b、对审计挑战的发起和审计验证的 CPU 占用成本 C_c 和内存使用成本 C_m；由于审计节点存储会占用磁盘，带来的磁盘使用成本 C_d。设审计节点付出的主要成本为 C_{cp}，该成本可以表示为 $C_{cp}=C_b+C_c+C_m+C_d$。

(2) 记账节点参与审计任务的主要成本分析：如果记账节点选择参与审计任务策略，那么其主要成本为参与记账的磁盘使用成本 C_d。设记账节点需要付出的主要成本为 C_w，该成本表示为 $C_w=C_d$。

(3) 系统受攻击风险带给审计节点和记账节点的成本分析：节点被攻击将导致区块链生态受损，带来交易泄漏和篡改风险，因此系统设置了安全储蓄金 T 来支付系统被攻击后维护区块链网络的人工或时间成本。安全储蓄金 T 由区块链中的全体节点承担，如果记账节点选择不参与策略，区块链将只由审计节点记账，导致区块链总节点数偏少，最终系统可能被攻击导致全体节点利益受损，那么付出的安全储蓄金大幅提升；如果记账节点选择参与策略，那么付出的安全储蓄金会降低至接近于 0。因此，审计节点的全部成本表示为 $C_{cp}+T$；记账节点的全部成本表示为 C_w+T。

(4) 两类节点的收益分析：审计节点拥有着审计收益 R_a；记账节点在非激励情况下没有收益，如果存在激励，那么设置一个分配系数 f，记账节点的总收益为 fR_a。

3) 博弈支付矩阵

博弈支付矩阵的每一项都代表该节点在两类节点选择该策略下的收益。根据上述参数定义及模型假设，未设置激励和设置激励的审计节点和记账节点的博弈支付矩阵被构建为如表 5-2 和表 5-3 所示。

(1) 在未设置激励的情况下，审计节点参与审计任务的审计奖励为 R_a，成本为审计节点主要成本 C_{cp}、安全储蓄金 T，则收益为 $R_a-C_{cp}-T$。如果记账节点不参与到网络中，令 T 的值为 t，审计节点的收益为 $R_a-C_{cp}-t$，记账节点只有记账成本 C_w 而没有收益，总收益为 $-C_w$；如果记账节点参与到网络中，则安全储蓄金 T 的值为 0，审计节点的收益为 R_a-C_{cp}，记账节点因为不参与到网络中，收益为 0。

表 5-2 未设置激励的博弈支付矩阵

审计节点	记账节点	
	参与(y)	不参与($1-y$)
参与(x)	$(R_a-C_{cp},-C_w)$	$(R_a-C_{cp}-t,0)$
不参与($1-x$)	$(0,-C_w)$	$(0,0)$

(2) 在设置激励的情况下，审计节点参与审计任务的审计奖励为 R_a，成本为审计节点主要成本 C_{cp}、安全储蓄金 T，减去分给记账节点的那部分利益 fR_a，即得审计节点的收益为 $R_a-C_{cp}-fR_a-T$。如果记账节点不参与到网络中，则 T 的值为 t，系

统没有记账节点不需要分配收益，所以审计节点的收益为$R_a-C_{cp}-t$，记账节点只有记账成本C_w而没有收益，总收益为$-C_w$；如果记账节点参与到网络中，则T的值为0，审计节点的收益为$R_a-C_{cp}-fR_a$，记账节点因为不参与到网络中，收益为0。

表 5-3 设置激励时的博弈支付矩阵

审计节点	记账节点	
	参与(y)	不参与($1-y$)
参与(x)	$(R_a-C_{cp}-fR_a, fR_a-C_w)$	$(R_a-C_{cp}-t,0)$
不参与($1-x$)	$(0,-C_w)$	$(0,0)$

3. 演化稳定性分析

根据表 5-2 和表 5-3 构造的博弈支付矩阵，本节对未设置和设置激励时的系统进行稳定性分析，设置激励时的分析方法是演化博弈论的局部稳定性分析法。

1) 未设置激励时分析

系统未设置激励的情况比较简单，通过分析记账节点的平均收益就可以判断系统执行多轮审计任务后的系统节点情况。

(1) 根据表 5-2 求解出记账节点的平均收益

记账节点在单轮审计场景下做出参与策略选择的平均收益为$U_y=-xC_w$；不参加策略的平均收益为$U_{1-y}=0$；分别以y和$1-y$的概率选择参与和不参与策略的平均收益为$U_{y(1-y)}=-xyC_w$。

(2) 讨论

因为记账节点的平均收益为负数，所以记账节点一定会向着不参与的策略进行演化，在多轮后全部的记账节点都选择不参与区块链记账的策略。随着记账节点逐渐不参与，区块链系统的节点数过少带来的被攻击或者被篡改风险将会引起安全储蓄金逐渐增大，而安全储蓄金的增大会导致审计节点随着轮次增加而选择不参与的策略。演化到最后，审计节点和记账节点都选择不参与审计任务。因此，在系统未设置激励的情况下，最终区块链中的节点都选择不参与网络，审计任务中将没有审计节点和记账节点，审计系统将崩溃。

2) 设置激励时分析

设置采用激励时，因为无法简单判断审计节点和记账节点在多轮后的参与情况，需要采用演化博弈论的局部稳定性分析法进行分析。局部稳定性分析法首先求解出两类节点的复制者动态方程，然后构造出系统雅可比矩阵并求解其行列式和迹，最后做激励系数f和安全储蓄金t取不同值时的演化稳定性分析并讨论使审计节点和记账节点都参与到系统中的参数设置情况。

(1) 根据表 5-3 求解出审计节点的复制者动态方程

审计节点选择参与策略的平均收益为U_x；选择不参与策略的平均收益为$U_{1-x}=0$，分别以x和$1-x$的概率选择参与和不参与策略的平均收益为$U_{x(1-x)}=x(1-yf)R_a-$

$xC_{cp}-x(1-y)t$。假定审计节点选择参与策略概率的变化率与其平均收益高于混合策略平均收益的大小成正比，那么审计节点参与策略的复制者动态方程可以表示为 dx/dt。

$$\begin{aligned} U_x &= y(R_a-C_{cp}-fR_a)+(1-y)(R_a-C_{cp}-t) \\ &= R_a-C_{cp}-yfR_a-(1-y)t \\ &= (1-yf)R_a-C_{cp}-(1-y)t \end{aligned} \tag{5-9}$$

$$\begin{aligned} dx/dt &= x(U_x-U_{x(1-x)}) \\ &= x(1-x)[(1-yf)R_a-C_{cp}-(1-y)t] \\ &= x(1-x)[R_a-C_{cp}-t-(fR_a+t)y] \end{aligned} \tag{5-10}$$

(2) 根据表 5-3 求解出记账节点的复制者动态方程

记账节点选择参与策略的平均收益为 $U_y=xfR_a-C_w$，选择不参与策略的平均收益为 $U_{1-y}=0$，分别以 y 和 $1-y$ 的概率选择参与和不参与策略的平均收益为 $U_{y(1-y)}$。假定记账节点选择参与策略概率的变化率与其平均收益高于混合策略平均收益的大小成正比，那么记账节点参与策略的复制者动态方程为 dy/dt。

$$U_{y(1-y)}=y(xfR_a-C_w) \tag{5-11}$$

$$dy/dt=y(U_y-U_{y(1-y)})=y(1-y)(xfR_a-C_w) \tag{5-12}$$

(3) 均衡点分析

由审计节点和记账节点的复制者动态方程进行相应的偏导处理，可以构造出审计系统的雅可比矩阵。具体做法为：令 $dx/dt=0$、$dy/dt=0$，求解出 4 个均衡点，分别为 $D_1(0,0)$、$D_2(0,1)$、$D_3(1,0)$、$D_4(1,1)$；通过局部稳定分析法，求出审计节点和记账节点的雅可比矩阵 $\boldsymbol{J}$，及其行列式 $\det\boldsymbol{J}$ 和迹 $\mathrm{tr}\boldsymbol{J}$：

$$\boldsymbol{J}=\begin{bmatrix}(1-2x)\cdot[R_a-C_{cp}-t-(fR_a+t)y] & -x(1-x)(fR_a+t) \\ y(1-y)fR_a & (1-2y)(xfR_a-C_w)\end{bmatrix} \tag{5-13}$$

$$\begin{aligned} \det\boldsymbol{J}=&(1-2x)(1-2y)\cdot[R_a-C_{cp}-t-(fR_a+t)y](xfR_a-C_w)+ \\ &x(1-x)(fR_a+t)y(1-y)fR_a \end{aligned} \tag{5-14}$$

$$\mathrm{tr}\boldsymbol{J}=(1-2x)\cdot[R_a-C_{cp}-t-(fR_a+t)y]+(1-2y)(xfR_a-C_w) \tag{5-15}$$

雅可比矩阵的行列式和迹具有判断均衡点是否为演化稳定策略点的性质，如果 $\det\boldsymbol{J}>0$、$\mathrm{tr}\boldsymbol{J}<0$，那么该点是演化稳定策略点(ESS)，是系统的一个局部稳定状态。下面列出每个均衡点在激励系数 f 和安全储蓄金 t 取不同值时的演化稳定性分析。

① 对于均衡点 $D_1(0,0)$：

$$\det\boldsymbol{J}=(R_a-C_{cp}-t)\cdot(-C_w) \tag{5-16}$$

$$\mathrm{tr}\boldsymbol{J}=(R_a-C_{cp}-t)-C_w \tag{5-17}$$

因为 $C_w>0$，满足 $\det\boldsymbol{J}>0$ 时，$t>R_a-C_{cp}$；满足 $\mathrm{tr}\boldsymbol{J}<0$ 时，$t>R_a-C_{cp}-C_w$。所以，当 $t>R_a-C_{cp}$ 时，$D_1(0,0)$ 为演化均衡点。

② 对于均衡点 $D_2(0,1)$：

$$\det\boldsymbol{J}=[(1-f)R_aC_{cp}-2t]C_w \tag{5-18}$$

$$\mathrm{tr}\boldsymbol{J}=(R_a-C_{cp}-t-fR_a-t)+C_w=(1-f)R_a-C_{cp}+C_w-2t \tag{5-19}$$

因为 $C_w>0$，同时满足 $t<[(1-f)R_a-C_{cp}]/2$，$t>[(1-f)R_a-C_{cp}+C_w]/2$ 时，E_2 为演化均衡点，不存在这样的 f，因此 $D_2(0,1)$不是演化均衡点。

③ 对于均衡点 $D_3(1,0)$：

$$\det\boldsymbol{J}=-(R_a-C_{cp}-t)(fR_a-C_w) \tag{5-20}$$

$$\mathrm{tr}\boldsymbol{J}=-(R_a-C_{cp}-t)+(fR_a-C_w)=(f-1)R_a-C_w+C_{cp}+t \tag{5-21}$$

如果 $fR_a>C_w$，由 $\det\boldsymbol{J}>0$ 得 $t>R_a-C_{cp}$，由 $\mathrm{tr}\boldsymbol{J}<0$ 得 $t<(1-f)R_a+C_w-C_{cp}$；若 t 存在，则有$(1-f)R_a+C_w-C_{cp}-R_a+C_{cp}=C_w-fR_a>0$，与假设矛盾，因此条件不成立。如果 $fR_a<C_w$，由 $\det\boldsymbol{J}>0$ 得 $t<R_a-C_{cp}$，由 $\mathrm{tr}\boldsymbol{J}<0$ 得 $t<(1-f)R_a+C_w-C_{cp}$；若 t 存在，则有$(1-f)R_a+C_w-C_{cp}-R_a+C_{cp}=-fR_a+C_w>0$，与假设相符。所以$(1-f)R_a+C_w-C_{cp}>R_a-C_{cp}$，$t$ 取较小值，即 $t<R_a-C_{cp}$。也就是当 $fR_a<C_w$ 且 $t<R_a-C_{cp}$时，$D_3(1,0)$为演化均衡点。如果不满足该条件，则 $D_3(1,0)$不是演化均衡点。

④ 对于均衡点 $D_4(1,1)$：

$$\det\boldsymbol{J}=[(1-f)R_a-C_{cp}-2t](fR_a-C_w) \tag{5-22}$$

$$\mathrm{tr}\boldsymbol{J}=-[(1-f)R_a-C_{cp}-2t]-(fR_a-C_w)=-(R_a-C_{cp}-C_w-2t) \tag{5-23}$$

如果 $fR_a-C_w<0$，由 $\det\boldsymbol{J}>0$ 得 $t>[(1-f)R_a-C_{cp}]/2$，由 $\mathrm{tr}\boldsymbol{J}<0$ 得 $t<(R_a-C_{cp}-C_w)/2$；因为 $R_a-C_{cp}-C_w-(1-f)R_a+C_{cp}=fR_a-C_w<0$，所以 $R_a-C_{cp}-C_w<(1-f)R_a-C_{cp}$，条件不成立。如果 $fR_a-C_w>0$，由 $\det\boldsymbol{J}>0$ 得 $t<[(1-f)R_a-C_{cp}]/2$，由 $\mathrm{tr}\boldsymbol{J}<0$ 得 $t<(R_a-C_{cp}-C_w)/2$；因为$(1-f)R_a-C_{cp}-R_a+C_{cp}+C_w=-fR_a+C_w<0$，所以$(1-f)R_a-C_{cp}<R_a-C_{cp}-C_w$，$t$ 取较小值，$t<[(1-f)R_a-C_{cp}]/2$。因此，当 $fR_a>C_w$ 且 $0<t<[(1-f)R_a-C_{cp}]/2$ 时，$D_4(1,1)$为演化均衡点。

(4) 讨论

由于需要保证激励效果，因此对审计节点和记账节点都参与的情况进行讨论，即对于均衡点 $D_4(1,1)$进行分析。如果 $f>C_w/R_a$，当 $0<t<[(1-f)R_a-C_{cp}]/2$ 时，各均衡点的局部稳定性如表 5-4 所示，所有点都会往 $D_4(1,1)$演化，即审计节点和记账节点都选择参加审计任务。因此，激励能够保证审计节点和记账节点都参与到审计任务中。

表 5-4 系统采取激励措施下的均衡点和对应的局部稳定性

均衡点	$\det\boldsymbol{J}$	$\mathrm{tr}\boldsymbol{J}$	局部稳定性
$D_1(0,0)$	−	+	不稳定点
$D_2(0,1)$	−	+	不稳定点
$D_3(1,0)$	−	−	不稳定点
$D_4(1,1)$	+	−	ESS

4. 实验分析

针对设置激励后的多种情况，本节用系统的轨迹示意图描述多种条件下审计节点与记账节点策略选择的动态演化过程，将演化的多种情况进行实验，从而验证系统分配系数设置的合理性。

下面对分配系数 f 和安全储蓄金取值 t 的不同设置分别进行讨论，同时 R_a、C_{cp}、C_w 都需要满足相应条件。这里统一设置审计收益 $R_a=15$，C_w 和 C_{cp} 跟随情况变化，视情况讨论分析。

针对上述分析的可能存在演化均衡点的分配系数 f 和安全储蓄金取值 t 的关系，可以分下述 6 种情况进行讨论。对每种情况下的参数赋予满足条件的具体值，并通过复制者动态方程在 MATLAB 模拟系统中观察按相应系数设置后的审计节点和记账节点随着演化轮次的博弈变化。

情况 1：$fR_a>C_w$，$0<t<[(1-f)R_a-C_{cp}]/2$

本实验的参数设置如表 5-5 所示，得到审计节点参与策略的复制者动态方程为 $dx/dt=x(1-x)(4.875-4.125y)$，记账节点参与策略的复制者动态方程为 $dy/dt=y(1-y)(4.5x-3)$。本实验得到的系统中两类节点策略的演化轨迹如图 5-7。

表 5-5 情况 1 参数设置表

参数	安全储蓄金 t	分配系数 f	审计收益 R_a	审计节点总体成本 C_{cp}	记账节点总体成本 C_w
参数值	0.125	0.3	15	10	3

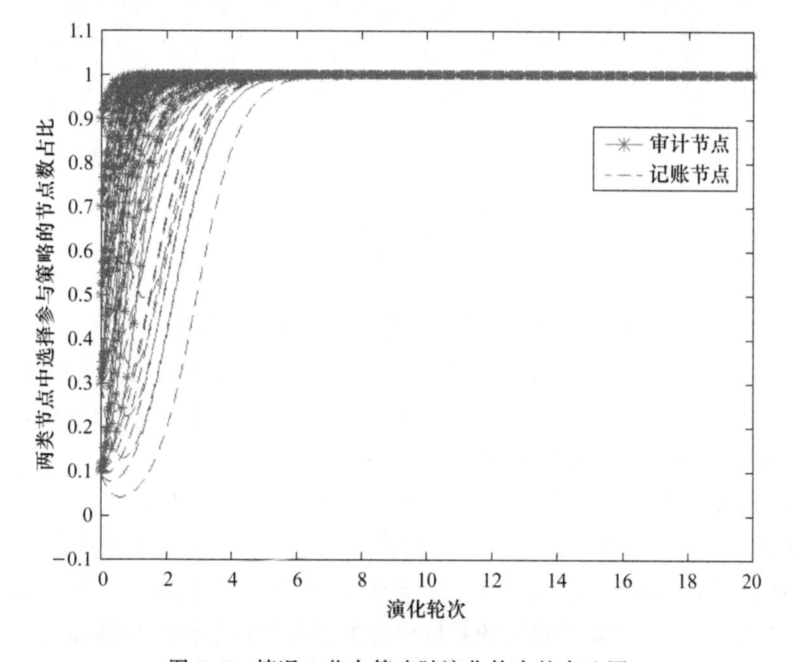

图 5-7 情况 1 节点策略随演化轮次的占比图

由图 5-7 可知，各审计节点和记账节点在第 7 轮变化后，都选择了参与策略。可知在第 7 轮后，审计节点和记账节点都参与到区块链中，演化向着 $D_4(1,1)$进行，情况 1 策略参数设置能够保证激励效果，使得审计节点和记账节点都参与到其中。

情况 2：$fR_a > C_w, t > [(1-f)R_a - C_{cp}]/2$

本实验的参数设置如表 5-6 所示，得到审计节点参与策略的复制者动态方程为 $dx/dt = x(1-x)(4-5.5y)$，记账节点参与策略的复制者动态方程为 $dy/dt = y(1-y)(4.5x-3)$。本实验得到的系统中两类节点策略的演化轨迹如图 5-8。

表 5-6　情况 2 参数设置表

参数	安全储蓄金 t	分配系数 f	审计收益 R_a	审计节点总体成本 C_{cp}	记账节点总体成本 C_w
参数值	1	0.3	15	10	3

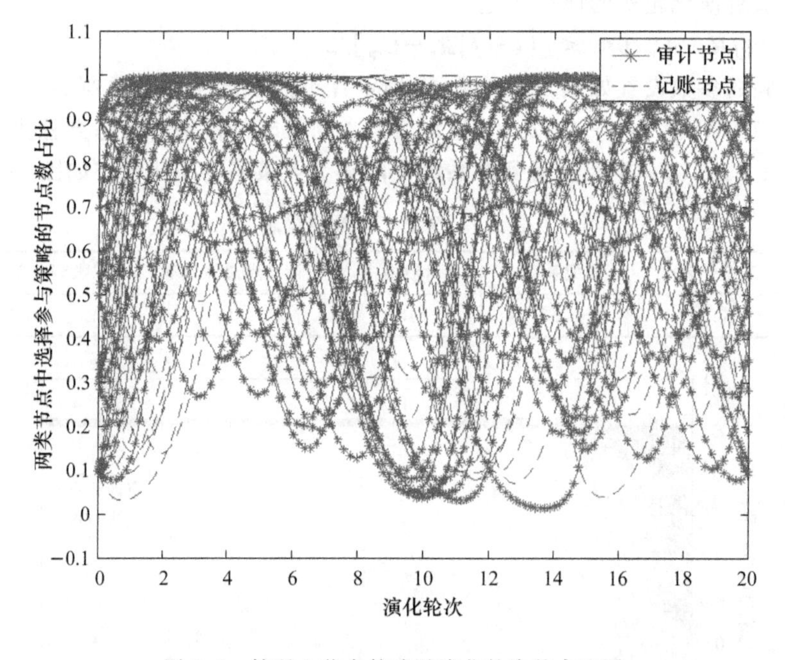

图 5-8　情况 2 节点策略随演化轮次的占比图

由图 5-8 知，在情况 2 下演化不稳定，节点会参考其他节点的决策而改变自身决策，造成系统中的节点时多时少，由于各节点获得的利益没有明显的变化，因此不能吸引新的审计节点或者记账节点加入。

情况 3：$fR_a < C_w, [(1-f)R_a - C_{cp}]/2 < t < [R_a - C_{cp} - C_w]/2$

本实验的参数设置如表 5-7 所示，得到审计节点参与策略的复制者动态方程为 $dx/dt = x(1-x)(4.875-1.625y)$，记账节点参与策略的复制者动态方程为 $dy/dt = y(1-y)(1.5x-3)$。本实验得到的系统中两类节点策略的演化轨迹如图 5-9。

表 5-7　情况 3 参数设置表

参数	安全储蓄金 t	分配系数 f	审计收益 R_a	审计节点总体成本 C_{cp}	记账节点总体成本 C_w
参数值	0.125	0.1	15	10	3

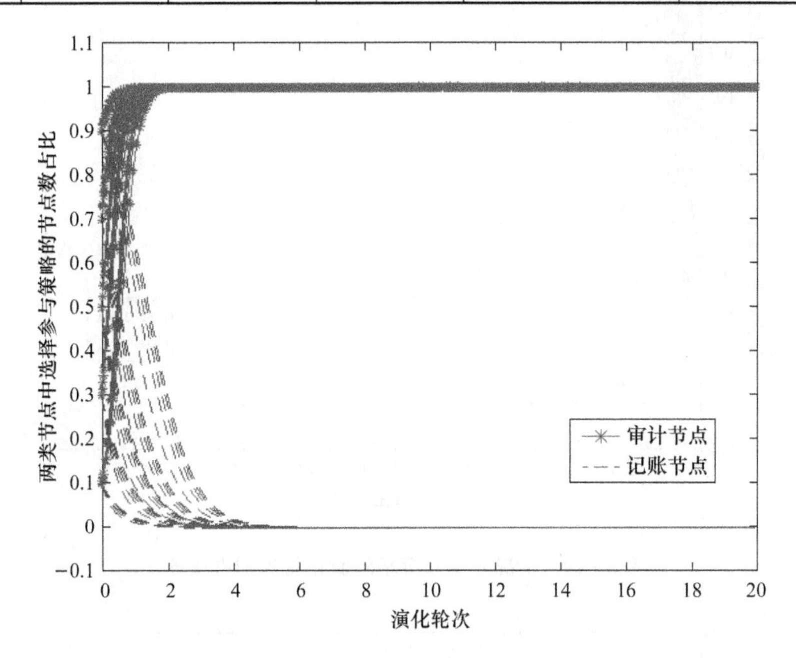

图 5-9　情况 3 节点策略随演化轮次的占比图

情况 4：$fR_a < C_w$，$t < [(1-f)R_a - C_{cp}]/2$

本实验的参数设置如表 5-8 所示，得到审计节点参与策略的复制者动态方程为 $dx/dt = x(1-x)[(4-2.5y)]$，记账节点参与策略的复制者动态方程为 $dy/dt = y(1-y)(1.5x-3)$。本实验得到的系统中两类节点策略的演化轨迹如图 5-10。

表 5-8　情况 4 参数设置表

参数	安全储蓄金 t	分配系数 f	审计收益 R_a	审计节点总体成本 C_{cp}	记账节点总体成本 C_w
参数值	1	0.1	15	10	3

情况 5：$fR_a < C_w$，$(R_a - C_{cp} - C_w)/2 < t < R_a - C_{cp}$

本实验的参数设置如表 5-9 所示，得到审计节点参与策略的复制者动态方程为 $dx/dt = x(1-x)(3-3.5y)$，记账节点参与策略的复制者动态方程为 $dy/dt = y(1-y)(1.5x-3)$ 。本实验得到的系统中两类节点策略的演化轨迹如图 5-11。

表 5-9　情况 5 参数设置表

参数	安全储蓄金 t	分配系数 f	审计收益 R_a	审计节点总体成本 C_{cp}	记账节点总体成本 C_w
参数值	2	0.1	15	10	3

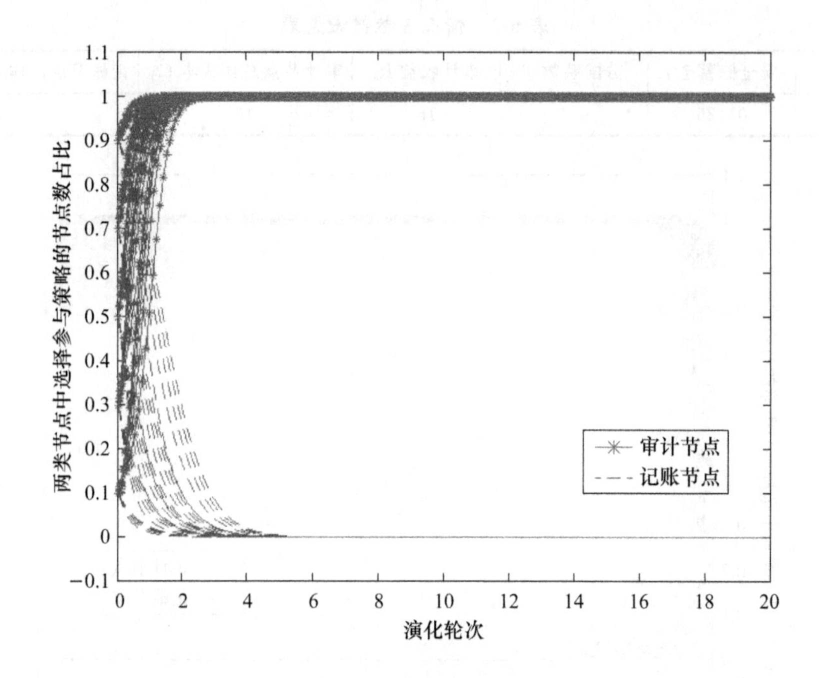

图 5-10　情况 4 节点策略随演化轮次的占比图

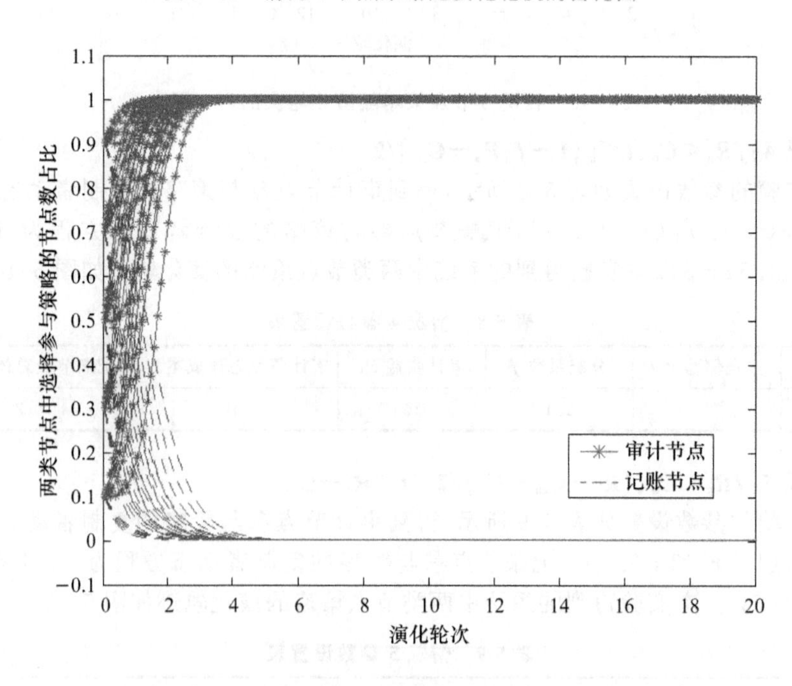

图 5-11　情况 5 节点策略随演化轮次的占比图

情况 3、4、5 类似，演化稳定后，审计节点都选择了参与策略，而记账节点都选择了不参与策略，演化向着均衡点 $D_3(1,0)$ 进行。该种参数设置忽视了记账节点的利益，导致系统生态朝着不都参与的方向进行，但如果系统在审计节点较多，记账节点偏少，且恶意的概率和损失较低的情况下，使用该种参数配置虽然忽视了记账节点的利益，但保证了系统内审计节点的利益，能吸引更多审计节点加入进来。

情况 6：$fR_a<C_w, t>R_a-C_{cp}$

本实验的参数设置如表 5-10 所示，得到审计节点参与策略的复制者动态方程为 $dx/dt=x(1-x)[-1-7.5y]$，记账节点参与策略的复制者动态方程为 $dy/dt=y(1-y)(1.5x-3)$ 。本实验得到的系统中两类节点策略的演化轨迹如图 5-12。

表 5-10 情况 6 参数设置表

参数	安全储蓄金 t	分配系数 f	审计收益 R_a	审计节点总体成本 C_{cp}	记账节点总体成本 C_w
参数值	6	0.1	15	10	3

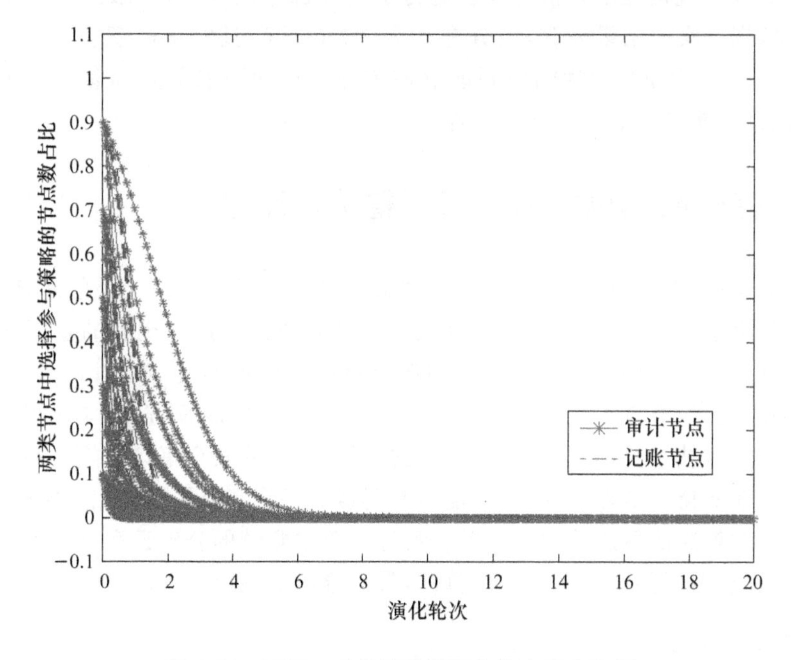

图 5-12 情况 6 节点策略随演化轮次的占比图

情况 6 下，由于安全储蓄金 t 过大，所有节点都选择不参与到审计任务中。所以，应设置合理的审计收益 R_a，尽力避免这种情况的发生。

综上所述，不同 f 和 t 设置下系统活跃度不同。各种情况参数设置信息和系统活跃度对比如表 5-11 所示。分配系数设置为 $f>C_w/R_a$，$0<t<[(1-f)R_a-C_{cp}]/2$ 时，能够使得审计节点和记账节点全部参与到网络中，全链节点活跃，系统活跃度达到最大，保证了全链相对公平。

表 5-11　实验情况参数设置信息和系统活跃度对比表

序号	分配系数 f	安全储蓄金 t	系统活跃度
情况 1	$f>C_w/R_a$	$0<t<[(1-f)R_a-C_{cp}]/2$	全链节点活跃
情况 2	$f>C_w/R_a$	$t>[(1-f)R_a-C_{cp}]/2$	全链节点部分活跃
情况 3	$f<C_w/R_a$	$[(1-f)R_a-C_{cp}]/2<t<[R_a-C_{cp}-C_w]/2$	审计节点活跃，记账节点不活跃
情况 4	$f<C_w/R_a$	$t<[(1-f)R_a-C_{cp}]/2$	审计节点活跃，记账节点不活跃
情况 5	$f<C_w/R_a$	$(R_a-C_{cp}-C_w)/2<t<R_a-C_{cp}$	审计节点活跃，记账节点不活跃
情况 6	$f<C_w/R_a$	$t>R_a-C_{cp}$	审计节点不活跃，记账节点不活跃

5. 实验结论

为了吸引节点积极参与到审计任务中，本节提出了面向全链节点的公平激励机制 FIMFN，并通过构建演化博弈模型进行了局部稳定性分析，为激励机制参数的设计提供了依据。实验结果表明，当分配系数 $f>C_w/R_a$ 且安全储蓄金 $T=t$，$0<t<[(1-f)R_a-C_{cp}]/2$ 时，该激励机制能够使审计节点和记账节点都参与到审计任务中，从而保证了系统的健壮性和安全性。

5.4.2　基于激励机制的数据完整性审计方法

Corda 是一种针对企业间协作和数据共享的分布式账本平台，它具有高效、安全、可扩展、可定制等特点，适合于各种场景下的联盟链应用。现有的基于区块链的云存储审计方案[16-19]中存在对区块链中新节点不友好的情况，如 Ding 等人[20]提出的方案存在对边缘节点不公平的情况。基于 5.4.1 节的激励方案，本节结合 Corda 联盟链和前后台技术实现了基于区块链的公平云存储的安全审计方案系统 SAFSB，该方案不仅能支持新节点冷启动，还能对联盟链的各节点公平性做出一定保证，可确保数据保护并解决防篡改等问题。首先设计基于联盟链的公平云存储的安全审计方案的主要模块，然后阐述了两个具体算法，最后给出了系统实现。

1. 主要模块设计

本节主要分析了基于区块链的公平云存储的安全审计方案的架构设计。本方案总体架构主要由 3 个模块组成，分别为审计模块、激励模块、用户操作模块。其中，审计模块主要基于可证明数据拥有算法（PDP）实现并将审计结果存储在区块链上；激励模块主要基于第 3、4 章的激励算法实现并将激励存储在区块链的 State 中；用户操作模块主要基于前后台技术实现，后台运行服务、前台给互联网上的用户提供便捷的操作界面以及查看区块链中审计结果的服务。本方案将数据存储在区块链中，区块链的不可篡改性保证了审计结果和激励结果的防篡改，同时利用 Corda 联盟链存储激励历史记录，保证激励结果可查、可追溯。基于区块链的公平云存储安全审计方案架构如图 5-13 所示，用户操作模块包括生成密钥、查看密钥、发起审计和查询审计功能，审计模块包括生成密钥、导入密钥、生成文件块、生成挑战、审计验证和审计存储功能，激励模块包括支持新节点冷启动的激励、面向全链节点的公平激励和激励结果存储功能。

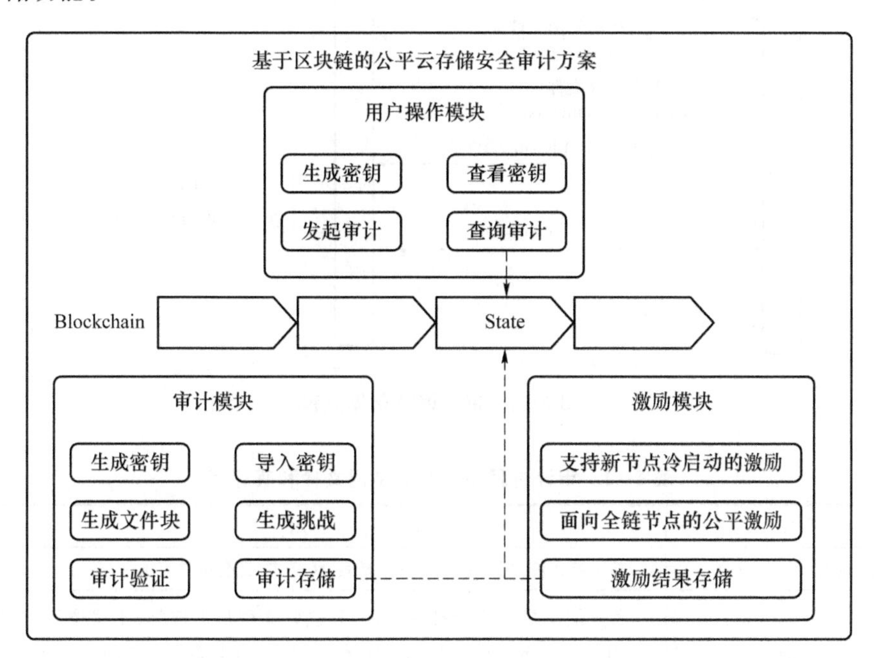

图 5-13 基于区块链的公平云存储安全审计方案架构

1）审计模块

审计模块包括生成密钥、导入密钥、生成文件块、生成挑战、审计验证和审计存储功能。审计模块需要云服务提供商运行指定的审计服务，这个审计服务对外暴露接口用户的云存储审计，还需要云服务器的一定的文件可读写权限，用于存储审计运行过程中产生的中间文件，从而执行整体审计流程。

审计模块涉及客户端和服务器两个角色，云服务商需要在服务器上运行服务端。审计模块整体流程如图 5-14 所示。首先，客户端会按照特定密钥生成公私钥存储并将公钥 public. pem 文件发送到服务端，服务端接收到公钥后将其存储在服务器上并在后续步骤中使用。其次，客户端会读取上一步生成的公私钥并在系统中赋值。然后，客户端取随机数对文件进行分块并对每一块进行取 hash 操作，将文件分块的头尾值和该分块对应的 hash 值以行的形式存储为一个 tagBlocks_filename. txt 文件。最后，客户端服务读取这个文件并生成一个 chals_filename. txt 文件，并将这个 chals_filename. txt 文件发送给服务端服务；服务端接收到该文件后，根据 chals_filename. txt 文件中的 hash 值生成 genProof_filename. txt 文件，并发回客户端服务；客户端服务收到后进行验证，如果验证成功则审计成功。审计过程中涉及的具体算法见算法 5-11。表 5-12 所示是审计过程中涉及的中间文件及其作用。

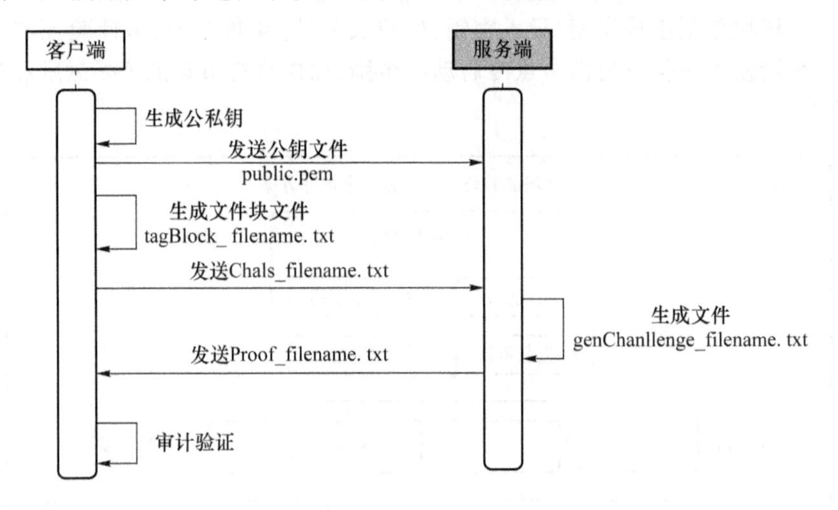

图 5-14　审计模块整体流程

表 5-12　审计过程中涉及的中间文件和其作用

文件	作用
tagBlocks_filename. txt	文件块文件，包含每个文件块的起始、末尾位置和对应 hash 值
chals_filename. txt	客户端生成的审计挑战文件，只包含文件块的起始、末尾位置，截取了 tagBlocks_filename. txt 中的一部分，表明该次审计需要挑战的文件块，具有一定随机性
genProof_filename. txt	服务端根据 chals_filename. txt 生成的证明文件，传回客户端进行审计验证
public. pem	公钥文件，是 2 048 位 RSA 文件

审计成功后，审计结果将存储在区块链上，存储的具体算法见算法 5-12。存储在区块链上能保证数据不可被篡改，且可通过节点历史记账记录查看，保证可查可追溯。审计结果参数在区块链中的存储如表 5-13 所示。

表 5-13　审计结果存储在区块链中的数据

名称	作用	备注
username	标识要求审计的用户	用户名
party	标识提供审计的审计节点名	审计节点名
audittime	标识审计完成的时间	审计时间
result	标识审计的结果	审计结果
price	标识该次审计的价格	审计价格

续表

名称	作用	备注
compensateprice	标识该次审计错误的索赔价格，审计节点按照索赔价格赔偿	索赔价格
filename	标识审计文件名	文件名
fileimportance	标识用户选择的文件重要性	文件重要性
publickey	标识审计过程中产生的公钥	公钥

2）激励模块

激励模块包括支持新节点冷启动的激励、面向全链节点的公平激励和激励结果存储功能。激励模块整体流程如图 5-15 所示，在审计完成后，先分别执行支持新节点冷启动的激励和面向全链公平的激励，然后将审计结果存储在区块链的 State 中。

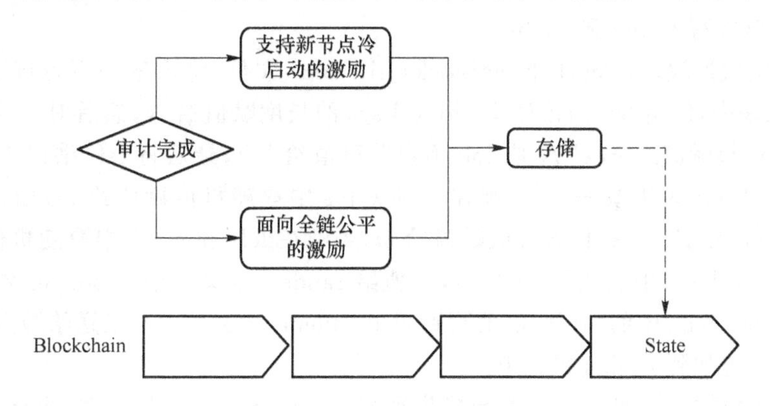

图 5-15　激励模块整体流程

3）用户操作模块

用户操作模块包括生成密钥、查看密钥、发起审计和查询审计功能，旨在简化用户操作。用户访问具体网址，即可使用生成密钥、查看密钥和审计功能。用户操作模块整体流程如图 5-16 所示，用户进入用户界面即可查看审计结果，生成并查看密钥以及发起审计。

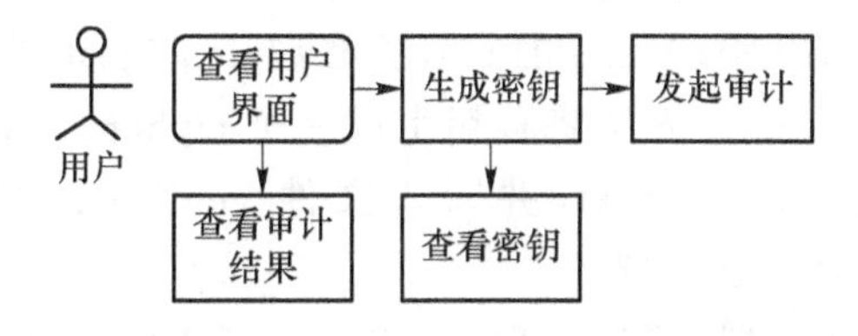

图 5-16　用户操作模块整体流程

2. 算法设计

本节介绍云存储审计系统中远程外包审计和在系统链上存储数据的过程及计算

方法，设计了数据审计的两个算法，分别为可证明数据拥有算法和链上存储算法。

1）可证明数据拥有算法

云存储审计系统对云服务商上的数据进行完整性审计的过程使用到了可证明数据拥有算法，其具体流程如下，相应算法如算法 5-11 所示。

（1）生成公私钥。调用 RSA 包的 generate 函数生成 2 048 位的密钥对赋值给 RSAkeyPair，使用 RSAkeyPair 的 publickey 函数给 PubKey 赋值，并使用 sentfile 发送给服务器端。

（2）生成文件块。首先调用 open 函数读取特定的文件名，使用 getsample 函数生成键值对并赋值给命名为 blocks 的字典。然后调用 open 函数以“写”的方式创建 tagBlocks_filename 文件，对于 blocks 中的每个键值对，先调用 SHA256 包的 new 函数对 value 求 hash，命名为 hashi，再调用 hexdigest 函数将该 hash 值转换为全大写，并以行的形式写入 key 和 hashi。

（3）生成挑战。首先打开 tagBlocks_filename 文件，将内容一行行读到 block_keys 的列表中，使用 len 函数计算 block_keys 的长度赋值给 N，然后对 N 进行整除 4，将除法结果赋值给 k，对 N 取 log 函数并赋值给 left，最后将 left 乘以 10 赋值给 right。如果 left 大于或等于 k，则在 1 到 $k+1$ 中取随机值赋值给 m；如果 k 大于 right，在 left 和 right 中取随机值赋值给 m；否则在 left 和 $k+1$ 中取随机值赋值给 m。从 block_keys 中随机取 m 个值，赋值给 rands。定义一个 hashis 的数组，使用 split 函数将 rands 中的“\t”前的值写到 chals_filename 文件中并发送给服务器端，将“/t”后的值追加到 hashis 数组中。

（4）生成挑战证明。服务器端接收到 chals_filename 文件后，使用 readlines 函数将文件读取并作为一个 chals，并将 file.txt 读取并赋值给 data。定义一个空的结果字符串 results。服务器端以“写”的方式打开一个名为 genProof_filename 的文件：遍历 chals 数组的每一行，首先用 split 函数将 chals 文件分割成两部分，并赋值给数组 tmp，定义 start 为 tmp[0]，end 为 tmp[1]；然后调用 getsample 方法生成文件块，getsample 方法将文件按起始值、末尾值划分文件生成文件块，对于每个文件块，调用 SHA-256 的 new 方法和 hexdigest 方法生成 hashi，并将每个 hashi 追加到 results 后面；接着对 results 调用 SHA-256 的 new 方法和 hexdigest 方法求 hash 值，并调用 Cipher_PKSC1_v1_5 的 new 方法将私钥生成一个 cipher，对 cipher 进行加密并取 b64encode 函数生成 cipher_text，并写入文件 genProof_filename 中。最后将 genProof_filename 发送到客户端。

（5）验证审计。客户端收到 genProof_filename 文件后，使用 open 函数打开该文件，赋值给 data，使用 Cipher_PKCS1_v1_5 的 new 函数将私钥生成 cipher，然后调用 cipher 的 decrypt 函数对 data 进行解密并赋值给 V。定义一个字符串 results，将 hashis 中的每个 hashi 追加到 results 中，并对 results 使用 SHA-256 的 new 方法生成一个 p，如果 V 等于 p，则表示审计成功，如果 V 不等于 p，则表示审计失败。

算法 5-11 可证明数据拥有算法

```
输入:生成公私钥的密码 password。
输出:审计成功(success)或者审计失败(failure)。
1  RSAkeyPair=RSA.generate(2048) //生成公私钥对
  PubKey=RSAkeyPair.publickey() //公钥对赋值给 PubKey
2  open(fromfile) as file then //打开文件 fromfile 读取到 data
       data=file.read()
   end open
   for i in range(N) then //生成文件块
       blocks[i]=getsample(data)
   end for
   open('tagBlocks_'+fromfile) as file then //把根据文件块生成的 hash 写到
tagBlocks_fromfile 中
     for key, value in blocks then //根据文件块生成 hash
        hashi=SHA256.new(value).hexdigest()
        file.write(key+'\t'+hashi+'\n')
     end for
   end open
3  open('tagBlocks_'+fromfile) as file then //读取 tagBlocks_fromfile 文件写到
block_keys 中
       block_keys=file.readlines()
   end open
   N=len(block_keys)
   k=N//4
   left=int(math.log(N,2))
   right=left×10
   if left ≥ k then //按 left、k、right 的值生成 m
      m=randrange(1,k+1)
   elif k > right then
      m=randrange(left,right)
   else
      m=randrange(left,k+1)
   end if
   rands=random.sample(block_keys,m)
```

```
hashis=[]
open('chals_'+fromfile) then //打开 chals_ fromfile 文件并写到文件中
    for v in rands:
        key,value=v. split('\t')
        file. write(key+'\n')
        hashis. append(value)
    end for
end open
4   open('chals_'+fromfile) as file then //打开 chals_ fromfile 文件并读取
        chals=file. readlines()
    end open
    open(fromfile) as file then //打开 fromfile 读取
        data=file. read()
    end open
    results=""
    open('genProof_'+fromfile) as file then //打开 genProof_ fromfile 文件并写入
        for chal in chals then //对每个挑战计算 hashi
            tmp=chal. decode('utf-8'). replace('\n',''). split('_')
            start=int(tmp[0])
            end=int(tmp[1])
            block=self. getsample(data,start,end)
            hashi=SHA256. new(block[1]). hexdigest()
            results+=hashi
        end for
        H=SHA256. new(results. encode('utf-8')). hexdigest()
        cipher=Cipher_PKCS1_v1_5. new(pkey)
        cipher_text=b64encode(cipher. encrypt(H. encode()))
        file. write(cipher_text. decode('utf-8'))
    end open
5   open('genProof_'+fromfile) as file then //打开 genProof_ fromfile 文件并读取
        data=file. read()
    end open
    cipher=Cipher_PKCS1_v1_5. new(skey) //根据私钥创建密钥
    V=cipher. decrypt(b64decode(data)) //解密文件
    results=""
```

```
for hashi in hashis then //把 hashi 全部加起来
    results+=hashi.replace('\n','')
end for
p=SHA256.new(results.encode('utf-8')).hexdigest().encode('utf-8') //对总体 hash
进行加密
if V=p then
    return "success"
end if
return "failure"
```

2）链上存储算法

链上存储算法用于存储审计产生的审计结果和激励产生的激励结果，传统的云存储审计方案将审计结果数据存储在数据库中，中心化的存储将带来数据被篡改的风险。而基于区块链的云存储审计方案将数据存储在区块链节点中，能够利用区块链的特性保护审计结果；在支持新节点冷启动的激励方案中，信誉分作为评价一个审计节点好坏的指标，在用户选择审计节点时起到关键作用，区块链存储也能保护信誉分不被篡改；在面向全链节点的公平激励方案中，需要把审计任务的每次收益分配给各个审计节点，该收益为了安全性也存储在区块链上。因此，本节设计了基于 Corda 联盟链的链上存储算法，旨在将审计结果、激励结果存储在联盟链上。其具体流程如算法 5-12 所示。

（1）获取客户端端口。首先按照指定的主机名和端口，使用 CordaRPCClient 包的 new 方法创建一个客户端；然后调用 start 方法输入用户名和密码建立连接，并使用 getProxy 方法获取客户端端口。

（2）获取公证人。使用 flows 包中的 getNotaryIdentities 函数获取公证人，获取的公证人在 corda 链中起公证作用，用来防止区块链双花。

（3）获取输入节点。首先，使用 flows 下的 getVaultService 方法中的 queryBy 方法查看历史 state 信息。然后，遍历全部的 state，判断 state 中的 Party 名称是否等于当前的名称，如果相等，则赋值给命名为 input 的 state。

（4）创建输出节点。输入参数使用 state 的 new 方法创建一个 state。

（5）创建一个事务容器并验证。获取要求的所有签名者，以便在 Contracts 中的交易验证命令 Commands，传入输入节点 input、输出节点 output、使用 TransactionBuilder 包创建一个 TransactionBuilder，并调用 verify 方法验证事务。

（6）对事务进行签名。把 TransactionBuilder 传到 SignInitialTransaction 中进行初始的签名，将需要签名的对手方保存为一个 list，并和初始签名一起传入一个 CollectSignaturesFlow，再传入 subFlow 函数收集对手方签名，最后调用 FinalityFlow 函数终止会话，打包上链。

算法 5-12　链上存储算法

输入:需要存储的信息。

输出:无。

```
1  CordaRPCClient cordaRPCClient=new CordaRPCClient()
   proxy=CordaRPCClient. start("username", "password"). getProxy() //获取
客户端端口
2  Party notary=getNotaryIdentities() //获取公证人
3  states=getVaultService(). queryBy(State. class). getStates()
   StateAndRef<State> input=null
   for stateStateAndRef in states then //遍历以获取输入节点
     if (stateStateAndRef. getState(). getName()=getOurIdentity(). getName
()) then
       input=stateStateAndRef;
     end if
   end for
4  State output=new State() //创建输出节点
5  requiredSigners=Arrays. aslist(getOurIdentity(). getOwningKey())

//获取要求的签名
   Command command = new Command < > ( new Contract. Commands,
requiredSigners);
   TransactionBuilder txbuilder = new TransactionBuilder ( notary ).
   addInputState(input). addOutputState(output,Contract. ID).
   addCommand(command) //获取交易容器
   txbuilder. verify(getServiceHub())//交易容器验证
6  SignedTransaction signedtx=getServiceHub(). signInitialTransaction(txbuilder)
   SignedTransaction fulfilled=subFlow(new CollectSignaturesFlow(Signedtx,
OwnerSession)) //对交易进行签名
   subFlow(new FinalityFlow(fulfilled)) //打包上链
```

3. 系统实现

基于区块链的公平云存储的安全审计系统包括用户操作模块、审计模块和激励模块。如图 5-17 所示,用户操作模块、激励模块由 Java 前后台部分实现,审计模块由 Python 后台部分实现。Java 前后台部分中,后台用 Java 和 Corda 联盟链框架实

现，前端用 Vue 框架和 element-UI 实现。Corda 联盟链框架包括 clients、contracts、workflows 3 个模块，其中，clients 用于编写用户可视的操作界面及相应的接口功能；contracts 用于编写基于 Corda 联盟链的 states 和 contracts，states 是存储在区块链中的数据变量，contracts 是检验存储到区块链上时存储数据是否合法的条约，如果合法则存储，如果不合法则报错；workflows 使用 Corda 流来操作数据，并将其存储到 states 上。Python 后台部分包含 client 和 server 两部分，二者分别运行在两台服务器上，主要功能由 client 和 server 实现，client_server 是运行 client 脚本的服务器路由。

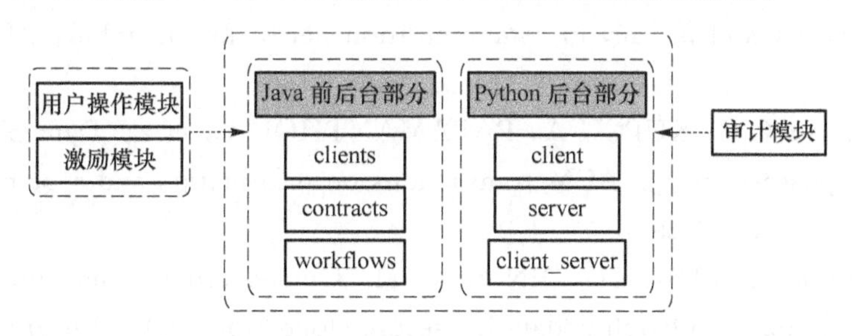

图 5-17　基于区块链的公平云存储的安全审计系统设计图

本章参考文献

[1] JUELS A, KALISKI B S. PORs: proofs of retrievability for large files[C]//Proceedings of the 14th ACM conference on computer and communications security. Virginia: ACM, 2007: 584-597.

[2] BLUM M, EVANS W, GEMMELL P, et al. Checking the correctness of memories[J]. Algorithmica, 1994, 12(2): 225-244.

[3] ATENIESE G, BURNS R, CURTMOLA R, et al. Provable data possession at untrusted stores [C]//Proceedings of the 14th ACM conference on computer and communications security. Virginia: ACM, 2007: 598-609.

[4] ATENIESE G, KAMARA S, KATZ J. Proofs of storage from homomorphic identification protocols[C]//15th International conference on the theory and application of cryptology and information security. Tokyo: Springer, 2009, 9: 319-333.

[5] ZHENG Q, XU S. Secure and efficient proof of storage with deduplication[C]//Proceedings of the 2nd ACM conference on data and application security and privacy. Texas: ACM, 2012: 1-12.

[6] YUAN J, YU S. Secure and constant cost public cloud storage auditing with deduplication[C]// 2013 IEEE conference on communications and network

security. Maryland: IEEE, 2013: 145-153.

[7] LI J, LI J, XIE D, et al. Secure auditing and deduplicating data in cloud[J]. IEEE transactions on computers, 2015, 65(8): 2386-2396.

[8] YANG C, LIU Y, DING Y. Efficient data transfer supporting provable data deletion for secure cloud storage[J]. Soft Computing, 2022, 26(14): 1-17.

[9] ATENIESE G, DI PIETRO R, MANCINI L V, et al. Scalable and efficient provable data possession[C]//Proceedings of the 4th international conference on security and privacy in communication netowrks. Istanbul: ACM, 2008: 1-10.

[10] ERWAY C C, KÜPÇÜ A, PAPAMANTHOU C, et al. Dynamic provable data possession[J]. ACM transactions on information and system security, 2015, 17(4): 1-29.

[11] GUO W, ZHANG H, QIN S, et al. Outsourced dynamic provable data possession with batch update for secure cloud storage[J]. Future generation computer systems, 2019, 95: 309-322.

[12] ZHANG Y, XU C, LIN X, et al. Blockchain-based public integrity verification for cloud storage against procrastinating auditors[J]. IEEE transactions on cloud computing, 2019, 9(3): 923-937.

[13] WANG H, HE D, FU A, et al. Provable data possession with outsourced data transfer[J]. IEEE transactions on services computing, 2019, 14(6): 1929-1939.

[14] SHEN J, GUO F, CHEN X, et al. Secure cloud auditing with efficient ownership transfer[C]// Computer security-ESORICS 2020: 25th European symposium on research in computer security. Guildford: Springer, 2020: 611-631.

[15] 国家密码管理局. SM2 椭圆曲线公钥密码算法: GM/T0003-2012[S]. 北京: 中国标准出版社, 2012: 3.

[16] Du Y, Duan H, Zhou A, et al. Enabling Secure and Efficient Decentralized Storage Auditing with Blockchain[J]. IEEE Transactions on Dependable and Secure Computing, 2022, 19(5): 3038-3054.

[17] 黄龙霞, 王良民, 张功萱. 面向区块链贸易系统的无管理者安全模型[J]. 通信学报, 2020 , 41(12):11.

[18] Huang P, Fan K, Yang H, et al. A Collaborative Auditi-ng Blockchain for Trustworthy Data Integrity in Cloud Storage System[J]. IEEE Access, 2020, 8: 94780-94794.

[19] Huang L , Zhou J , Zhang G , et al. IPANM: Incentive Public Auditing

Scheme for Non-Manager Groups in Clouds[J]. IEEE Transactions on Dependable and Secure Computing, 2022, 19(2): 936-952.

[20] Ding X , Guo J , Li D , et al. An Incentive Mechanism for Building a Secure Blockchain-based Internet of Things[J]. IEEE Transactions on Network Science and Engineering, 2021, 8(1): 477-487.

第6章
基于联盟链的跨链访问控制系统

随着区块链应用的普及，跨组织、跨部门、跨业务的数据共享需求也随之增加，由于这些实体大部分处于互相隔离的区块链系统中，资源共享和访问控制存在天然的壁垒，因此对跨链访问控制的需求也随之增加。区块链系统内部一般使用传统的访问控制方案，如基于角色的访问控制、基于令牌的访问控制和基于属性的访问控制，结合区块链账本不可篡改性、透明性、可溯源的优点和智能合约可信计算的特点进行访问控制[1-3]。区块链系统间的访问控制则依赖于系统间的用户属性和访问控制策略信息的共享和同步，主流方案采用中继链架构解决这个问题，这就对隐私保护提出了新的要求。不同系统的访问控制策略一般不兼容，在传统情况下能够忍受的策略形式和空间存储大小问题到了区块链上就变得尖锐起来。此外，基于联盟链的跨链访问控制对访问资源行为的监管带来了新的挑战，如何在保护组织间交易隐私的情况下实施有效的监管是一个需要解决的问题。

为了便于进行区块链系统的跨链访问控制，基于联盟链的跨链访问控制系统被研究者提出，基于联盟链的设计使得应用场景更加贴近真实企业间交互的情况。通过选举跨链节点，设计合适的智能合约、访问控制策略和访问控制流程，使区块链间的访问控制具有可行性、公开性和可追溯性。目前，基于联盟链的访问控制机制的研究方向主要有以下四个方面：①基于跨链机制设计跨链交互流程，达到跨链访问控制的目的；②保护跨链访问控制过程中的数据隐私，如用户属性隐私、访问控制记录隐私和目标资源信息隐私等；③研究与区块链底层结构无关的区块链间的交互协议；④研究基于联盟链的跨链访问控制过程中的监管形式。

本章共分为4个小节，其中6.1介绍了目前主流的跨链访问控制框架的基本架构和基本功能。6.2节基于访问控制方面的XACML标准设计了适合基于联盟链的跨链访问控制的 HES 策略以及从 XACML 策略转换到该策略的算法，该策略具有存储空间小、通用性好和可拓展性强的优点。6.3 节介绍了一个基于联盟链的跨链访问控制方案，以区块链间数据共享的实例介绍了跨链访问控制的具体流程。6.4 节介绍了一个支持多监管者的访问控制方案，提出了一种可更新策略的 CP-ABE 访问控制方案，支持多监管者、多层级的监管方式。

6.1 基于联盟链的跨链访问控制框架

在跨链访问控制过程中，由于多数系统处于不同的安全域中，因此访问控制决策机构需要收集不同安全域中的属性信息，已有的基于区块链的安全域内的访问控制方案无法满足这样的信息共享需求。进而，业界衍生出了基于联盟链的跨链访问控制方案。在跨链架构方面，这些方案使用基于联盟链中继链/协同链的跨链机制构建起访问控制链，通过联盟链共享账本和智能合约的可信计算来共享不同安全域中主体和客体的信息，供访问控制决策使用。基于联盟链的跨链访问控制框架各部分功能说明如表 6-1 所示，其架构图如图 6-1 所示。

表 6-1 基于联盟链的跨链访问控制框架各部分功能说明

名称	功能
业务链 x	运行独立业务的某条区块链
访问控制链	由各个业务链选举节点组成的联盟链
智能合约	收集访问控制所需的信息并进行访问控制决策
AM	属性管理合约，管理业务内参与方的属性信息
PAP	策略管理合约，管理对某个资源的访问控制策略
PIP	策略信息合约，提供资源相关访问控制策略的查询
PDP	策略决策合约，结合属性和策略，执行访问控制
PEP	策略执行合约，根据角色结果，落实访问控制行为

用图 6-1 中的实体说明基于联盟链的跨链访问控制框架的基本运行流程：由业务链选举节点形成跨链节点，跨链节点间运行联盟链协议，并部署 AM、PAP、PIP、PDP 和 PEP 等智能合约；跨链访问控制请求发起时，由联盟链运行相关合约，其中，AM 收集属性，PIP 提供策略，交由 PDP 执行，PDP 将执行结果写入联盟链，最终由 PEP 根据链上结果和预先设置好的合约内容执行访问控制行为，同时将访问控制记录上链。

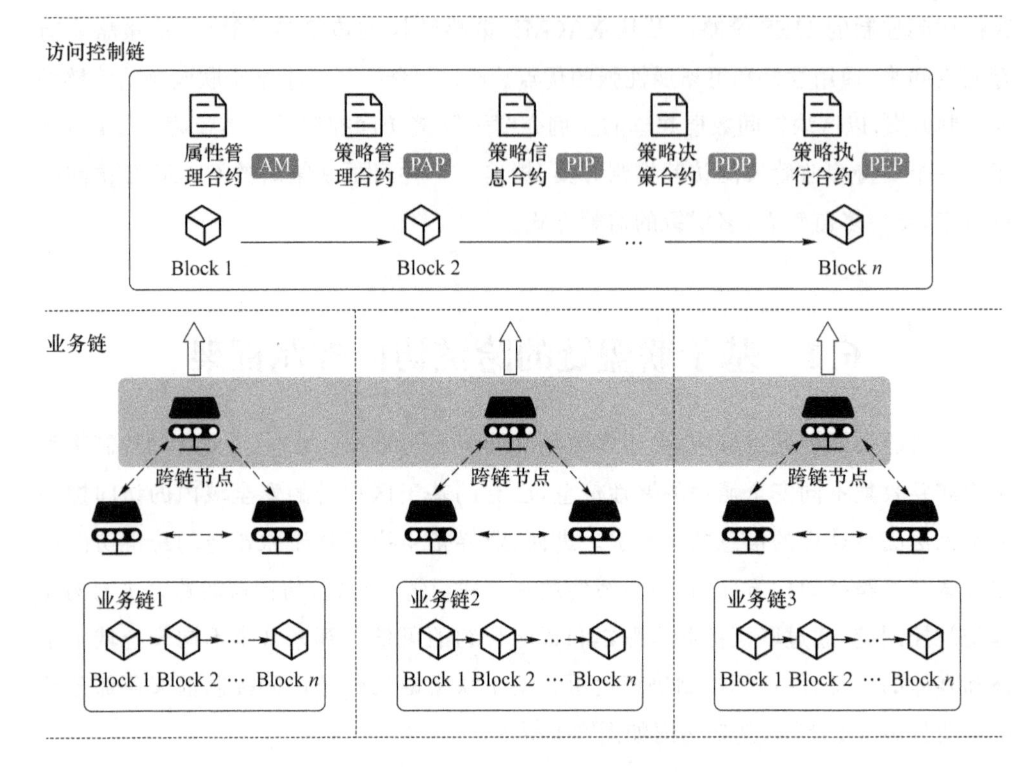

图 6-1 基于联盟链的跨链访问控制框架架构图

6.2 基于 XACML 策略转换的跨链访问控制

访问控制策略是访问控制执行的重要组成部分，在常规的系统中，访问控制策略的表示形式因不同系统的开发者使用的语言、框架和基础设施等而具有较大差异。总体来说，主要分为自定义策略和标准化策略两种。

本章参考文献[1-3]均采用自定义策略，应用到跨链过程中存在不同系统间策略的表示形式不一致引起的兼容性问题，因此无法直接进行访问控制。谢绒娜等人[1]将访问控制策略以智能合约的方式部署在客体区块链上，实现了区块链系统内部的基于属性的访问控制。因为智能合约不可修改，所以策略的更新或者新增会导致合约数量的增长，使存储空间占用越来越大。

可扩展访问控制标记语言（XACML）是一种基于 XML 的标准标记语言，用于指定访问控制策略。该标准由 OASIS 发布，定义了一种声明性细粒度、基于属性的访问控制策略语言、一种体系结构和一种处理模型，描述了如何根据策略中定义的规则评估访问请求。由于该标准的篇幅较大，详细信息读者可在其官网找到，本文不再详细介绍。本章参考文献[4]使用了标准的 XACML 策略，但是因为其使用冗杂的

XML 标记语言进行描述，所以在将其直接应用于区块链系统时会占用大量的存储空间。例如，在主流的操作系统中，一个文件最少占用 4 KB 的磁盘空间，而访问控制策略的内容一般仅为 50～100 字节，因此会造成极大的资源浪费。对此，他们提取出 XACML 策略中的关键属性、策略谓词和组合方法，并将其转换成智能合约的函数进行执行，但由于 Solidity 语言不能表达某些属性和谓词，因此该方法不能完全发挥出 XACML 标准的优势。然而，这样的策略提取方式在一定程度上减小了策略的存储占用，且 XACML 策略标准在应用到跨链场景时具有通用性和可扩展的优势，为本节的工作提供了可借鉴的思路。

本节基于 XACML 标准，设计了一个适用于基于联盟链的跨链访问控制框架的策略表示形式(下称 HES)和从 XACML 转换到 HES 的算法。HES 策略在基于联盟链的跨链访问控制过程中占用的存储空间更小，同时具备 XACML 通用性、可扩展的特点，便于不同的区块链系统接入访问控制链。

6.2.1 策略转换算法

XACML 策略文件包含一些 Java 包名信息、XML 的标签和闭合标签信息，这些信息对于访问控制本身而言不是必需的，因此可以不用提取。XACML 策略主要标签功能说明如表 6-2 所示。一个 XACML 策略文件包含一个 PolicySet 标签和数条 Policy 标签，每个 Policy 标签又包含数个 Rule 标签，每个 Rule 标签又包含一个 Effect 属性，每个 PolicySet、Policy 和 Rule 标签都固定包含 Target 标签。

其中，每个标签由标签值、标签属性和子标签三部分组成，如表 6-3 和表 6-4 所示。Target 标签定义了一个 Policy 的适用性，Target 能够被 Policy 元素的构造者声明，也能够由 Rule 标签中的 Target 标签做交集或并集计算得到。Rule 标签用于描述资源相关属性和规则的谓词信息。

表 6-2　XACML 策略主要标签功能说明

标签	属性名	属性值说明	标签功能说明
PolicySet	—		一组策略的集合，包含若干条策略标签和一个目标标签
Policy	policy_id	策略的唯一 ID	单条策略，包含若干条规则和一个目标标签
	ruleCombiningAlg_id	规则的组合算法	
Rule	rule_id	规则的唯一 ID	规则标签，描述应用的对象、条件和结果，包含一个 Target 标签和一个 effect 属性，值为 permit 或 deny
	rule_effect	策略的授权结果	
Target	target_id	目标的唯一 ID	目标标签，描述了主体、行为、资源、环境信息及其约束

表 6-3　Target 标签的子标签或属性值及其说明

标签值、属性或子标签	类型	说明
Alice	属性值	标签开头和结尾中间的值，此处仅为示例
RuleCombiningAlgId	标签属性	规则的组合算法
AnyOf	子标签	有一个 Match 匹配成功则通过
AllOf	子标签	有一个 Match 匹配失败则不通过
Match	子标签	匹配 Target 标签的值
AttributeDesignator	子标签	值为属性名称
AttributeValue	子标签	值为属性值

表 6-4　Rule 标签的子标签或属性值及其说明

标签值、属性或子标签	类型	说明
Alice	属性值	标签开头和结尾中间的值，此处仅为示例
Target	子标签	规则应用的目标
Condition	子标签	规则的组合条件
Apply	子标签	描述规则应用的条件
FunctionId	标签属性	描述规则的谓词
AttributeDesignator	子标签	值为属性名称
AttributeValue	子标签	值为属性值

1. HES 策略

HES 策略主要用于提取其中起到标识主客体、逻辑谓词、属性和属性值作用的相关信息。根据表 6-2 对 XACML 策略进行编码，得到如图 6-2 所示的 HES 策略结构。下面详细描述 HES 策略的表示形式和各字段的功能和大小。

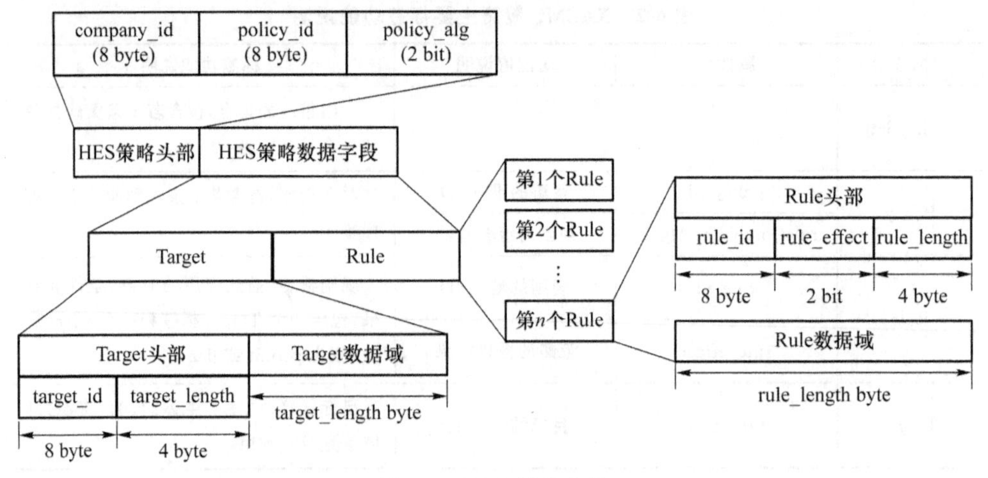

图 6-2　HES 策略结构

1）HES 策略头部

HES 策略头部描述了策略的基本信息，每条 HES 策略头部固定占用 18 比特，由固定长度的 company_id、policy_id 和 policy_alg 组成，其功能描述如下。

（1）company_id：新增字段，用于区分不同链间的业务，大小为 8 字节，最多可表示 1.84×10^{19} 个公司，足够覆盖全球所有公司数量。

（2）policy_id：来自 XACML 的策略标签的唯一 id，用于区分每条策略，大小为 8 字节，最多可表示 1.84×10^{19} 条策略，足够大型系统使用。

（3）policy_alg：来自 XACML 的策略标签的组合算法属性，用于描述规则的组合算法，大小为 2 比特，表示 4 种固定的组合算法。

2）HES 策略数据字段

HES 策略数据字段描述了 HES 策略的具体内容，由 Target 字段和 Rule 字段两部分组成。

（1）Target 字段

① Target 头部

a. target_id：来自 XACML 的目标标签的唯一 id，用于区分每个主体，大小为 8 字节，最多可表示 1.84×10^{19} 个主体。

b. target_length：由于 Target 标签可以包含若干个 AnyOf 或 AllOf 标签，因此长度可变，target_length 作为偏移量描述其范围，大小为 4 字节。

② Target 数据域：XACML 目标标签内容是可变长的，将原始值由策略转换后填入。

（2）Rule 字段

① Rule 头部

a. Rule_id：来自 XACML 的规则标签的唯一 id，用于区分每条规则，大小为 8 字节，最多可表示 1.84×10^{19} 条规则。

b. rule_effect：来自 XACML 的作用标签值，大小为 2 比特，表示每个作用标签固定的 2 个取值——permit 和 deny。

c. rule_length：每个 XACML 的规则标签长度可变，rule_length 作为偏移量描述其范围，大小为 4 字节。

② Rule 数据字段

XACML 规则标签是可变长的，将原始值由策略转换后填入。

2. 转换规则

本节设置了 2 条转换规则及其对应的转换算法，以保留 Policy 策略标签的完整语义。

1）Target 转换规则（parseTarget）

应用 Policy 时，首先要对被访问资源 Target 中的属性进行鉴定，判断 Policy 是否适用该条策略。Target 的属性项由 AttributeValue 和 AttributeDesignator 确定，可以直接提取标签值，同时包含 AllOf、AnyOf 和 Match 三种谓词子标签，因此要对这类标签进行转换。谓词子标签功能和对应的 HES 策略的转换规则如表 6-5 所示，Target 标签转换算法如算法 6-1 所示。

表 6-5　谓词子标签功能和对应的 HES 策略的转换规则

谓词子标签	HES 策略的转换规则	功能
AllOf	∨	执行所有 match，有一个通过则为通过
AnyOf	∧	执行所有 match，有一个不通过则为不通过
Match	∧	判断标签内所有属性是否匹配

算法 6-1　Target 标签转换算法

输入：XACML 策略文件 file_path。
输出：HES 策略字符串 hes_str。

```
1   root, AnyOf, AllOf=readXMLFile(file_path), "", ""
2   //从文件路径读取 XACML 策略
3   parseTarget(root):
4         // Target 解析方法,递归查询
5       if "AnyOf" in root.tag:
6           for tag in root:
7               AnyOf+=(parseTarget(tag)) // 对每个子节点执行递归查询
8           if len(AnyOf) > 1:                // 查询到 AnyOf 标签并转换
9               return AnyOf+" ∧ "
10          return AnyOf
11     elif "AllOf" in root.tag:                          // 递归查询子节点
12         for tag in root:
13             AnyOf+=(parseTarget(tag))
14         if len(AnyOf) > 1:                 // 查询到 AllOf 标签并转换
15             return AnyOf+" ∨ "
16         return AnyOf
17     else:                                // 提取属性 id 等信息
18         match_str=root.attrib['MatchId']
19         value=root[0].text
20         attr=root[1].attrib['AttributeId']
21         return attr+match_str+value
22  hes_str=parseTarget(root)
```

Target 标签转换算法输入 XACML 标签的文件路径，从根标签开始通过递归算法遍历每个标签和子节点，并根据表 6-5 所示的规则将标签或属性转换成字符串。

(1) 初始化(第 1 到第 2 行):读取 XML 文件,并初始化 AnyOf 和 AllOf 字符串。

(2) 转换 AnyOf 标签(第 3 到第 10 行):首先判断当前标签是否为 AnyOf 标签,如果不是,则递归地对其子标签进行同样的操作,直到找到 AnyOf 标签或遍历完毕。

(3) 转换 AllOf 标签(第 11 到第 16 行):步骤与转换 AnyOf 标签基本一致。

(4) 组合(第 17 行到第 21 行):若当前标签既不是 AnyOf,也不是 AllOf,则直接取其属性和值进行组合。

2) Rule 转换规则

为了去除 XML 标签中冗余的信息,需要提取标签中有意义的属性和值。Policy 策略由 Rule Combining 规则组合算法、若干 Rule 标签和 Target 标签三部分组成,其中 Target 标签仅需提取其中的属性和值,而 Rule Combining 需要提取属性、值以及值对应的组合关系,用于生成 HSE 策略中的策略组合规则。表 6-6 展示了 Rule Combining 算法与 HES 策略的对应关系。

表 6-6 Rule Combining 算法与 HES 策略的对应关系

Rule Combining 算法	HES 策略	功能
deny overrides	d	有一个规则返回“拒绝”,则返回“拒绝”
permit overrides	p	有一个规则返回“允许”,则返回“允许”
first applicable	f	遍历所有规则,返回第一个规则的结果,如果规则不存在,则返回“拒绝”
only one applicable	o	如果只有一条规则,返回该规则结果,否则返回“拒绝”
ordered deny overrides	od	与 deny overrides 相同,区别在于该算法的结果集合必须与策略集合的顺序一致
ordered permit overrides	op	与 permit overrides 相同,区别在于该算法的结果集合必须与策略集合的顺序一致

FunctionId 属性旨在对主体、客体和环境属性进行约束,主要属性类型有 string 和 number,相关的属性值与 HES 策略谓词的转换规则如表 6-7 所示。

表 6-7 FunctionId 属性值与 HES 策略谓词的转换规则

FunctionId 属性值	HES 策略谓词	功能
string-in	i	判断属性是否部分相等
* -equal	=	判断类型为数字的属性相等
* -greater-than	>	判断类型为数字的属性大于
* -greater-than-or-equal	>=	判断类型为数字的属性大于等于
* -less-than	<	判断类型为数字的属性小于
* -less-than-or-equal	<=	判断类型为数字的属性小于等于
* -one-and-only-one	on	满足且只满足任意一个条件

注:“ * ”是通配符,表示任何以“ * ”后面字符结尾的属性值。

Rule 标签转换算法如算法 6-2 所示。

算法 6-2 Rule 标签转换算法

输入： filePath XACML 策略文件。
输出： HES 策略字符串。

```
1   root=readXMLFile(filePath)                       // 从文件路径读取 XACML 策略
2   policy_id=root.attrib['PolicyId']                               //提取策略 id
3   policy_alg=root.attrib['RuleCombiningAlgId']          //提取策略组合算法 id
4   def parseRule(child):                              // Rule 解析方法,递归查询
5       applies=[]
6       for apply in child:
7         if "Apply" in apply.tag:            // 查询到 Apply 标签并提取组合 id
8             applyId=apply.attrib["FunctionId"]
9             applies.append([applyId,parseRule(apply)])
10        elif "AttributeDesignator" in apply.tag:                    // 提取属性 id
11            applies.append(apply.attrib["AttributeId"])
12        else:
13            applies.append(apply.text)
14        return applies
```

(1) 提取策略信息(第 1 到第 3 行):提取出该策略的策略 id 和使用的规则组合算法。

(2) 解析 Rule(第 4 到第 14 行):通过一个递归过程解析 Rule 中包含的属性值及其功能函数,最终生成 HES 策略中 Rule 的数据域部分。

6.2.2 跨链访问控制方案

本节以一个数据上传和共享的场景,说明基于联盟链的跨链访问控制的方案细节。数据拥有者(Data Owner,DO)与数据使用者(Data User,DU)处于不同的业务链中,相关符号说明如表 6-8 所示。

表 6-8 访问方案流程符号表

符号	含义
$Chain_{id}$	业务链唯一 ID
$Data_{id}$	数据唯一 ID,前缀是所属业务链 ID
$Data_{url}$	数据的地址

续表

符号	含义
IsShared	是否允许跨链访问
$Policy_{id}$	访问控制策略唯一 ID,前缀是所属业务链 ID
DataInfo	数据上云后返回的信息,包括云资源地址、摘要等
DO	服务拥有者
$Sign_{DO}$	服务拥有者的签名
DU	数据使用者
$Sign_{DU}$	数据使用者签名
$Attr_{env}$、$Attr_{sub}$、$Attr_{obj}$	环境、主体和客体属性
Action	对数据的行为(读/写/删除等)
Cloud	云服务提供商,本节用于存储数据
$Data_{addr}$	数据的云资源地址
$Policy_{content}$	访问控制策略内容

1. DO 数据上传和策略上传

目前,已经有许多基于区块链的数据共享方案,其主要思想是将数据存储到云端,仅将数据摘要和地址等信息上传到区块链上。由于对数据上云阶段的研究不是本文关注的重点,因此对于数据本身的存储,本文不做更多探究。DO 数据上传和策略上传流程如图 6-3 所示,主要步骤如下。

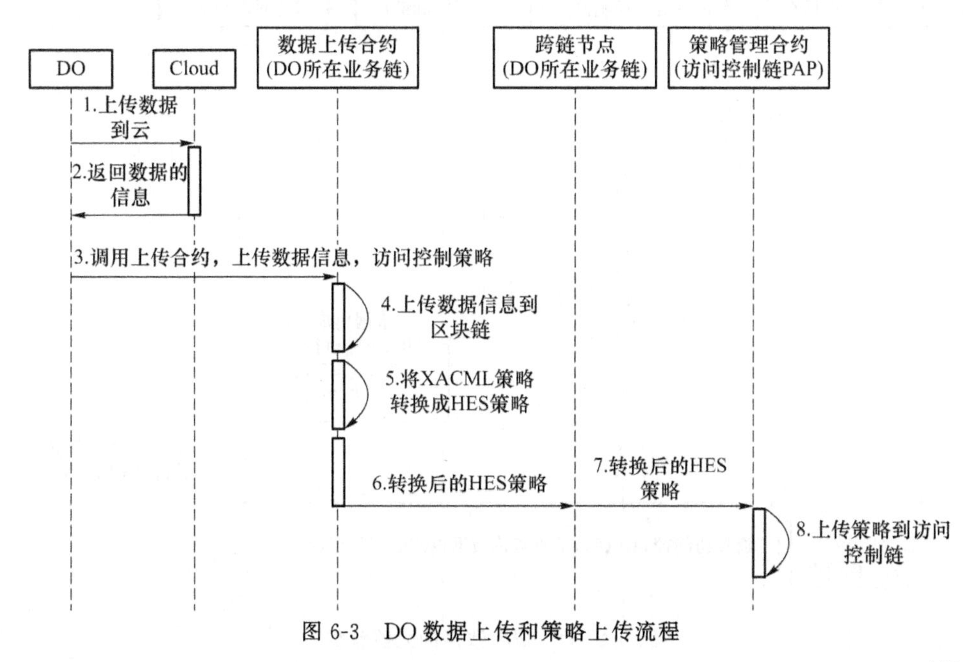

图 6-3　DO 数据上传和策略上传流程

(1) DO 上传数据到云服务商,云服务商返回数据信息。

(2) DO 调用数据上传合约将数据信息 Datainfo 上传到业务链。

$$\text{Datainfo}=(\text{Chain}_{\text{id}},\text{Data}_{\text{id}},\text{Data}_{\text{url}},\text{Sign}_{\text{DO}}) \tag{6-1}$$

(3) DO 制定访问控制策略,如果是已存在的访问控制策略,则只需要指明 PolicyId,否则使用 6.2.1 节的算法将 XACML 策略转换为 HES 策略。跨链节点验证签名后,调用策略管理合约 PAP,将策略信息 Policyinfo 上传到访问控制链。

$$\text{Policyinfo}(\text{Chain}_{\text{id}},\text{Data}_{\text{id}},\text{Policy}_{\text{id}},\text{Policy}_{\text{content}},\text{Sign}_{\text{DO}}) \tag{6-2}$$

2. 访问控制链控制决策

DU 请求数据时需要构造访问请求,表 6-9 展示了访问方案流程符号表。

表 6-9 访问方案流程符号表

请求字段	说明
Data_{id}	请求数据的唯一 ID
$\text{Company}_{\text{id}}$	数据使用者所属业务的唯一 ID
User_{id}	数据使用者的唯一 ID
Action	请求的行为(读/写/删除等)
Sign_{DU}	数据使用者的签名
$\text{Request}_{\text{id}}$	请求者的唯一 ID

图 6-4 展示了 DU 请求数据的完整流程,可以做如下概括。

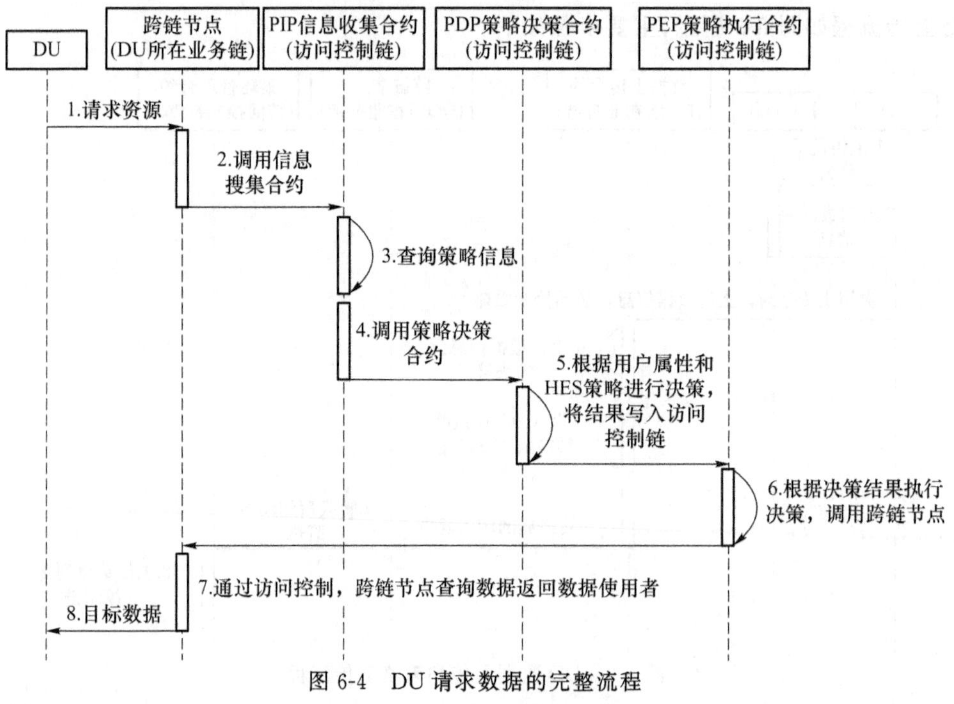

图 6-4 DU 请求数据的完整流程

（1）DU 发起访问控制请求 Request，跨链节点解析请求并调用策略信息合约 PIP，获取主体属性、客体属性和环境属性作为参数 Param 传递给策略决策合约 PDP。

$$\text{Request}=(\text{Company}_{\text{id}},\text{Data}_{\text{id}},\text{User}_{\text{id}},\text{Action},\text{Sign}_{\text{DU}},\text{Request}_{\text{id}}) \tag{6-3}$$

$$\text{Param}(\text{Policy}_{\text{content}},\text{Attr}_{\text{env}},\text{Attr}_{\text{sub}},\text{Attr}_{\text{obj}},\text{Action},\text{Request}_{\text{id}}) \tag{6-4}$$

（2）策略决策合约 PDP 结合步骤（1）中传递过来的属性和策略进行访问控制决策，得到决策结果 Res 并上传到访问控制链。

$$\text{Res}=(\text{User}_{\text{id}},\text{PDP}(\text{Attr}_{\text{env}},\text{Attr}_{\text{sub}},\text{Attr}_{\text{obj}},\text{Policy}_{\text{content}}),\text{Request}_{\text{id}}) \tag{6-5}$$

（3）策略执行合约 PEP 检测到 $\text{Request}_{\text{id}}$对应的请求结果，如果为 deny，则返回无权限的提示；如果为 permit，则通过跨链节点查询对应链上数据的地址 Data_{url}，并沿链路返回数据使用者。

6.3 跨链访问控制中的属性隐私保护

随着区块链应用生态的繁荣发展，区块链间的数据流动和信息共享问题成为了限制区块链业务发展的一大阻碍，其中跨链访问控制作为解决这一问题的重要手段，越来越受到研究人员的关注。跨链访问控制过程涉及不同安全域中用户、主体、客体和环境等的属性隐私信息，因此需要对其进行保护。

在基于属性的访问控制方案中，策略决策点需要收集用户、主体和环境等属性，配合策略内容进行访问控制决策。跨链访问控制过程通过区块链的共享账本、智能合约等方式实现，便于策略决策机构根据用户属性和策略进行访问控制。由于区块链具有数据透明的特点，处于不同安全域的其他跨链节点也能获取到这些用户的属性，因此存在属性的隐私泄漏的问题，然而，现有方案对于跨链时属性隐私的关注度还不够。

在访问控制领域，已有研究者对属性隐私的保护进行了相关研究，基于属性的访问控制方案通常采用“生成-验证”的方式保护用户的属性信息。Zhang 等人[5]采用同态属性签名算法对属性隐私进行保护，该方案的执行速度与一般的 ABAC 没有区别，且具有高效性，但是其签名验证过程需要经过多轮步骤，需要用户实时在线进行交互，实用性有待加强。Xu 等人[6]设计了一个高效的基于属性的隐私保护访问控制机制，利用哈希函数高效计算和不可逆的特性，将属性隐私保护问题转换为利用生成器生成叶子节点并验证的问题，用户和服务提供商仅需保存少量存证即可进行验证，具有高效性和存储空间小的特点，非常适合区块链跨链访问控制场景。然而，该方案只针对单个属性，当属性数量较多和属性的取值范围较大时，存储空间和查询效率显著降低，但是其采用哈希二叉树、使用生成元并校验叶子节点的思想为本节方案的提出提供了启发。

6.3.1 系统模型

如图 6-5 所示,本节提出的属性隐私保护方案系统模型主要有七类实体:服务拥有者、服务使用者、属性授权机构、同态哈希属性树生成器、业务链节点、跨链节点、访问控制链。相关实体及各实体的功能描述如下。

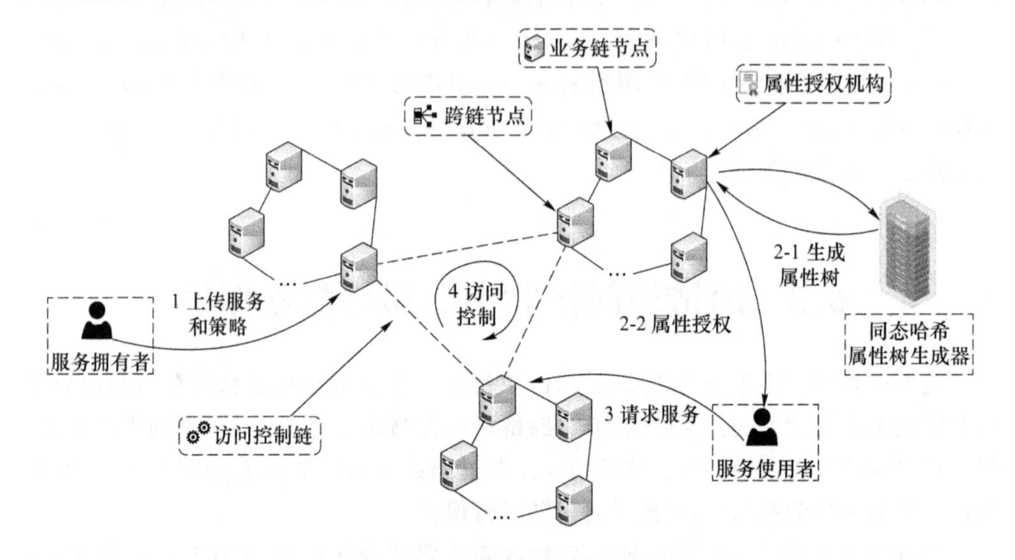

图 6-5　属性隐私保护方案系统实体

(1) 服务拥有者。在访问控制中,被访问的对象可以是具体的数据或资源,也可以是抽象的服务,在本节中,服务拥有者是这些具体或抽象的事物的所有者。通过访问控制链,服务拥有者可以制定对自身服务的访问控制策略,规定满足何种条件的服务使用者能够访问自己的服务。

(2) 服务使用者。服务使用者向跨链节点发起跨链数据使用请求。注册时向所在业务链的属性授权机构申请相关属性集和对应的属性私钥。请求时从属性授权机构获取相关证明并上传到访问控制链。

(3) 属性授权机构。属性授权机构由业务链的某个节点担任,为所在链的服务使用者颁发属性生成元,用于访问控制过程中的属性验证。

(4) 同态哈希属性树生成器。同态哈希属性树生成器处于链下,用于接收属性授权机构提供的根节点值和目标属性值,为属性授权机构构建完整的同态哈希属性树和目标属性的生成元。

(5) 业务链节点。业务链节点用于运行各自的业务逻辑。

(6) 跨链节点。跨链节点是业务链节点中的一个,各个业务链通过选举产生跨链节点,组成访问控制链,跨链节点在访问控制中传递本链的相关信息,如转发服务使用者的访问控制请求到访问控制链、上传服务拥有者的服务到访问控制链等。

(7) 访问控制链。访问控制链由跨链节点组成,用于存储各个链服务的访问控制策略、运行智能合约执行跨链访问控制。

6.3.2 基于同态哈希的属性搜索树隐私保护方案

本方案利用同态哈希算法构建属性搜索树,具有叶子有序、难以逆向的特点,为用户颁发生成元,为跨链节点提供树根节点,因此能够验证用户是否具有某些属性;同时设计了与属性搜索树节点对应的随机树,支持多个属性共用同一棵树以及属性授权的快速更新和撤销,提高了验证效率,减少了存储空间的占用。

在基于属性的访问控制中,属性可以分为属性名和属性值两部分。数值属性天然具有值的大小关系;非数值属性虽然不能直接比较值的大小,但是可以通过将其统一映射到一个整数区间,每个区间内的一个数值可以代表一个非数值属性,进而使其产生可比较的大小关系,如对于一个属性 attr,其可能的属性值为 attr∈["Alice", "Bob", "Candy", "Kiki"],可以将其映射到一个整数空间[min, max]内,在这里 attr∈[1, 4]。

1. 属性映射

属性授权机构将本机构的所有属性分为数值属性和非数值属性,其中数值属性的集合为

$$\mathrm{attr}_{v_{\mathrm{valuable}}}=\{[v_{i_{\mathrm{start}}},v_{i_{\mathrm{end}}}]\mid i,v_{i_{\mathrm{start}}},v_{i_{\mathrm{end}}}\in\mathbb{Z}\} \tag{6-6}$$

非数值属性的集合为

$$\mathrm{attr}_{\mathrm{unvaluable}}=\{v_1,\cdots,v_i,\cdots,v_n\mid i\in[1,|\mathrm{attr}_{\mathrm{unvaluable}}|]\} \tag{6-7}$$

按照算法 6-3 将非数值属性映射到一个整数区间,组成系统属性资源池。最终,合并成的整数区间为

$$\mathrm{attr}_{\mathrm{merge}}=\{\mathrm{attr}_{v_{\mathrm{valuable}}}\cup\mathrm{attr}_{\mathrm{unvaluable}}\}=\{\min,\min+1,\cdots,i,\cdots,\max-1,\max\mid i\in\mathbb{Z}\} \tag{6-8}$$

算法 6-3 用户属性 $\mathrm{attr}_i=v_i$ 的生成元算法

输入: 树的根节点 r_0、r_1、r_2,同态哈希算法 HL、HR,取值范围[min,max],属性值 v。
输出: 属性对应的生成元集合 $g_{i,0}$、$g_{i,1}$。

1 min←0, max←0
2 **for** 0←i **to** $|\mathrm{attr}_{\mathrm{unvaluable}}|$ **do** // 遍历非数值属性集合,找到最小属性和最大属性的取值
3 **if** min > i **then**
4 min←i

```
5        end
6        if max < i then
7            max← i
8        end
9    return min, max
```

2. 同态哈希属性搜索树构建

一棵同态哈希属性搜索树是由一个根节点 root 和两个同态哈希函数 HL 和 HR 生成的完全二叉树。对于树中任意一个第 i 层的第 j 个节点 p，其左子节点的值为 $\mathrm{HL}(p)=h_{\mathrm{i}+1,j\times 2}$，右子节点的值为 $\mathrm{HR}(p)=h_{\mathrm{i}+1,j\times 2+1}$。所有属性的取值范围的集合为

$$\{\min,\min+1,\cdots,i,\cdots,\max-1,\max \mid i\in\mathbb{Z}\} \tag{6-9}$$

按从小到大的顺序映射到树的叶子节点，如图 6-6 所示。

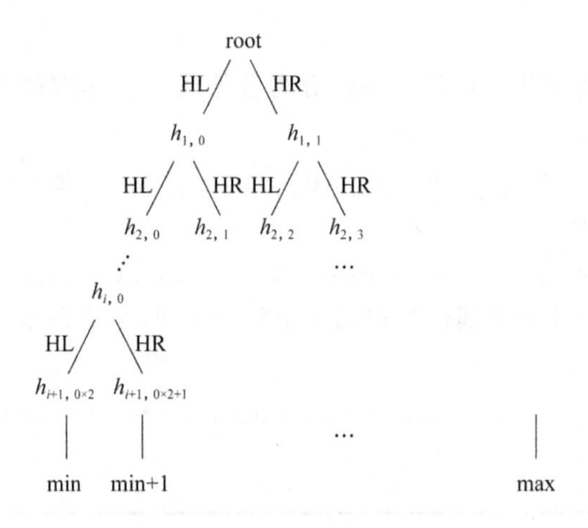

图 6-6　同态哈希属性搜索树结构

同态哈希属性搜索树具有如下性质。

性质 6-1　同态性。对于任意两个节点，设其值分别为 p_1 和 p_2，则有

$$\mathrm{HL}(p_1)\cdot\mathrm{HL}(p_2)=\mathrm{HL}(p_1\times p_2),\quad \mathrm{HR}(p_1)\cdot\mathrm{HR}(p_2)=\mathrm{HR}(p_1\times p_2)$$

性质 6-2　由于哈希函数的不可逆性，给定一个节点的值 p，可以通过 HL 和 HR 函数计算其任意一个子节点的值，但是很难计算其父节点的值，其中 p 称为其左、右节点的生成元。

性质 6-3　对于一个 n 层的同态哈希属性搜索树，只需要长度为 $n-1$ 的序列即

可表示全部(2^{n-1}个)叶子节点。如对于一个 4 层的树，叶子节点编号为 0～7，则任意一个叶子节点可以由长度为 3 的序列表示：HL(HL(HL(p)))～HR(HR(HR(p)))。

性质 6-4 对于一个 n 层的同态哈希属性搜索树，从根节点开始，最多经过 $2\log_2 n$ 次查询，即可找到任意叶子节点。

3. 访问控制策略和生成元校验

经过属性映射和同态哈希属性搜索树的构建，我们将所有属性映射到了整数范围，并得到了一棵叶子节点对应属性取值范围为[min, max]的完全二叉树 t，其中各个符号的说明如表 6-10 所示。

表 6-10 同态哈希属性搜索树中各个符号的说明

符号	说明
$\mathrm{Gen}_t(a, b)$	t 的第 a 个叶子节点到第 b 个叶子节点的生成元
Root(t)	t 的根节点
Left(p)	节点 p 的左叶子节点
Right(p)	节点 p 的右叶子节点
$\mathrm{Sub}_t(p)$	t 中一个节点 p 的所有子树节点的集合
$\mathrm{Leaf}_t(p)$	t 中以 p 节点为根节点的所有叶子节点的集合
$\lambda_t(a, b)$	t 的第 a 个叶子节点到第 b 个叶子节点

因此，为服务使用者颁发生成元时，针对某个属性 $\mathrm{attr}_i = v$ 的访问控制策略，有以下 3 种情况。

(1) $\mathrm{attr}_i < a, a \in [\min, \max]$。策略规定必须满足 $\mathrm{attr}_i < a$，因此当且仅当 $v < a$ 满足条件，给服务使用者颁发属性值为$[\min, v]$的生成元 $\mathrm{Gen}_i = (0, v - \min)$。校验时，只需验证服务使用者能够生成的最大值 $\mathrm{Hx}(v - \min)$ 是否等于 $\mathrm{Hx}(a - \min)$，其中$\mathrm{Hx} \in \{\mathrm{HL}, \mathrm{HR}\}$。

(2) $\mathrm{attr}_i > a, a \in [\min, \max]$。策略规定必须满足 $\mathrm{attr}_i > a$，因此当且仅当 $v > a$ 满足条件，此时给服务使用者颁发属性值为$[v, \max]$的生成元 $\mathrm{Gen}_i = (v - \min, \max - \min)$。校验时，只需验证服务使用者能够生成的最小值 $\mathrm{Hx}(v - \min)$ 是否等于 $\mathrm{Hx}(a - \min)$，其中 $\mathrm{Hx} \in \{\mathrm{HL}, \mathrm{HR}\}$。

(3) $\mathrm{attr}_i = a, a \in [\min, \max]$。策略规定必须满足 $\mathrm{attr}_i = a$，因此当且仅当 $v = a$ 满足条件，给服务使用者颁发属性值为$[v, \max]$的生成元 $\mathrm{Gen}_i = (v - \min, v - \min)$。校验时，只需验证服务使用者能够生成的 $\mathrm{Hx}(v - \min)$ 是否等于 $\mathrm{Hx}(a - \min)$，其中 $\mathrm{Hx} \in \{\mathrm{HL}, \mathrm{HR}\}$。

4. 属性隐私保护方案

本部分给出属性隐私保护方案的主要步骤，包括同态哈希属性搜索树的构造方法、生成元的构造和校验方法，以及授权阶段、校验阶段、属性更新阶段和属性撤销阶段的主要步骤。本方案中服务使用者、属性授权机构和跨链节点的相关符号说明如表 6-11 所示。

表 6-11　服务使用者、属性授权机构和跨链节点的相关符号说明

符号	说明
PK_{node}	跨链节点的公钥
SK_{node}	跨链节点的私钥
PK_u	用户公钥
SK_u	用户私钥
SK_{sig}	属性授权机构的签名私钥
PK_{sig}	属性授权机构的签名公钥
$D_k(m)$	使用密钥 k 加密明文 m
$E_k(c)$	使用密钥 k 解密密文 c

这里可能会发生服务拥有者冒用生成元的情况：若服务拥有者属性 attr＝5，此时对应的生成元为 $Gen_i=(0,5-min)$，满足规则 attr＜6；若 attr＞5，由于 5－min 在区间[0,5－min]内，则服务拥有者有一定的概率通过校验，冒用生成元。通过设计两棵属性树分别校验大于和小于的情况，可以解决这个问题。但是对于多个属性而言，仍然可能存在某些属性区间重叠的问题，如 $attr_1\in[1,5]$，$attr_2\in[3,7]$。因此，本节使用同态哈希算法为每个属性生成一个随机值，分别对大于和小于规则做同态哈希操作，将不同属性的区间分隔开，从而避免以上问题，同时该方案支持多个属性使用同一棵属性搜索树，能够减少验证所需要的属性树的存储空间，提高搜索效率。

1）主要步骤

阶段Ⅰ　授权阶段

第Ⅰ-1 步(属性授权机构)：构造同态哈希属性搜索树和生成元

随机选取根节点 r_0、r_1 和 r_2，其中 r_0 和 r_1 用于生成用户授权的生成元，r_2 用于生成相同结构的哈希树作为随机种子，选择并公开哈希函数 HL、HR 和 attr 值的映射整数空间[min,max]。随后，分别以 r_0、r_1 和 r_2 为根节点构建两棵同态哈希属性搜索树 t_0、t_1 和一棵随机树 t_2，对树的每个节点编号，t_0 的第 x 层的第 i 个节点编号

为 $n_{x,i}$，t_1 的第 x 层的第 i 个节点编号为 $n'_{x,i}$，t_2 的第 x 层的第 i 个节点编号为 $r_{x,i}$，如图 6-7 所示。

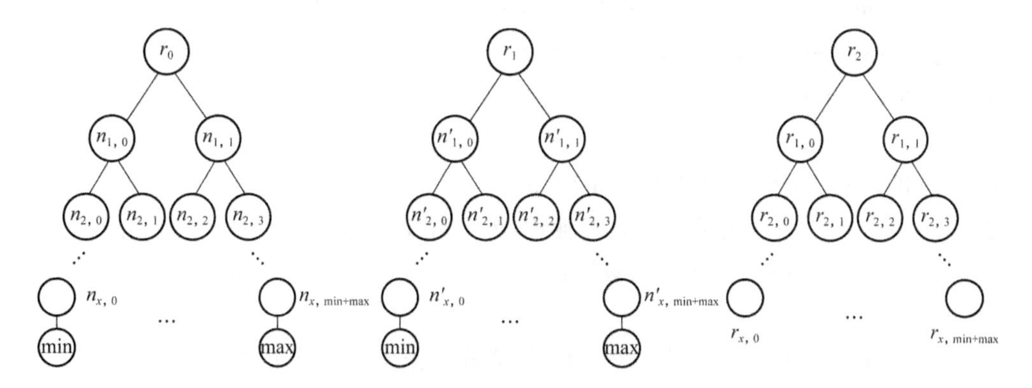

图 6-7 同态哈希属性搜索树结构

在构造生成元时，生成元能够生成的范围计算如式(6-10)和(6-11)所示。

对于属性 attr$=v$，$v\in[\min,\max]$，有

$$\forall x>v, g_x\notin[g_{\min}, g_v]\rightarrow \mathrm{Gen}_{t_0}(v-\min, \max-\min) \tag{6-10}$$

对于所有可能大于 v 的属性，其在 t_0 中的生成元一定不属于$[\min, v]$区间的生成元集合：

$$\forall x<v, g_x\notin[v, \max]\rightarrow \mathrm{Gen}_{t_1}(0, v) \tag{6-11}$$

对于所有可能小于 v 的属性，其在 t_1 中的生成元一定不属于$[v, \max]$区间的生成元集合。其中，x 代表所有可能的属性，g_x 代表 x 的生成元。因此，当规则为 attr$<v$ 时，可以检验用户是否能够根据 Gen_{t_0} 生成对应的校验值；当规则为 attr$>v$ 时，可以检验用户是否能够根据 Gen_{t_1} 生成对应的校验值。对于用户的每一个属性 $\mathrm{attr}_i=v_i$，用算法 6-4 计算 v_i 的生成元 $g_{i,0}$ 和 $g_{i,1}$。对于每个生成元，为了便于不同的属性使用同一棵树，在生成元中加入随机树对应位置的节点值：

$$g_{i,0}=\mathrm{Gen}_{t_0}(v_i-\min, \max-\min) \tag{6-12}$$

$$g_{i,1}=\mathrm{Gen}_{t_1}(0, v_i-\min) \tag{6-13}$$

算法 6-4 用户属性 $\mathrm{attr}_i=v_i$ 的生成元算法

输入： 树的根节点 r_0、r_1、r_2，同态哈希算法 HL、HR，取值范围$[\min, \max]$，属性值 v。

输出： 属性对应的生成元集合 $g_{i,0}$、$g_{i,1}$。

```
1     g_{i,0}, g_{i,1} = [], []
2     // 利用深度优先遍历,遍历整个同态哈希树
3     generate(root, r, v, g):
4       if root = null or r_2 = null:
5             return
6       if HL(root) = v or HR(root) = v:
7             //利用同态哈希函数的性质,为当前节点添加随机种子
8             g.append(root + r.value)
9       else:
10      // 如果当前节点不是 v 的生成元,则递归查询其左子树和右子树
11           g.append(generate (root.left, r.left, g))
12           g.append(generate (root.right, r.right, g))
13      return g
14    for v in range(v_i - min, max - min):
15           generate (r_0, r_2, v, g_{i,0})
16    for v in range(0, v_i - min):
17           generate (r_1, r_2, v, g_{i,1})
18    return g_{i,0}, g_{i,1}
```

(1) 定义输出(第 1 行):定义了最终要输出的结果为数组形式,分别对应两个同态哈希属性搜索树 t_0 和 t_1 的叶子节点的生成元。

(2) 递归搜索(第 3 行到第 13 行):遍历同态哈希属性搜索树的每一个节点,如果当前节点 root 的 HL(root)或 HR(root)等于属性值 v,则将其与对应的随机种子的值 r.value 相加,随后加入生成元列表;否则继续遍历当前节点的左右子树,直到节点为空或找到目标值为止。

(3) 返回生成元集合(第 14 行到第 18 行):通过两个 for 循环对每一个属性进行上述操作,最终得到生成元集合。

第Ⅰ-2 步(属性授权机构):将根节点和生成元分别传递给跨链节点和用户

使用跨链节点的公钥 PK_{node} 加密 r_0、r_1 和 r_2,得到 d_0、d_1 和 d_2,并将$\{d_0, d_1, d_2\}$发送给跨链节点。使用属性授权机构的签名私钥 SK_{sig} 将 d_0、d_1 和 d_2 分别签名得到 S_0、S_1 和 S_2,将$\{g_{1,0}, g_{2,0}, \cdots, g_{i,0}, g_{1,1}, g_{2,1}, \cdots, g_{i,1}, S_0, S_1, S_2\}$发送给用户。

阶段Ⅱ　验证阶段

第Ⅱ-1 步(跨链节点):要求用户提供验证值证明其属性符合策略要求

服务使用者根据策略信息计算验证值：假设用户的属性是 v，对于策略 attr$\leqslant a$，跨链节点要求用户提供其能够计算的 t_0 的第 $a-\min$ 个叶子节点的值，由于用户根据 t_0 生成元能计算的哈希值对应的最小节点值是 $v-\min$，因此当且仅当跨链节点计算的哈希值对应的节点值 $a-\min=v-\min$ 时，能够确定 v 满足策略；对于策略 attr$\geqslant a$，跨链节点要求用户提供其能够计算的 t_1 的第 $a-\min$ 个叶子节点值，由于用户根据 t_1 生成元能计算的哈希值对应的最大节点值是 $v-\min$，因此当且仅当跨链节点计算的哈希值对应的节点值 $a-\min=v-\min$ 时，能够确定 v 满足策略。

第Ⅱ-2 步（服务使用者）：提供校验值

用户可以根据第Ⅰ-2 步中收到的生成元计算跨链节点需要的验证值。对于属性 $\text{attr}_i=v_i$，它可以从生成元 $g_{i,0}$ 恢复出 t_0 的第 $v_i+r_i-\min$ 到第 $\max-\min$ 个节点，从生成元 $g_{i,1}$ 恢复出 t_1 的第 0 到第 $v_i+r_i-\min$ 个节点，此过程如图 6-8 所示。用户分别从 $g_{i,0}$ 和 $g_{i,1}$ 计算 $v_i+r_i-\min$ 作为 t_0 和 t_1 对应的验证值，并将其发送给跨链节点进行校验。

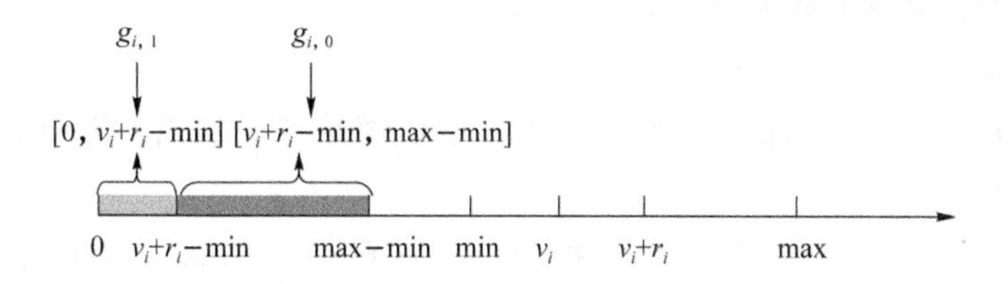

图 6-8　用户根据 $g_{i,0}$ 和 $g_{i,1}$ 能够恢复的 t_0 和 t_1 叶子节点的范围

第Ⅱ-3 步（跨链节点）：校验用户生成的值是否符合要求

跨链节点首先解密属性授权机构的密文得到 r_0、r_1 和 r_2，这样就可以构建起完整的三棵树 t_0、t_1 和 t_2。

(1) 对于策略 $\text{attr}_i\leqslant a$，跨链节点可以先计算出 $n_{x,a-\min}$，再要求用户提供 $n_{x,v-\min}$。用户使用 $g_{i,0}$ 进行计算，如果用户计算正确，则表示 $v-\min+r_i\leqslant a-\min+r_i$，即 $v_i\leqslant a$。

(2) 对于策略 $\text{attr}_i\geqslant a$，跨链节点可以先计算出 $n'_{x,a-\min}$，再要求用户提供 $n'_{x,v-\min}$。用户使用 $g_{i,1}$ 进行计算，如果用户计算正确，则表示 $v_i-\min+r_{a-\min}\geqslant a-\min+r_{a-\min}$，即 $v_i\geqslant a$。

(3) 对于策略 attr$=a$，跨链节点同时执行上述两个操作。

在这个过程中，用户仅提供了其使用生成元 $g_{i,0}$、g_{i+1} 以及哈希函数 HL 和 HR 计算的值，在没有泄漏原始属性值的情况下即可完成验证。

阶段Ⅲ　属性更新阶段

从阶段Ⅱ可以得知，跨链节点根据三个根节点就可以构建出完整的同态哈希属性搜索树，当用户需要证明自己具有某个属性时，只需要提供该属性对应树中的叶子节点值。当需要新增用户属性时，只需要属性授权机构通过算法 6-4 从 t_0 和 t_1 生成新的生成元，原有的生成元可以不变。属性授权机构通过发起一个更新事务为用户新增属性。

$$g'_{i,0}=\{g_{i,0}, \text{generate}(r_0, r_2, v_{\text{new}}, g_{i,0})\} \tag{6-14}$$

$$g'_{i,1}=\{g_{i,1}, \text{generate}(r_1, r_2, v_{\text{new}}, g_{i,1})\} \tag{6-15}$$

$$\text{Tx}_{\text{add\_attr}}=(\text{user}_{\text{id}}, g'_{i,0}, g'_{i,1}) \tag{6-16}$$

阶段Ⅳ　属性撤销阶段

由于 t_0 和 t_1 中的节点生成元可能涉及很多其他的属性，因此对其进行撤销的代价较大，但是根据同态哈希函数的性质，可以只撤销用于生成随机种子的 t_2 中的节点值。属性授权机构通过发起一个撤销事务对用户的属性 attr_i 进行撤销。

$$\text{Tx}_{\text{revoke}}=(\text{user}_{\text{id}}, \text{Epk}_{\text{service}}(r_{\text{revoke}})) \tag{6-17}$$

当跨链节点需要验证时，在原来计算 attr_i 时，使用新的 r_{revoke} 即可。

2）正确性和隐私性分析

本方案的正确性和隐私性分析如下。

(1) 正确性分析

定理 6-1　一个用户拥有的生成元能够生成满足某条规则的验证值，当且仅当其属性满足此规则。

证明：假设一个用户具有一个属性 $\text{attr}=v$，$v\in[\min, \max]$，假设存在一个属性值 $v'\geqslant v$，存在一条规则 $\text{rule}=\text{attr}>v'$，如果该用户想要证明自己满足 rule，那么他需要从 $g_{i,1}$ 生成 $n'_{x,v-\min}$，由于用户的属性是 v，因此他能恢复的验证值对应 t_1 中的范围是 $\text{range}_1=[0, v+r_i-\min]$，跨链节点验证的正确值是 $v'+r_i-\min$，显然该用户无法通过验证。

定理 6-2　一个特定属性的生成元只能生成被该属性验证器所接受的验证值，无法冒充其他属性的生成元。

证明：对于属性 $\text{attr}=v$，假设它的验证值生成元是 g，存在一条规则 $\text{rule}=\text{attr}>v$，要求用户提供的验证值为 $h_{v-\min}$，由于计算生成元时在算法 6-4 的第 8 行加入了与属性相关的随机值 $r.\text{value}$，因此计算出的 g 并不是 $n_{x,v-\min}$ 的父节点，而由于哈希函数的不可逆性，用户在不知道 $r.\text{value}$ 的前提下无法生成出正确的生成元，因此无法通过验证。

(2) 隐私性分析

定理 6-3　对于任何一个生成元生成的值，验证器只能验证其所有者的属性值是否满足条件，而无法从中获取属性的具体值。

证明：假设用户拥有一个属性 $\text{attr}=v$，$v\in[\min,x)$，存在一条规则 $\text{rule}=\text{attr}<x$，属性授权机构颁发给用户的生成元 $g_{i,0}$ 能够恢复出的值的范围是 $[v+r_i-\min, \max-\min]$，跨链节点验证的正确值是 $x+r_i-\min$，由于 $v\in[\min,x)$，因此用户能

够通过验证,但是跨链节点仅知道用户的 v 是一个比 x 小的值,并不能得到 v 的准确值。

6.4 支持多监管者的访问控制

本节针对联盟链中多组织交易的隐私保护和监管需求,对 Gür 等人[7]基于 R-LWE的 CP-ABE 进行改进,提出一种面向联盟链多组织交易的可控隐私保护和多监管者分级监管方案——可更新策略的 CP-ABE 访问控制方案,实现了交易数据在组织内的可控隐私保护。该方案将 CP-ABE 与智能合约相结合,实现了交易数据在组织间的可信共享和多监管者分级监管。该方案设计了双层权限管理方案,系统权威中心为组织管理员分配属性,属性在系统中公开存储,组织管理员作为组织中独立的权威中心为组织成员分配属性,组织内的属性在组织间相互独立,减少了 CP-ABE 加密算法所需的时间,提高了系统的运行效率。

6.4.1 系统模型

1. 系统组成

可更新策略的 CP-ABE 方案的系统模型主要由 4 个实体组成:联盟链网络、智能合约、用户应用程序(User Application,UApp)和组织,如图 6-9 所示。

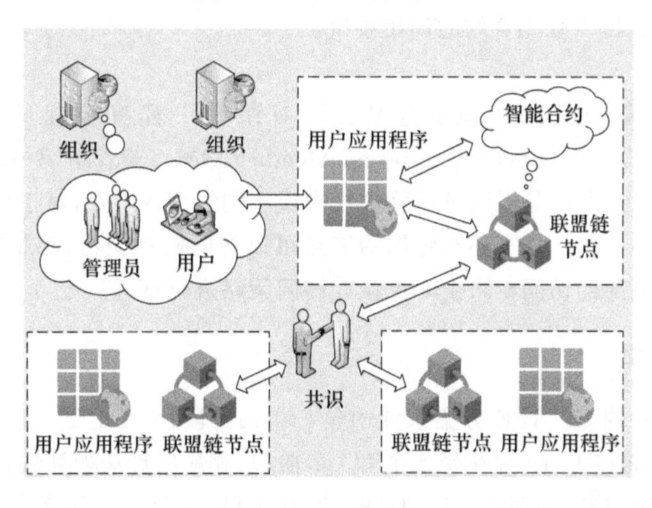

图 6-9 系统架构

1) 联盟链网络

联盟链网络使用联盟链保证隐私交易的可信存储，并结合可更新策略的CP-ABE实现隐私交易的访问控制和监管。可更新策略的CP-ABE方案由以下定义的5种算法组成。

(1) Setup$(l,1^{\lambda})\rightarrow(MPK,MSK)$：初始化算法。该算法输入属性个数$l$和安全参数$\lambda$，输出主公钥MPK和主私钥MSK。

(2) KeyGen$(MPK,MSK,l,Y)\rightarrow SK$：密钥生成算法。该算法输入主公钥MPK、主私钥MSK、属性个数l和用户属性集Y，输出私钥SK。

(3) Encrypt$(MPK,W,\mu)\rightarrow(C,s)$：加密算法。该算法输入主公钥MPK、访问策略$W$和消息$\mu$，输出密文$C$和随机数$s$。

(4) Decrypt$(MPK,C,Y,SK)\rightarrow(\mu/\perp)$：解密算法。该算法输入主公钥MPK、密文$C$、用户属性集$Y$和用户私钥SK，如果$Y$满足$C$中包含的访问策略，则返回解密消息$\mu$，否则返回符号$\perp$。

(5) UpdateCT$(MPK,\hat{W},C,s)\rightarrow\hat{C}$：策略更新算法。该算法输入主公钥MPK、更新的访问策略$\hat{W}$、原始密文C和加密随机数s，输出更新后的密文$\hat{C}$。

2) 智能合约

智能合约是运行在联盟链节点上的去中心化应用，由用户事务进行调用，以保证每个节点得到一致的结果。

3) 用户应用程序

UApp运行在组织节点，为组织成员提供一个良好的联盟链访问接口，并且联盟链系统为UApp提供智能合约的调用接口。

4) 组织

组织分为普通组织和监管组织。所有组织中都有管理员(Organization Administrator，OA)和成员(Organization Member，OM)，监管组织中的用户又称监管者。交易参与方可以是联盟链网络中相同或不同组织的节点，对于任何交易，监管组织都被视为参与方。只有参与组织的节点可以访问隐私交易，隐私交易在每个参与组织的节点内部的访问权限由OA设计访问策略进行管理。

2. 系统流程

可更新策略的CP-ABE方案系统中包含初始阶段、交易上链、组织间共享、组织内共享、交易查询和访问策略更新6个UApp阶段，相应的算法如算法6-5～算法6-10所示，其中隐私保护方法使用AES算法。交易上链、交易共享和交易查询是系统的核心部分。交易共享可以分为组织间共享和组织内共享。系统核心部分流程如图6-10所示。

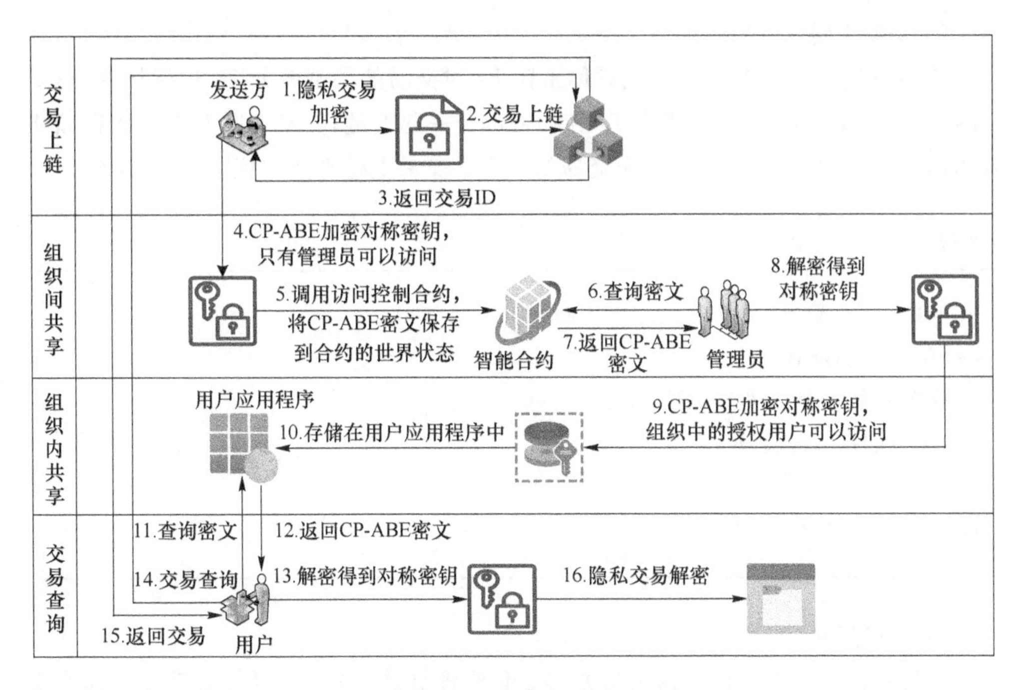

图 6-10 系统核心部分流程

1）初始阶段

调用可更新策略的 CP-ABE 方案中的 Setup 算法，生成系统的主公钥 MPK_{sys} 和主私钥 MSK_{sys}，其中，MPK_{sys} 公开存储，所有节点都可以访问；MSK_{sys} 秘密存储，只有 OA 登记时可以从系统调用，并且该过程对所有节点不可见。OA 登记时，使用主公、私钥 MPK_{sys}、MSK_{sys} 和 OA 属性调用 CP-ABE 的 KeyGen 算法，生成 OA 的私钥 SK_{OA}，并且调用 CP-ABE 的 Setup 算法，生成该组织的主公钥 MPK_{org} 和主私钥 MSK_{org}，其中 MPK_{org} 对 OM 公开，MSK_{org} 只对 OA 可用。OM 注册时，OA 调用 CP-ABE 的 KeyGen 算法，根据组织分配的属性，生成 OM 的私钥 SK_{OM}。初始化算法如算法 6-5 所示。

算法 6-5 初始化

// 系统初始化

$MPK_{sys}, MSK_{sys} \leftarrow cpabeSetup(l_{sys}, 1^{\lambda})$

// OA 登记

$SK_{OA} \leftarrow cpabeKeyGen(MPK_{sys}, MSK_{sys}, l_{sys}, Y_{OA})$

$MPK_{org}, MSK_{org} \leftarrow cpabeSetup(l_2, 1^{\lambda})$

// OM 注册

$SK_{OM} \leftarrow cpabeKeyGen(MPK_{org}, MSK_{org}, l_{org}, Y_{OM})$

2）交易上链

交易发送方在 UApp 中生成对称密钥 K，对交易的秘密部分 T_s 进行加密，得到 CT_{Ts}。然后，将交易的公开部分 T_P 和加密部分一起上链，交易在联盟链上的存储格式为（ID_T，T_P，CT_{Ts}），其中 ID_T 为交易的索引。交易上链算法如算法 6-6 所示。

算法 6-6 交易上链

```
// 生成 AES 密钥
K←AESKeyGen()
// 对交易秘密部分进行 AES 加密
CT_Ts←AESEncrypt(K,T_s)
// 交易上链
ID_T←submitTx(T_p,CT_Ts)
```

3）组织间共享

交易发送方 OA 根据交易参与方 OA 和监管组织 OA 的属性设置系统访问策略 W_{sys}，使用 MPK_{sys} 和 W_{sys} 调用 CP-ABE 的 Encrypt 算法对对称密钥 K 进行加密，得到密文 CT_{sys}，只有参与方 OA 和监管组织 OA 可以解密 CT_{sys} 获得 K。由于该访问策略无需修改，因此可以调用访问控制合约将 ID_T 和 CT_{sys} 存储在访问控制合约的世界状态中。组织间共享算法如算法 6-7 所示。

算法 6-7 组织间共享

```
// 对 AES 密钥进行 CP-ABE 加密
CT_sys←cpabeEncrypt(MPK_sys,W_sys,K)
// 将 ID_T、CT_OA 存储在 accessControl 合约的世界状态中
submitTx(accessControl,appendEncrypt,ID_T,CT_sys)
// 根据 ID_T 从 accessControl 合约的世界状态中获取 CT_sys
CT_sys←submitTx(accessControl,queryEncrypt,ID_T)
// 解密 CT_sys 得到 K
K←cpabeDecrypt(MPK_sys,CT_sys,Y_OA,SK_OA)
```

4）组织内共享

交易参与方 OA 和监管组织 OA 分别调用访问控制合约查询对应 ID_T 的 CP-ABE 密文 CT_{sys}，然后使用 MPK_{sys} 和 SK_{OA} 调用 CP-ABE 的 Decrypt 算法解密

CT_{sys},得到对称密钥 K。OA 使用 MPK_{org} 和组织访问策略 W_{org} 调用 CP-ABE 的 Encrypt 算法对 K 进行加密,得到密文 CT_{org};然后将 ID_T 和 CT_{org} 存放在组织节点的 UApp 中。组织内共享算法如算法 6-8 所示。

算法 6-8 组织内共享

```
// 对 K 进行 CP-ABE 加密得到 CT_OM
CT_org ← cpabeEncrypt(MPK_org, W_org, K)
// 将 CT_org 存储在组织节点的 UApp 中
storeEncrypt(ID_T, CT_org)
```

5) 交易查询

OM 使用 ID_T 查询联盟链获得交易内容,并使用 ID_T 查询组织节点的 UApp,得到 CT_{org}。调用 CP-ABE 的 Decrypt 算法使用 SK_{OM} 对 CT_{org} 进行解密。如果解密成功,则可以得到 CT_{T_s},使用对称密钥 K 对 CT_{T_s} 进行解密得到交易的秘密部分 T_s,返回格式为(T_P,T_s);否则,返回失败。交易查询算法如算法 6-9 所示。

算法 6-9 交易查询

```
// OM 请求 CT_org
CT_org ← queryEncrypt(ID_T)
// OM 对 CT_org 进行解密得到 K
K ← cpabeDecrypt(MPK_org, CT_org, Y_OM, SK_OM)
// OM 根据交易 ID 查询交易内容
T_P, CT_Ts ← getTx(ID_T)
// 解密 CT_Ts 得到交易的秘密部分 T_s
T_s ← AESDecrypt(K, CT_Ts)
// 返回完整的交易内容
return(T_P, T_s)
```

6) 访问策略更新

当需要更新隐私交易的访问策略时,OA 在 UApp 中查询 ID_T 对应的密文 CT_{org}。调用 CP-ABE 的 UpdateCT 算法,使用新的访问策略 $\hat{W}_{org}$ 更新密文,得到新的密文 CT'_{org},并替换 UApp 中的原始密文。访问策略更新算法如算法 6-10 所示。

算法 6-10 访问策略更新

```
// OA 查询交易 ID 对应的 CT_org
CT_org ← queryEncrypt(ID_T)
// OA 更新密文的访问策略
CT'_org ← cpabeUpdateCT(MPK_org, Ŵ_org, CT_OM)
// OA 更新交易 ID 对应的密文
updateEncrypt(ID_T, CT'_org)
```

3. 安全性分析

本节分别从交易的可控可监管隐私保护、可信共享和细粒度访问控制三方面进行分析。

1）交易的可控可监管隐私保护

本节中的联盟链系统不依赖特定的隐私保护方法，使用属性基加密对隐私保护陷门进行访问控制，系统可以根据需要使用不同的隐私保护方法。为实现对隐私交易的保护，在组织内部使用可更新的访问控制将隐私保护陷门共享给授权 OM，方便 OA 更新访问策略。由于交易参与组织不会发生改变，交易发送方 OA 在组织间使用不可更新的访问控制将隐私保护陷门共享给交易参与组织和监管组织的 OA。组织中的属性对组织外不可见，并且组织内的 OM 无法解密组织外的密文，因此不同组织的 OM 之间无法共享数据。由于每次对隐私交易进行保护使用的陷门不同，非授权 OM 无法获得隐私交易的内容，因此实现了对交易的可控隐私保护。监管组织可以被视为所有交易的参与组织，可以自由设置针对不同组织、不同业务的监管策略，实现了多监管者的分级监管。

2）可信共享

在本节提出的联盟链系统中，每个组织节点部署一个 CP-ABE 应用，防止性能瓶颈和单点故障。可更新的访问控制将 CP-ABE 密文存储在 UApp 中，只有 OA 可以更新密文。不可更新的访问控制将密文存储在访问控制智能合约中，对密文的所有操作都被记录在联盟链上，只能追加而无法篡改，实现了可信共享。

3）细粒度访问控制

本节提出的可更新策略的 CP-ABE 方案使用正、负和无关属性表示访问策略。如果该属性是必要的，则设置为正属性；如果该属性是不应出现的，则设置为负属性；如果该属性可有可无，则设置为无关属性。例如，可以将系统的属性个数设置为系统所能容纳的组织个数，将 OA 的属性设置为组织的索引；当组织间进行共享时，可以将非参与方组织的索引设置为负属性，其他属性设置为无关属性。因此，该方案可以实现细粒度的访问控制。

6.4.2 支持多组织和分层监管的访问控制

6.4.1 节介绍了可更新策略的 CP-ABE 方案，该方案是对 Gür 等人[7]提出的基于 R-LWE 的 CP-ABE 方案的改进，增加了策略更新算法。本节介绍联盟链组织交易可控可监管隐私保护方案的具体流程。

1. 可更新策略的 CP-ABE 方案

(1) $\text{Setup}(l,1^{\lambda})\rightarrow(\text{MPK},\text{MSK})$：输入属性个数 l、安全参数 λ，执行以下操作。

① 计算 $(\boldsymbol{A},\boldsymbol{T}_A)\leftarrow\text{TrapGen}(1^{\lambda})$，$\beta\leftarrow_U R_q$。

② 令 $X=\{x_1,\cdots,x_l\}$ 为属性集。对于每个属性 $x_i\in X$，均匀随机采样 $(\boldsymbol{B}_i^+,\boldsymbol{B}_i^-)$，其中 $\boldsymbol{B}_i^+,\boldsymbol{B}_i^-\leftarrow_U R_q^{1\times m}$。

③ 返回主公钥 $\text{MPK}=\{\boldsymbol{A},\{\boldsymbol{B}_i^+,\boldsymbol{B}_i^-\}_{i\in[l]},\beta\}$ 和主密钥 $\text{MSK}=\boldsymbol{T}_A$。

(2) $\text{KeyGen}(\text{MPK},\text{MSK},l,Y)\rightarrow\text{SK}$：输入权威中心的主公钥 MPK、主私钥 MSK、属性个数 l 和用户属性集 Y，执行以下操作。

① 对于每个 $x_i\in X=\{x_1,\cdots,x_l\}$，采样 $\boldsymbol{w}_i\leftarrow D_{R_q^m,\sigma_s}\in R_q^m$，如果 $x_i\in Y$，令 $\eta_i=\boldsymbol{B}_i^+\boldsymbol{w}_i$，否则令 $\eta_i=\boldsymbol{B}_i^-\boldsymbol{w}_i$。计算 $\eta=\beta-\sum_{i=1}^{l}\eta_i\in R_q$。

② 计算 $\boldsymbol{w}_A\leftarrow\text{SampPre}(\boldsymbol{A},\boldsymbol{T}_A,\eta,\sigma,\sigma_s)\in R_q^m$。

③ 令 $\boldsymbol{w}_Y=(\boldsymbol{w}_A,\boldsymbol{w}_1,\cdots,\boldsymbol{w}_l)\in R_q^{m\times(l+1)}$，输出 $\text{SK}=\boldsymbol{w}_Y$。

(3) $\text{Encrypt}(\text{MPK},W,\mu)\rightarrow C,s$：输入 MPK、访问结构 $W=(W^+\cup W^-)$（由加密者定义）和消息 $\mu=\{\mu_0,\mu_1,\cdots,\mu_{n-1}\}\in\{0,1\}^n$（表示为多项式 $\mu(x)=\mu_0+\mu_1x+\cdots+\mu_{n-1}x^{n-1}\in R_q$），执行以下操作。

① 选择随机数 $s\leftarrow_U R_q$ 和 $e\leftarrow D_{R,\sigma}$，然后计算 $c_1=\beta s+e+\mu\left\lfloor\frac{q}{2}\right\rfloor$。

② 采样 $\boldsymbol{e}_A\leftarrow D_{R_q^m,\sigma}$，然后计算 $\boldsymbol{c}_A=\boldsymbol{A}^{\mathrm{T}}s+\boldsymbol{e}_A\in R_q^m$。

③ 对于每个属性 $x_i\in X=\{x_1,\cdots,x_l\}$，进行如下判断和操作：

a. 对于 $x_i\in W^+$，采样 $\boldsymbol{e}_i\leftarrow D_{R_q^m,\sigma}$，计算 $\boldsymbol{c}_i=(\boldsymbol{B}_i^+)^{\mathrm{T}}s+\boldsymbol{e}_i\in R_q^m$。

b. 对于 $x_i\in W^-$，采样 $e_i\leftarrow D_{R_q^m,\sigma}$，计算 $\boldsymbol{c}_i=(\boldsymbol{B}_i^-)^{\mathrm{T}}s+\boldsymbol{e}_i\in R_q^m$。

c. 对于 $x_i\notin W$，采样 $\boldsymbol{e}_i^+,\boldsymbol{e}_i^-\leftarrow D_{R_q^m,\sigma}$，计算 $c_i^+=(\boldsymbol{B}_i^+)^{\mathrm{T}}s+\boldsymbol{e}_i^+\in R_q^m$，$c_i^-=(\boldsymbol{B}_i^-)^{\mathrm{T}}s+\boldsymbol{e}_i^-\in R_q^m$。

d. 输出 $(C=(W,\boldsymbol{c}_A,\{\boldsymbol{c}_i\}_{x_i\in W},\{\boldsymbol{c}_i^+,\boldsymbol{c}_i^-\}_{x_i\in X\backslash W},c_1),s)$。

(4) $\text{Decrypt}(\text{MPK},C,Y,\text{SK})\rightarrow(\mu/\bot)$：输入 MPK、密文 C、用户属性集 Y 和私钥 SK，执行以下操作。

① 如果不满足 $Y\cap W^+=W^+$ 和 $Y\cap W^-=\varnothing$，则输出 $\bot$。

② 计算 $a_0=(\boldsymbol{c}_A)^{\mathrm{T}}\boldsymbol{w}_A$。

③ 对于每个属性 $x_i\in X=\{x_1,\cdots,x_l\}$，计算 $a_i\in R_q$：

a. 对于每个 $x_i\in W$，计算 $a_i=(\boldsymbol{c}_i)^{\mathrm{T}}\boldsymbol{w}_i$。

b. 对于其他 $x_i\in Y$，计算 $a_i=(\boldsymbol{c}_i^{+})^{\mathrm{T}}\boldsymbol{w}_i$。

c. 对于 $x_i\in X\backslash(W\cup Y)$，计算 $a_i=(\boldsymbol{c}_i^{-})^{\mathrm{T}}\boldsymbol{w}_i$，然后计算 $a=a_0+\sum_{i=1}^{l}a_i\in R_q$。

d. 计算 $\mu'=\mu_0+\mu_1x+\cdots+\mu_{n-1}x_{n-1}=c_1-a$。

e. 对于每个 $i\in[0,n-1]$，如果 $|\mu_i|<q/4$，则输出 $\mu_i=0$，否则输出 $\mu_i=1$。

(5) UpdateCT$(\mathrm{MPK},\hat{W},C,s)\rightarrow\hat{C}$：输入主公钥 MPK、新的访问策略 $\hat{W}=(\hat{W}^{+}\cup\hat{W}^{-})$、原始密文 C 和加密随机数 s，执行以下操作：

① 对于每个属性 $x_i\in X$，进行以下判断和操作：

a. 对于 $x_i\in\hat{W}^{+}$，采样 $\boldsymbol{e}_i\leftarrow D_{R_q^m,\sigma}$，计算 $\boldsymbol{c}_i=(\boldsymbol{B}_i^{+})^{\mathrm{T}}s+\boldsymbol{e}_i\in R_q^m$。

b. 对于 $x_i\in\hat{W}^{-}$，采样 $\boldsymbol{e}_i\leftarrow D_{R_q^m,\sigma}$，计算 $\boldsymbol{c}_i=(\boldsymbol{B}_i^{-})^{\mathrm{T}}s+\boldsymbol{e}_i\in R_q^m$。

c. 对于 $x_i\notin\hat{W}$，采样 $\boldsymbol{e}_i^{+},\boldsymbol{e}_i^{-}\leftarrow D_{R_q^m,\sigma}$，计算 $\boldsymbol{c}_i^{+}=(\boldsymbol{B}_i^{+})^{\mathrm{T}}s+\boldsymbol{e}_i^{+}\in R_q^m$，$\boldsymbol{c}_i^{-}=(\boldsymbol{B}_i^{-})^{\mathrm{T}}s+\boldsymbol{e}_i^{-}\in R_q^m$。

② 更新密文 $C=(\hat{W},\boldsymbol{c}_A,\{\boldsymbol{c}_i\}_{x_i\in\hat{W}},\{\boldsymbol{c}_i^{+},\boldsymbol{c}_i^{-}\}_{x_i\in X\backslash\hat{W}},c_1)$。

2. 正确性分析

若用户持有的属性集 Y 满足访问策略，即 $Y\cap W^{+}=W^{+}$ 和 $Y\cap W^{-}=\varnothing$。设 $\widetilde{B}_i\in\{B_i^{+},B_i^{-}\}$，则有

$$
\begin{aligned}
a &= \boldsymbol{w}_A^{\mathrm{T}}(A^{\mathrm{T}}s)+\boldsymbol{w}_A^{\mathrm{T}}\boldsymbol{e}_A+\sum_{i\in[l]}\boldsymbol{w}_i^{\mathrm{T}}(\widetilde{\boldsymbol{B}}_i^{\mathrm{T}}s)+\sum_{j\in[l]}\boldsymbol{w}_j^{\mathrm{T}}\boldsymbol{e}_j \\
&= (\boldsymbol{A}\boldsymbol{w}_A)^{\mathrm{T}}s+\boldsymbol{w}_A^{\mathrm{T}}\boldsymbol{e}_A+\sum_{i\in[l]}((\widetilde{\boldsymbol{B}}_i\boldsymbol{w}_i)^{\mathrm{T}}s)+\sum_{j\in[l]}\boldsymbol{w}_j^{\mathrm{T}}\boldsymbol{e}_j \\
&= \beta s+\boldsymbol{w}_A^{\mathrm{T}}\boldsymbol{e}_A+\sum_{i\in[l]}\boldsymbol{w}_i^{\mathrm{T}}\boldsymbol{e}_i
\end{aligned}
\tag{6-18}
$$

容易得到明文：

$$
\mu'=c_1-\left(\beta s+\boldsymbol{w}_A^{\mathrm{T}}\boldsymbol{e}_A+\sum_{i\in[l]}\boldsymbol{w}_i^{\mathrm{T}}\boldsymbol{e}_i\right)\approx\mu\left\lceil\frac{q}{2}\right\rceil \tag{6-19}
$$

为了正确解密，需要约束误差项的上限：

$$
|e-(\beta s+\boldsymbol{w}_A^{\mathrm{T}}\boldsymbol{e}_A+\boldsymbol{w}_1^{\mathrm{T}}\boldsymbol{e}_1+\cdots+\boldsymbol{w}_l^{\mathrm{T}}\boldsymbol{e}_l|<q/4
$$

根据文献[7]中对安全约束和参数选择的讨论，解密算法正确输出明文 μ 的概率由原像采样算法生成的私钥范数和加密中的错误项决定。假设高斯参数 $\sigma_s\geqslant C\cdot(b+1)\cdot\sigma^2\cdot\sqrt{nk}+\sqrt{2n}+d$，其中 C 是一个常数，根据文献[8]，本节方案取 $C=1.3$，$d=4.7$。设 $|\boldsymbol{e}_A,\boldsymbol{e}_1,\cdots,\boldsymbol{e}_l|$ 和 $|\boldsymbol{w}_A,\boldsymbol{w}_1,\cdots,\boldsymbol{w}_l|$ 的上界分别是 e 和 w，根据中心极限定

理，我们将噪声因子 $|w_A^T e_A + w_1^T e_1 + \cdots + w_l^T e_l|$ 的上限估计为 $\Delta = \Delta_e \Delta_w \sqrt{nm(l+1)}$，其中 Δ_e 和 Δ_w 分别是 e 和 w 的上限，根据文献[7]设 $e = 8\sigma, w = 8\sigma_s$。因此，正确性约束总结为

$$q \geqslant 256\sigma\sigma_s \sqrt{nm(l+1)} \tag{6-20}$$

上式表明正确性约束受属性数量的影响，当属性数量增加时必须增大模数。

3. 安全性分析

在决策 R-LWE 假设成立的情况下，具有适当参数 (n, m, q, σ) 的 CP-ABE 方案是 IND-sCPA 安全的。具体来说，如果有一个概率多项式时间敌手 $\mathcal{A}$ 以不可忽略的优势 $\varepsilon > 0$ 赢得 IND-sCPA 博弈，则存在一个敌手 $\mathcal{B}$ 可以以概率 $\varepsilon/2$ 解决 R-LWE 问题。有一个预言机 $\mathcal{O}$ 为 R-LWE 求解器 $\mathcal{B}$ 输出伪随机或均匀随机样本。$\mathcal{B}$ 面临挑战，通过与 $\mathcal{A}$ 玩以下游戏来区分从 $\mathcal{O}$ 获得的样本。

初始化： 攻击者 $\mathcal{A}$ 声明一个质询访问结构 $W^* = W^+ \cup W^-$，并将其发送给 $\mathcal{B}$。

设置： 在接收到访问结构 W^* 后，$\mathcal{B}$ 与预言机 $\mathcal{O}$ 进行如下交互（$\mathcal{O}$ 选择伪随机或均匀随机样本回复 $\mathcal{B}$ 的密钥查询）：

① $\mathcal{B}$ 从 $\mathcal{O}$ 得到 $(\boldsymbol{A}, \boldsymbol{V}_A) \in R_q^{1\times m} \times R_q^m$ 和 $u, v \in R_q$。

② 若属性 $x_i \in X \backslash W^*$，则 $\mathcal{B}$ 从 $\mathcal{O}$ 得到 $(\boldsymbol{B}_i^+, \boldsymbol{V}_i^+)$，其中 $(\boldsymbol{B}_i^-, \boldsymbol{V}_i^-) \in R_q^{1\times m} \times R_q^m$；若属性 $x_i \in W^+$，则 $\mathcal{B}$ 从 $\mathcal{O}$ 得到 $(\boldsymbol{B}_i^+, \boldsymbol{V}_i^+) \in R_q^{1\times m} \times R_q^m$，并计算 $(\boldsymbol{B}_i^-, \boldsymbol{T}_{B_i}^-) \leftarrow \text{TrapGen}(1^\lambda)$；若属性 $x_i \in W^-$，则 $\mathcal{B}$ 从 $\mathcal{O}$ 中得到 $(\boldsymbol{B}_i^-, \boldsymbol{V}_i^-) \in R_q^{1\times m} \times R_q^m$，并计算 $(\boldsymbol{B}_i^+, \boldsymbol{T}_{B_i}^+) \leftarrow \text{TrapGen}(1^\lambda)$。

③ $\mathcal{B}$ 将公钥 $\text{APK} = \{\boldsymbol{A}, \{\boldsymbol{B}_i^+, \boldsymbol{B}_i^-\}_{i\in[l]}, u\}$ 发送给 $\mathcal{A}$，二者进行以下 2 个阶段的互动。

阶段 1： $\mathcal{A}$ 重复发送任意属性集 S 用于密钥生成查询，其中 S 不能满足挑战访问结构 W^*。然后，$\mathcal{B}$ 执行以下过程。

对于任何属性 $x_i \in X$，如果 $x_i \in S$，令 $\widetilde{\boldsymbol{B}}_i = \boldsymbol{B}_i^+$，否则 $\widetilde{\boldsymbol{B}}_i = \boldsymbol{B}_i^-$。由于 $S \cap W^+ \neq W^+$ 或 $S \cap W^- \neq \varnothing$，这意味着至少有一个对应于属性 $x_j \in X$ 的 $\widetilde{B}_j$ 是由陷门生成算法 TrapGen 生成的，并且 $\mathcal{B}$ 拥有它的陷门 $\widetilde{T}_{B_j}$，因此能够模拟挑战者和 $\mathcal{A}$ 之间的博弈。$\mathcal{B}$ 计算 $\boldsymbol{w}_i \leftarrow D_{R_q^m, \sigma_s}, i \in [l] \backslash j$，计算 $\boldsymbol{w}_j \leftarrow \text{SampPre}(\widetilde{\boldsymbol{B}}_j, \boldsymbol{T}_{\widetilde{B}_j}, \delta, \sigma, \sigma_s)$，其中 $\delta = u - \sum_{i=1}^{l} \widetilde{\boldsymbol{B}}_i \boldsymbol{w}_i$。最后，$\mathcal{B}$ 将私钥 $w_s \leftarrow (\boldsymbol{w}_A, \boldsymbol{w}_1, \cdots, \boldsymbol{w}_l)$ 返回 $\mathcal{A}$。此时有 $(\boldsymbol{A}, \widetilde{\boldsymbol{B}}_1, \cdots, \widetilde{\boldsymbol{B}}_l)\boldsymbol{w}_s^T = u$。

挑战： $\mathcal{B}$ 从 $\mathcal{A}$ 提交的 $\mu_0, \mu_1 \in R_q$ 中选择随机消息 $\mu_\beta (\beta \in \{0, 1\})$，并计算 $c_0 = v + \mu_\beta \left\lceil \frac{q}{2} \right\rceil$，$\boldsymbol{c}_A = \boldsymbol{V}_A$。对于每个 $x_i \in W^+$，令 $\boldsymbol{c}_i = \boldsymbol{V}_i^+$，对于每个 $x_i \in W^-$，令 $\boldsymbol{c}_i = \boldsymbol{V}_i^-$。然后，对于每个 $x_i \in X \backslash W^*$，$\mathcal{B}$ 令 $\boldsymbol{c}_i^+ = \boldsymbol{V}_i^+, \boldsymbol{c}_i^- = \boldsymbol{V}_i^-$。最后，$\mathcal{B}$ 返回 $\text{CT}^* = (W^*, \boldsymbol{c}_A, \{\boldsymbol{c}_i\}_{x_i \in W^*}, \{\boldsymbol{c}_i^+, \boldsymbol{c}_i^-\}_{x_i \in X\backslash W^*}, c_1)$ 给 $\mathcal{A}$。

阶段 2： $\mathcal{A}$ 像在阶段 1 中一样重复进行密钥生成查询。

猜测：$\mathcal{A}$输出对 β 的猜测 β'。如果 $\beta'=\beta$，则$\mathcal{O}$对 R-LWE 实例进行（伪随机）采样；否则，$\mathcal{O}$是真正的随机采样器。

本节证明，如果$\mathcal{O}$是一个 R-LWE 采样器，则 CT^* 是一个有效的挑战密文，并且它的分布在统计上接近于$\mathcal{B}$和$\mathcal{A}$在真实游戏中的分布，因此$\mathcal{A}$做出正确猜测的优势是 ε。相反，如果$\mathcal{O}$对真正随机的实例进行采样，则 CT^* 是均匀分布的，因此可以肯定$\mathcal{B}$可以以 1/2 的概率做出正确的猜测。上述讨论证明了方案的正确性，很明显，$\mathcal{B}$在 R-LWE 安全博弈中的优势可以表示为 $\varepsilon/2$。

本章参考文献

[1] 谢绒娜，李晖，史国振，等. 基于区块链的可溯源访问控制机制. 通信学报，2020，41(12)：82-93.

[2] 张杰，许珊珊，袁凌云. 基于区块链与边缘计算的物联网访问控制模型. 计算机应用，2022，42(7)：2104-2111.

[3] 叶进，庞承杰，李晓欢，等. 基于区块链的供应链数据分级访问控制机制. 电子科技大学学报，2022，51(3)：408-415.

[4] MAESA D D F，MORI P，RICCI L. A blockchain based approach for the definition of auditable access control systems[J]. Computers & Security，2019，84：93-119.

[5] LI J，YU Q，ZHANG Y，et al. Key-policy attribute-based encryption against continual auxiliary input leakage[J]. Information Sciences，2019，470：175-188.

[6] XU Y，ZENG Q，WANG G，et al. An efficient privacy-enhanced attribute-based access control mechanism[J]. Concurrency and Computation：Practice and Experience，2020，32(5)：e5556.

[7] GÜR K D，POLYAKOV Y，ROHLOFF K，et al. Practical Applications of Improved Gaussian Sampling for Trapdoor Lattices[J]. IEEE Transactions on Computers，2019，68(4)：570-584.

[8] MICCIANCIO D，PEIKERT C. Trapdoors for Lattices：Simpler，Tighter，Faster，Smaller[C]//Advances in Cryptology-EUROCRYPT 2012. Berlin，Heidelberg：Springer，2012：700-718.

第7章 联盟链中存储数据安全查询

联盟链以其开放性、灵活性、不可篡改、去中心化的特性吸引各联盟成员将其交易数据存储到链中。当联盟成员想要查找之前的历史数据，或者联盟成员中存在欺诈行为需要对欺诈方进行追责时，如何能快速且准确地定位到目标数据呢？数据查询作为现代信息检索技术的重要手段，能够快速地从海量数据中筛查到目标数据。

本章共分为3个小节，其中，7.1节介绍联盟链上数据安全查询的发展历程及安全性需求。7.2节根据不同查询需求分别设计两类安全关键词检索方案：基于扩展MRSE的安全多关键词可排序检索方案——FPMRSE方案和基于联盟链的可扩展的安全模糊关键词可排序检索方案——SFRSE方案。7.3节介绍两个应用场景下的安全范围查询方案研究成果：①针对地理信息数据的安全线状区域搜索，提出索引加密的安全线状区域搜索方案——LRSEI方案；②针对物联网通信数据的安全范围检索，提出基于联盟链技术的通信数据管理模型ICDM-BC，并针对该模型中的联盟链结构加密数据，设计了基于联盟链数据库加密通信日志的安全范围查询方案。

7.1 链上存储数据查询应用

联盟链数据库在确保数据的可靠性方面具备很多优势，如抗篡改、去中心化、分布式存储等。正因如此，它也在存储、检索、访问等方面与传统关系型数据库有着细微的差别。目前，在存储于区块链中的密文数据上执行检索并实现数据共享的研究尚处于起步阶段，但是已有很多相关的开创性工作。本节简要介绍了链上数据安全查询的发展历程和相应的安全性需求。

7.1.1 链上数据安全查询的发展历程

从2000年Song等人[1]首次提出安全查询的概念至今，安全查询已有20多年的研究历史。链上数据安全查询主要包括针对加密无结构文本数据的基于关键词的安全查询和针对加密结构化数据库的基于范围的安全查询。对于无结构文本数据，通常对文本数据提取出可以概括数据内容的多个关键词，将其作为该文本数据的索引。基于关键词的安全查询以关键词为输入，搜索结果是包含该查询关键词或包含与该查询关键词语义相似的关键词的文件。对结构化数据库的查询，由 Hacigumus 等人[2]在 2002 年提出的"数据库即服务"(Database as a Service)的概念演化而来，通常使用标准的 SQL 语句进行查询。基于范围的安全查询以一条线段、一个区间或一个几何图形为输入，搜索结果是查询范围内的加密数据点。

1. 链上安全关键词查询

基于关键词的安全查询的发展历程从最开始的支持单关键词查询发展为支持多关键词查询，搜索结果从最初的无差别排列发展为按相关度可排序，查询功能也从最初的只支持精确查询丰富为支持模糊查询、语义查询等。2017 年，Do 等人[3]以第三方服务提供商作为区块链网络中的不同节点，存储加密的外包数据，且在加密区块链数据库上实现了隐私保护的关键词检索。随后，Zhang 等人[4]提出一种基于区块链的安全 PHI 共享方案以改善电子卫生系统的诊断，该方案构建了私有链和联盟链，其中私有链负责存储 PHI，而联盟链负责存储 PHI 的安全索引记录。Chen 等人[5]用区块链代替第三方服务提供商，设计了适用于车载社交网络的基于区块链的安全关键词查询方案。Liu[6]等人借助区块链来解决关键词搜索方案中的密钥管理、用户撤销和参数生成等问题。Chen 等人[7]设计了针对电子病历(EHRs)的基于区块链的加密数据共享和检索方案。Cai 等人[8]在安全数据添加和关键词搜索协议中使用区块链技术实现了对搜索结果的公平判断。Hu 等人[9]将搜索算法写入区块链的智能合约，利用智能合约本身的可信和不可篡改性质来保证查询结果的正确性和完整性。Zhang 等人[10]构造了一个压缩的 Merkle 树作为可验证的索引，实现在混合存储区块链模型中对搜索结果正确性和完整性的验证。Wud 等人[11]提出了可以部署在第三方服务提供商中的可验证查询层，解决了区块链上的直接查询效率低下的问题。

2. 链上安全范围查询

基于范围的安全查询的发展历程从支持 k 近邻查询、区间范围查询、线段范围查询到区域范围查询。2019 年，Xu[12]等人实现了在区块链上的搜索结果可验证的布尔查询和范围查询，同时其方案支持区块内和区块间的批量认证。随后，Wang 等人[13]对其方案进行了改进，提出了一个新型的滑动窗口累加器索引以提升查询处理的效率，同时支持一维范围查询、多维范围查询以及布尔范围查询。Zhang 等人[14]设计了一种可由区块链有效维护的双层认证数据结构，在实现搜索结果可验证的安全范围查询的同时降低 Gas 的消耗。Guan 等人[15]将区块链和最近邻可搜索加密算法相结合，实现了电子商务环境中对加密数据的分布式安全搜索。当前，有关联盟链上的安全范围查询的研究较为有限，尚有较大的研究空间。

7.1.2 链上数据安全查询的安全性需求

联盟链在确保数据的可靠性方面具备很多优势，如抗篡改、去中心化、分布式存储等，同时联盟链的透明性也使得存储在链上的数据是公开可见的。随着人们隐私意识的逐渐提升，越来越多用户选择将数据进行加密之后存储到区块链上。同样地，用户也希望对其查询内容进行保护，在查询时尽可能少地泄漏其敏感信息。

1. 潜在的安全威胁

远程存储在联盟链的数据集脱离了用户的本地控制，容易受到一些安全威胁。此外，链上节点往往是不完全可信的，他们也会出于利益或其他原因对所存储的用户数据进行分析或破坏。常见的在链上数据安全查询中容易受到的安全威胁有以下两种。

1）敌手利用已知信息推断用户隐私

敌手会利用其所了解到的一些关于加密数据库的信息，结合其存储的加密数据库和索引信息来推断用户的明文数据。根据敌手能力的不同，威胁模型可以分为以下两种。

（1）已知密文模型：敌手只知道数据拥有者和数据用户提交的信息，具体包含由数据拥有者提交的加密数据库和加密索引、由授权用户提交的搜索陷门和搜索结果。

（2）已知背景模型：与已知密文模型相比，这是一个威胁性更强的模型。敌手拥有比数据拥有者和用户所提交信息更多的知识，如数据集中关键词的分布、索引树的根节点所代表的区域位置、查询用户的兴趣偏好。利用这些信息，敌手可以发起一些更具威胁性的攻击，如利用同分布的数据集中的关键词频率推断索引中的关键词，或利用索引树的遍历路径推断用户查询的区域范围。

2）恶意的链上节点破坏搜索结果的正确性和完整性

一方面，恶意的链上节点可能会为了节约计算资源而只对部分数据库进行搜索，从而返回部分结果；另一方面，恶意的链上节点可能会为了节约带宽而返回部分搜索结果。这些操作都破坏了搜索结果的正确性和完整性。

2. 安全性需求

当前，链上数据安全查询方案的实质是安全性、检索效率和检索功能的权衡。对于链上的安全查询，有以下 7 种安全性需求，不同的方案将根据其特定场景以及隐私需求来选择其需要满足的安全需求。

1）数据机密性

数据拥有者外包的文档集的明文内容应该受到保护，不能被链上节点或其他未经授权的查询用户获取。

2）索引机密性

索引中包含的关键词的明文内容、文档中的关键词数量、每个数据拥有者对于每个关键词的权重等信息，都不能泄漏给任何敌手。

3）查询机密性

用户查询中包含的关键词的明文内容，以及查询中的关键词数量等信息应该受到保护，不能泄漏给任何敌手。

4）查询陷门不可链接

敌手不能将来自相同的查询的两个搜索陷门关联起来。

5）匹配隐私

敌手不应该获得关键词之间的共现率、文档与搜索陷门匹配的关键词个数等隐私信息。

6）前向隐私

为了抵抗最近提出的文件注入攻击[16]，支持动态更新的安全查询方案需要实现前向隐私，即敌手不能获取新更新的文件与过去的查询之间的关联关系。

7）保护搜索模式和访问模式

搜索模式和访问模式指可以分别从搜索过程和访问过程中推导出的任何信息[17]。为了实现高的检索效率和灵活的检索功能，大多数安全查询方案都默认允许泄漏搜索模式和访问模式。从安全性角度出发，第三方服务提供商能获取的信息越少越好。

7.2 链上的安全关键词查询

安全关键词检索技术，作为密文数据安全利用的一个重要技术手段，得到了研究者们的广泛关注。本节介绍链上安全关键词检索的两个研究成果：一是为了抵抗文件注入攻击，提出了一个具有前向隐私的多关键词可排序检索方案，解决了现有方案不能同时实现前向隐私、多关键词检索、结果排序的问题；二是考虑到用户在输入查询词时会出现拼写错误的情况，提出了一个可扩展的安全模糊关键词可排序检索方案，解决了现有方案相似度阈值不可扩展、检索精度低、排序结果不准的问题。

7.2.1 具有前向隐私的多关键词可排序检索

1. 问题描述

本节针对现有的前向隐私安全关键词检索方案不支持多关键词检索、会泄漏中间结果模式、客户端计算和通信代价较大、不支持结果排序的问题，设计了一个具有前向隐私的安全多关键词可排序检索(FPMRSE)方案。在 FPMRSE 方案中，查询和文件索引被表示为向量的形式，通过计算向量的内积判断文件与查询的匹配关系。为了实现前向隐私，本书设计了一个扩展的 MRSE 算法对向量进行扩展，使得敌手不能得到过去的查询陷门和之后更新的文件索引的匹配结果，从而有效抵抗文件注入攻击。为了实现动态场景下的结果排序，提取每个关键词对应的 IDF 值得到一个全局的 IDF 向量，数据所有者在更新数据集的同时也对 IDF 向量进行更新，并将其发送给联盟链。

2. 方案设计

1）系统模型

图 7-1 为 FPMRSE 方案的系统模型，其中实线表示设置阶段和更新阶段，虚线表示搜索阶段。

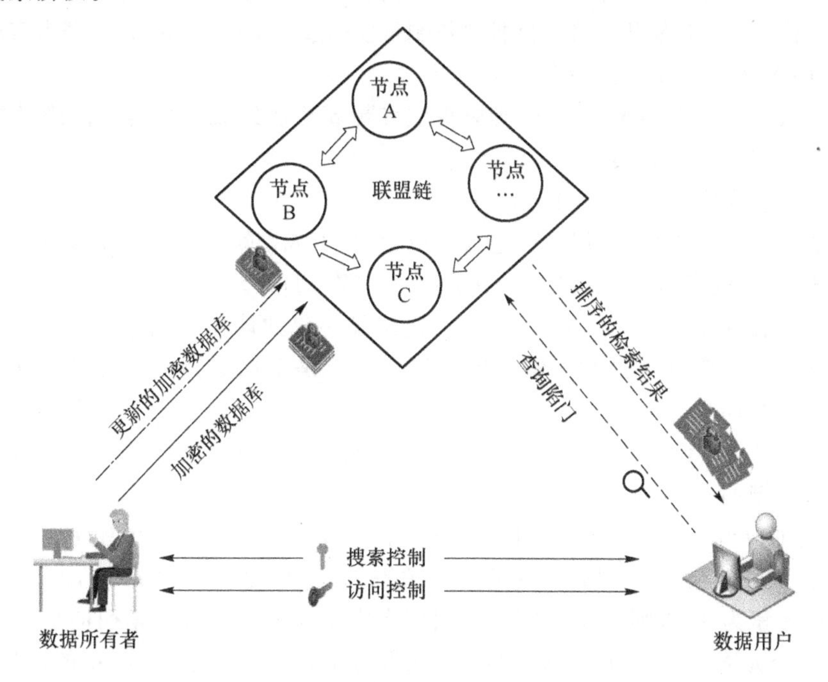

图 7-1　FPMRSE 方案的系统模型

FPMRSE 方案包括三个参与方：数据所有者、数据用户和联盟链。

数据所有者是一些拥有数据库(DB)的个人或机构。为了便于数据管理和数据共享，拥有共同利益或需求的数据所有者们建立一个联盟链，将各自的数据集和索引加密存储于链上。当需要更新数据库时，数据所有者将加密的更新数据库上传到联盟链上。本节假设数据所有者是诚实的一方。

数据用户可以是数据所有者本身，也可以是任何想要搜索和访问数据库 EDB

的人。首先,数据用户需要通过搜索控制和访问控制机制从数据所有者处获得授权。之后,数据用户向链上提交一个查询陷门,并从联盟链中接收被检索到的排序的密文文件集。最后,数据用户解密密文文件并获得所需的明文文件。在本节方案中,假设数据用户是诚实的一方。

联盟链是由一系列节点组成的一种区块链,其为客户提供数据存储和计算服务。链上节点负责存储 EDB 并执行搜索和更新协议。在本节中,假设链上节点是半诚实的,这意味着它将诚实地执行设计好的协议,但它会实施一些主动行为,试图推断出更多的关于数据内容和查询内容的隐私信息。在本节提出的方案中,主动行为仅指链上节点试图使用过去的查询与其后更新的文件进行匹配以获取额外信息,即实施文件注入攻击。

"搜索控制"和"访问控制"是在数据用户希望从数据所有者那里获得权限时执行的。数据用户通过搜索控制机制获取生成查询陷门所需的私钥,执行搜索协议后,将收到一系列密文文件的搜索结果。数据用户通过访问控制机制获取文件解密密钥,解密并访问文件。搜索控制机制和访问控制机制可以通过安全信道或广播加密来实现。

2) FPMRSE 方案详细流程

本节设计了一个由设置算法、搜索算法和更新算法组成的具有前向隐私的安全多关键词可排序检索方案。

(1) 设置算法 FPMRSE. Setup

设置阶段由数据所有者执行,包含生成索引、生成密钥和加密三个步骤。

步骤 1:生成索引 Setup. IndexGen(F) → (W, DB)。

算法的输入是一个文件集 F,算法的输出是对应的词典 W 和数据库 DB=$\{F, I, \mathbf{N}_W, \mathbf{Term}\}$。其中,$I$ 是文件索引向量集合、$\mathbf{N}_W$ 是全局文档频率向量、**Term** 是全局总文件数目向量。

a. 生成词典 $W = \{w_1, \cdots, w_m\}$。数据所有者用 Poter 词干提取算法从文件集 F 中提取关键词,并生成一个 m 维的词典 W。

b. 生成 $I=\{\boldsymbol{I}_1, \cdots, \boldsymbol{I}_n\}$。对于文件集中的每个文件 f_i,数据所有者首先生成一个 m 维的向量 $\boldsymbol{U}_i$。如果词典中的第 j 个关键词 w_j 包含在文件 f_i 中,那么向量 $\boldsymbol{U}_i$ 的第 j 个元素为 1,否则为 0。之后,数据所有者生成一个关键词索引向量 $\boldsymbol{I}_i$。如果 $\boldsymbol{U}_i$ 的第 j 个元素为 1,则 $\boldsymbol{I}_i$ 对应的第 j 个元素为关键词 w_j 在文件 f_i 中的词频 TF_{ij}。否则为 0。

c. 生成 $\mathbf{N}_W$。数据所有者根据 F 和 W 生成一个 m 维的全局文档频率向量 $\mathbf{N}_W$。$\mathbf{N}_W$ 中的第 j 个元素为 $\ln r_j \cdot N_{w_j}$。其中,r_j 是一个随机数;N_{w_j} 是包含 w_j 的文件数目,即文档频率。

d. 生成 **Term**。数据所有者根据 F 和 W 生成一个 m 维的全局文件数目向量 **Term**。**Term** 中的第 j 个元素为 $\ln r_j \cdot n$。其中,r_j 和生成 $\mathbf{N}_W$ 时选取的随机数是一致的;n 是文件集 F 中包含的总文件数目。

步骤 2：生成密钥 Setup. KeyGen(pp) $\rightarrow K$

数据所有者输入安全参数组 pp=(κ,τ)，输出密钥 $K=\{K_{Sym}, \boldsymbol{\pi}, K_{MRSE}\}$。密钥 K 由数据所有者本地存储。其中，K_{Sym} 是对称加密算法 Sym 的密钥，$\boldsymbol{\pi}$ 是一个参数为 τ 的伪随机置换，$K_{MRSE}=\{\boldsymbol{G},\boldsymbol{M}_1,\boldsymbol{M}_2\}$ 是 MRSE 算法的密钥。其中，$\boldsymbol{G}\in\{0,1\}\tau$ 是一个 τ 维的二进制向量，$\boldsymbol{M}_1$ 和 $\boldsymbol{M}_2$ 是两个随机生成的 $\tau\times\tau$ 可逆矩阵。

步骤 3：加密 Setup. Enc(K, DB) $\rightarrow$ EDB

数据所有者输入数据库 DB 和密钥 K，输出加密的数据库 EDB=$\{F^*, I^*, \boldsymbol{N}_W^*, \mathbf{Term}^*\}$，生成的 EDB 被发送给联盟链。

a. 将 F 加密为 F^*。数据所有者用对称加密算法 Sym 对每个文件 $f_i\in F$ 进行加密，得到 $f_i^*\leftarrow$Sym. Enc(K_{Sym}, f_i)。

b. 将 I 加密为 I^*。数据所有者首先扩展向量 $\boldsymbol{I}_i\in I$ 到一个 τ 维向量 $\boldsymbol{I}'_i$。$\boldsymbol{I}'_i$的前 m 个元素是 $\boldsymbol{I}_i$ 中的元素，第 $m+1$ 个元素是 1，第 $m+1+j, j\in[1,U]$ 个元素是随机数 ε_j，第 $m+1+U+j, j\in[1,L]$个元素是 0(L 代表 FPMRSE 方案可以支持的最大更新次数，它由数据所有者根据自身需求和数据库的特点自定义)。

$$\boldsymbol{I}'_i=(\boldsymbol{I}_i, 1, \varepsilon_1, \cdots, \varepsilon_U, 0, \cdots, 0) \tag{7-1}$$

接下来，数据所有者依据指示向量 $\boldsymbol{G}$ 将向量 $\boldsymbol{I}'_i$分离成两个向量 $\mathbf{I1}'_i$和 $\mathbf{I2}'_i$。如果 $\boldsymbol{G}[j]=1$，那么 $\mathbf{I1}'_i[j]=\mathbf{I2}'_i[j]=\boldsymbol{I}'_i[j]$；如果 $\boldsymbol{G}[j]=0$，那么 $\mathbf{I1}'_i[j]+\mathbf{I2}'_i[j]=\boldsymbol{I}'_i[j]$，其中 $j\in[0,\tau-1]$。之后，数据所有者用伪随机置换 $\boldsymbol{\pi}$ 对向量 $\mathbf{I1}'_i$和 $\mathbf{I2}'_i$中的元素位置进行扰动。最后，数据所有者将向量 $\boldsymbol{I}'_i$加密为 $\boldsymbol{I}_i^*=\{\boldsymbol{M}^{\mathrm{T}}\pi\,\mathbf{I1}'_i, \boldsymbol{M}^{\mathrm{T}}\pi\,\mathbf{I2}'_i\}$。

c. 将 $\boldsymbol{N}_W$ 加密为 $\boldsymbol{N}_W^*$。数据所有者随机选取一个正整数 z，添加 $\tau-m$ 个元素 z 到向量 $\boldsymbol{N}_W$ 使其扩展为一个 τ 维向量 $\boldsymbol{N}'_W=(\boldsymbol{N}_W, z, \cdots, z)$。数据所有者同样用伪随机置换 $\boldsymbol{\pi}$ 对向量 $\boldsymbol{N}'_W$中的元素位置进行扰动。最后，数据所有者将 $\boldsymbol{N}'_W$加密为

$$\boldsymbol{N}_W^* \quad =\{\boldsymbol{M}_1\boldsymbol{\pi}\boldsymbol{N}'^{\mathrm{T}}, \boldsymbol{M}_2\boldsymbol{\pi}\boldsymbol{N}'^{\mathrm{T}}\}$$

d. 将 **Term** 加密为 $\mathbf{Term}^*$：数据所有者添加 $\tau-m$ 个元素 $z+1$ 到向量 **Term** 将其扩展为一 τ 维向量 $\mathbf{Term}'=(\mathbf{Term}, z+1, \cdots, z+1)$。数据所有者同样用伪随机置换 $\boldsymbol{\pi}$ 对向量 $\mathbf{Term}'$中的元素位置进行扰动。最后，数据所有者将 $\mathbf{Term}'$加密为

$$\mathbf{Term}^*=\{\boldsymbol{M}_1\boldsymbol{\pi}\,\mathbf{Term}'^{\mathrm{T}}, \boldsymbol{M}_2\boldsymbol{\pi}\,\mathbf{Term}'^{\mathrm{T}}\}。$$

(2) 搜索算法 FPMRSE. Search

搜索阶段由数据用户和链上节点共同完成，包括生成查询陷门和匹配两个步骤。

步骤 1：生成查询陷门 Search. TrapGen$(K,Q)\rightarrow T_Q$

这一步骤由数据用户在本地实施。数据用户输入多关键词查询 Q 和密钥 K，输出一个对应的查询陷门 T_Q，并将其发送到链上节点。首先，数据用户将 Q 转化为一个 m 维的二进制向量 $\boldsymbol{U}_Q$。如果词典中的第 j 个关键词 w_j 包含在查询中，则 $\boldsymbol{U}_Q$ 中对应的第 j 个元素为 1；否则为 0。随后，数据用户将 $\boldsymbol{U}_Q$ 扩展为一个 τ 维向量 $\boldsymbol{U}'_Q$，$\boldsymbol{U}'_Q$ 的前 m 个元素为 $r\cdot\boldsymbol{U}_Q[j]$，其中 r 是一个随机数。$\boldsymbol{U}'_Q$的第 $m+1$ 个元素是一个随机数 e；第 $m+1+v, v\in V$ 个元素是 1，V 为从$[1,U]$中随机选取的 V 个正整数的集合；

第 $m+1+v+t$ 个元素是 $-P_t$；剩余的其他位置的元素为 0。在 FPMRSE 方案中，设置 $P_t > V+e+rk\ln^2 n$ 是一个大整数。其中，t 是当前数据库被更新的次数，k 是查询中包含的关键词数目。

$$\boldsymbol{U}'_Q = (r \cdot \boldsymbol{U}_Q, e, 1/0, \cdots, 1/0, 0, \cdots, -P_t, \cdots, 0) \tag{7-2}$$

数据用户依据指示向量 $\boldsymbol{G}$ 生成两个 $\tau \times \tau$ 的对角矩阵 $\boldsymbol{M}_{1Q}$ 和 $\boldsymbol{M}_{2Q}$。如果 $\boldsymbol{G}[j]=1$，则 $\boldsymbol{M}_{1Q}[j][j]+\boldsymbol{M}_{2Q}[j][j]=\boldsymbol{U}'_Q[j]$；如果 $\boldsymbol{G}[j]=0$，则 $\boldsymbol{M}_{1Q}[j][j]=\boldsymbol{M}_{2Q}[j][j]=\boldsymbol{U}'_Q[j]$，其中 $j\in[0,\tau]$。数据用户用伪随机置换 $\boldsymbol{\pi}$ 对 $\boldsymbol{M}_{1Q}$ 和 $\boldsymbol{M}_{2Q}$ 中对角线上的元素位置进行扰动。最后，数据用户生成查询陷门 $T_Q=\{\boldsymbol{M}_1^{-1}\boldsymbol{\pi}\boldsymbol{M}_{1Q}\boldsymbol{M}_1^{-1}, \boldsymbol{M}_2^{-1}\boldsymbol{\pi}\boldsymbol{M}_{2Q}\boldsymbol{M}_2^{-1}\}$。

步骤 2：匹配 Search. Match$(T_Q;\text{EDB})\rightarrow(\perp;\text{RDB}(Q))$

这一步骤由数据用户和链上节点共同完成。数据用户输入查询陷门 T_Q，链上节点输入加密的数据库 EDB。输出是一个排序的密文文件集 RDB(Q)，其被发送给数据用户。对于文件 $f_i\in F$，链上节点计算其与查询的相关性得分 $S^*_{f_i,Q}$，对这些相关性得分进行排序并将前 k 个密文文件返回数据用户。k 的值由数据用户根据本身的需求在提交查询请求时自定义。

$$\begin{aligned}
S^*_{f_i,Q} &= \boldsymbol{I}_i^* \cdot T_Q \cdot (\textbf{Term}^* - \boldsymbol{N}_W^*) \\
&= \boldsymbol{M}_1^{\mathrm{T}}\boldsymbol{\pi}\,\mathbf{I1}'T_i \cdot \boldsymbol{M}_1^{-1}\boldsymbol{\pi}\boldsymbol{M}_{1Q}\boldsymbol{M}_1^{-1} \cdot \boldsymbol{M}_1\boldsymbol{\pi}(\textbf{Term}'^{\mathrm{T}} - \boldsymbol{N}'^{\mathrm{T}}_W) + \\
&\quad \boldsymbol{M}_2^{\mathrm{T}}\boldsymbol{\pi}\,\mathbf{I2}'T_i \cdot \boldsymbol{M}_2^{-1}\boldsymbol{\pi}\boldsymbol{M}_{2Q}\boldsymbol{M}_2^{-1} \cdot \boldsymbol{M}_2\boldsymbol{\pi}(\textbf{Term}'^{\mathrm{T}} - \boldsymbol{N}'^{\mathrm{T}}_W) \\
&= (\mathbf{I1}'_i \cdot \boldsymbol{M}_{1Q} + \mathbf{I2}'_i \cdot \boldsymbol{M}_{2Q}) \cdot (\textbf{Term}'^{\mathrm{T}} - N'^{\mathrm{T}}_W) \\
&= \sum_{j=0}^{m-1} r \cdot I_i[j] \cdot \boldsymbol{U}_Q(j) \cdot \mathrm{IDF}_{w_j} + e + \sum \varepsilon_v + \sum_{j=m+U+1}^{\theta-1} \boldsymbol{I}'_i[j] \cdot \boldsymbol{U}'_Q[j] \\
&= \sum_{j=0}^{m-1} r \cdot \boldsymbol{U}_i[j] \cdot \boldsymbol{U}_Q(j) \cdot \mathrm{WS}_{w_j,f_i} + e + \sum \varepsilon_v + \sum_{j=m+U+1}^{\theta-1} \boldsymbol{I}'_i[j] \cdot \boldsymbol{U}'_Q[j]
\end{aligned} \tag{7-3}$$

(3) 更新算法 FPMRSE. Update$(K,\Sigma,\text{op};\text{EDB})\rightarrow(\perp;\text{EDB}')$

更新阶段由数据所有者和链上节点共同完成。数据所有者输入密钥 K、要更新的数据库 $\Sigma=\{\widetilde{F},\widetilde{I},\widetilde{\boldsymbol{N}}_W,\widetilde{\textbf{Term}}\}$ 和更新类型 op，链上节点输入当前存储的加密数据库 EDB。输出为更新后的加密数据库 EDB′并发送给联盟链。$\widetilde{F}=\{\widetilde{f}_1,\cdots,\widetilde{f}_k\}$ 是包含 k 个文件的更新文件集，$\widetilde{I}$ 是对应的文件索引集，$\widetilde{\boldsymbol{N}}_W$ 和 $\widetilde{\textbf{Term}}$ 分别是文件集 $\widetilde{F}$ 对应的全局文档频率和文件数目向量。

数据所有者从每个文件 $\widetilde{f}_i$ 中提取关键词并生成对应的文件索引 $\widetilde{\boldsymbol{I}}_i$，更新文件集 $\widetilde{F}$ 对应的全局向量 $\boldsymbol{N}_W$ 和 $\widetilde{\textbf{Term}}$。最后数据所有者构建出一个要更新的数据库 $\Sigma=\{\widetilde{F},\widetilde{I},\boldsymbol{N}_W,\widetilde{\textbf{Term}}\}$。

数据所有者请求链上节点返回当前存储的加密全局向量 $\boldsymbol{N}_W^*$ 和 $\textbf{Term}^*$，然后解密全局向量得到 $\boldsymbol{N}_W$ 和 $\textbf{Term}$。数据所有者根据下面的公式计算得到更新后的数据库 EDB+Σ 对应的全局向量 $\hat{\boldsymbol{N}}_W$ 和$\widehat{\mathbf{Term}}$。

$$\hat{\boldsymbol{N}}_W=(N_W[0]\cdot\tilde{N}_W[0],\cdots,N_W[m-1]\cdot\tilde{N}_W[m-1])$$

$$\widehat{\mathbf{Term}}=(\mathrm{Term}[0]\cdot\widetilde{\mathrm{Term}}[0],\cdots,\mathrm{Term}[m-1]\cdot\widetilde{\mathrm{Term}}[m-1])$$

数据所有者运行 Setup. Enc$(K,\widetilde{DB})\to\widetilde{DB}^*$，将$\widetilde{DB}^*$ 和对应的更新操作 op 发送给联盟链。与设置阶段的不同之处在于，在扩展向量 $\tilde{\boldsymbol{I}}'$时，$\tilde{\boldsymbol{I}}'$的第$m+1+U+j,j\in[1,t-1]$个元素为 1，其中 t 表示此次更新是数据库的第 t 次更新。

$$\widetilde{DB}=\{\tilde{\boldsymbol{F}},\tilde{\boldsymbol{I}},\tilde{N}'_W,\widetilde{\mathbf{Term}}'\}$$

$$\widetilde{DB}=\{\tilde{\boldsymbol{F}}^*,\tilde{\boldsymbol{I}}^*,\tilde{N}'_W,\widetilde{\mathbf{Term}}'\}$$

$$\tilde{\boldsymbol{I}}'_i=(\boldsymbol{I}_i,1,\varepsilon_1,\cdots,\varepsilon_U,1,\cdots,1,0,\cdots,0)$$

链上节点将更新的加密文件集 $\tilde{F}^*$ 添加到当前的加密文件集 F^* 中，将更新的加密索引集 $\tilde{I}^*$ 添加到当前的加密索引集 $\boldsymbol{I}^*$ 中，用更新的全局向量 $\hat{\boldsymbol{N}}^*$ 和$\widehat{\mathbf{Term}}^*$ 取代当前的全局向量 $\boldsymbol{N}_W^*$ 和 $\mathbf{Term}^*$。一个更新后的加密数据库构建完成。

7.2.2 可扩展的安全模糊关键词可排序检索

1. 问题描述

本节设计了基于联盟链的可扩展的安全模糊关键词可排序检索(SFRSE)方案，构建了一个密文数据上的编辑距离算法(LDE 算法)让链中节点在不知道关键词明文的情况下计算两个关键词的编辑距离，从而验证两个关键词的相似性，保证检索结果的精确性。LDE 算法作为本节提出的 SFRSE 方案的一个重要组成部分，使 SFRSE 方案支持在任意相似度阈值 d 内的模糊关键词检索，且单个索引的存储代价为常量不受 d 的影响，从而消除阈值 d 的限制。因此，本节提出的 SFRSE 方案具有良好的可扩展性。为了避免大量不必要的编辑距离计算，本节采用“先过滤后验证”的思想，并构建一个平衡二叉树作为索引来提升检索效率。本节提出的过滤算法可以在执行 LDE 算法之前过滤掉大部分不相关或低相似度的关键词。由于 LDE 算法可以计算精确的编辑距离并获得关键词词形相似度得分，因此本节采用词形相似度得分与关键词权重相结合的方法对检索结果排序。如果某个文件包含更高权重得分或更高词形相似性得分的关键词，则该文件会以更高的概率排在前面。

2. 方案设计

1) 系统模型

如图 7-2(其中点画线、虚线所描述的过程为设置阶段，实线所描述的过程为搜索阶段）所示，SFRSE 方案包含 4 个参与方：数据所有者、私有云、联盟链和数据用户。数据所有者是个人或团体组织（如研究机构的成员），他们将加密数据集 $F=\{f_1,\cdots,f_n\}$ 和可搜索索引树 T 外包到联盟链进行数据共享。数据用户是由数据所有者授权的可以访问和搜索数据集 F 的用户。联盟链是由数据所有者共同构建和维护的，负责存储数据所有者的数据和处理用户的查询。私有云部署在机构内部，拥有部分解密密钥，负责解密和排序操作。

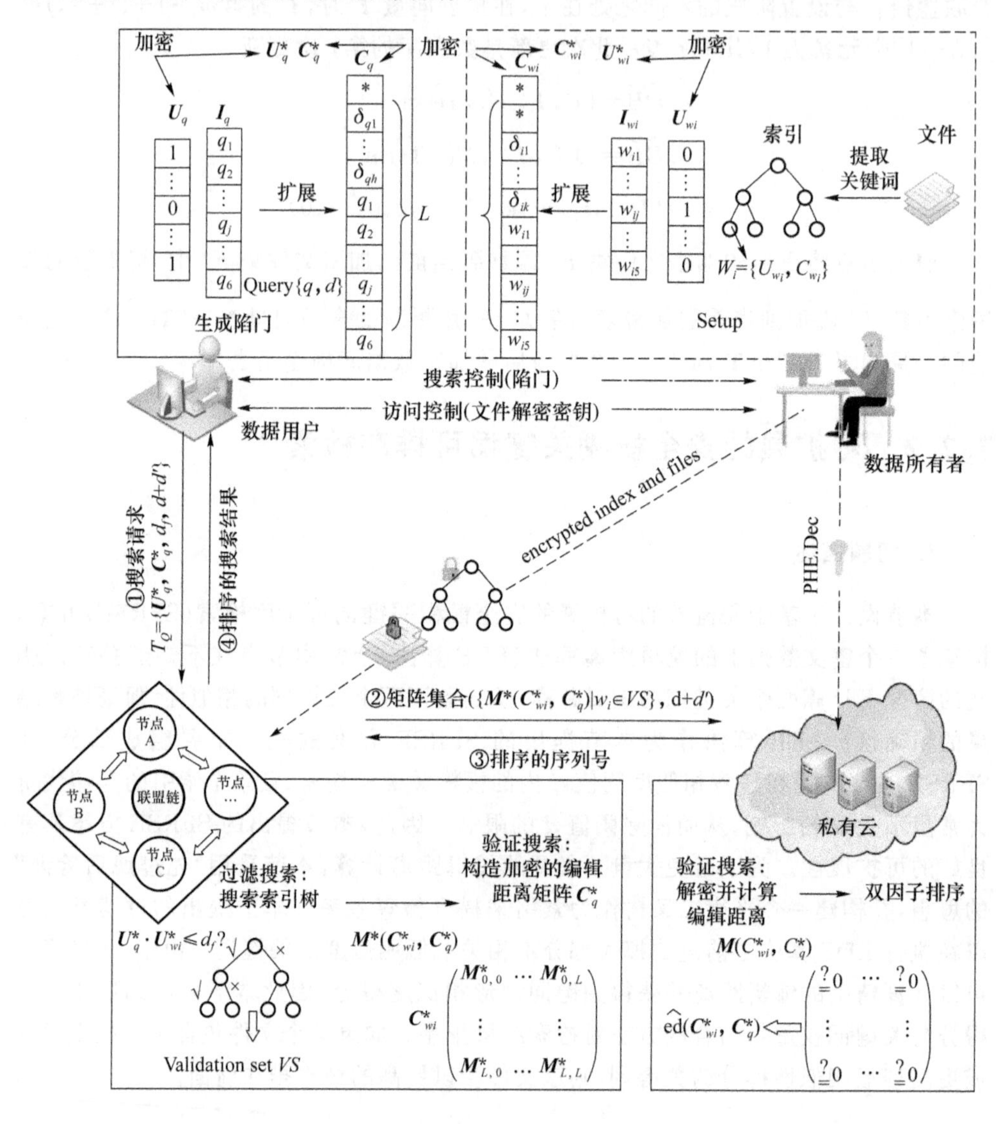

图 7-2　SFRSE 方案的系统模型

2）SFRSE 方案

本节采用“先过滤后验证”的思想设计了一个由设置算法和搜索算法组成的可扩

展的安全模糊关键词可排序检索方案。

(1) 设置算法 SFRSE. Setup

设置阶段由数据所有者执行,包含3个步骤:索引生成(IndexGen)、密钥生成(KeyGen)和加密(Enc)。

步骤1 索引生成 Setup. IndexGen(F)→T:输入数据集 F,输出一个可搜索的索引树 T。

步骤1.1 提取关键词和权重向量集(F)→(W,WS)。输入数据集 F,输出关键词集 W 和关键词权重向量集 WS=$\{\mathbf{WS}_{w_i|w_i} \in W\}$,其中 $\mathbf{WS}_{w_i}$ 的维数为 n。数据所有者通过词干提取算法从 F 中提取关键词。权重向量 $\mathbf{WS}_{w_i}$ 中的第 i 个元素是 TF×IDF 的权重得分 $\mathbf{WS}_{w,f}$。

步骤1.2 将关键词转换为一元向量(w_i)→$\boldsymbol{U}_{w_i}$。输入一个关键词 w_i,输出一个 u 维的一元向量 $\boldsymbol{U}_{w_i}$,$\boldsymbol{U}_{w_i}$ 用在过滤搜索步骤中。数据所有者根据预设的一元元素集 U 将 w_i 转换为 $\boldsymbol{U}_{w_i}$。集合 U 可根据具体的方案和目标数据集进行调整。在本节的 SFRSE 方案中,根据实验数据集,我们选择了一个290维的一元元素集 U={a1,a2,…,a10,b1,…}。集合 U 包含26×10个字母、30个数字和常用的符号。

数据所有者首先将关键词转换为它的一元集。例如,关键词"lecture"的一元集为{l1、e1、c1、t1、u1、r1、e2},其中,"e2"表示字符"e"在关键词中第二次出现。然后,数据所有者将关键词与一个 u 维一元向量集相匹配。对于给定的关键词,如果对应的一元字符在集合 U 中存在,则将元素设置为1,否则设置为0。这样就为关键词 w_i 生成一个一元向量 $\boldsymbol{U}_{w_i}=\{0,1\}^{290}$。该变换方法参照本章参考文献[3]。

步骤1.3 将关键词转换为其字符向量(w_i)→$\boldsymbol{C}_{w_i}$。输入一个关键词 w_i;输出是一个 L 维字符向量 $\boldsymbol{C}_{w_i}$,$\boldsymbol{C}_{w_i}$ 用在验证搜索步骤中。数据所有者根据关键词集 W 生成字符集 Σ_1 和 Σ_2,$\Sigma_1 \cap \Sigma_2=\varphi$,随机选择一个虚拟编辑距离 d_0 和一个虚拟向量 $\boldsymbol{\delta}_q$,其中 $d_0 \leqslant \min\{\mathrm{len}(w_i)\}$;然后,数据所有者生成一个虚拟的字符向量集 $\Delta=\{\delta_i \mid \delta_{ij} \in \Sigma_2, \mathrm{ed}(\delta_i,\delta_q)=d'\}$。数据所有者选择一个填充字符"∗"和一个固定的长度 L,它们满足 $L>\max\{\mathrm{len}(w_i)\}+\max\{\mathrm{len}(\delta_i)\}$ 和 $* \notin \Sigma_1 \cup \Sigma_2$。

数据所有者首先将关键词 $w_i \in W$ 转换为一个 len(w_i)维的中间向量 $\boldsymbol{I}_{w_i}$。例如,关键词"secure"的中间向量是 $\boldsymbol{I}_{w_i}$=(s,e,c,u,r,e)。然后,数据所有者将 $\boldsymbol{I}_{w_i}$ 扩展到一个 L 维字符向量 $\boldsymbol{C}_{w_i}$。

$$I_{w_i}=(w_{i1},w_{i2},\cdots,w_{i\mathrm{len}(w_i)}), \quad w_{ij} \in \Sigma_1$$

$$\boldsymbol{C}_{w_i}=(*\cdots* \| \delta_i \| \boldsymbol{I}_{w_i}), \quad \delta_i \in \Delta, w_i \in \mathrm{W}, \mathrm{len}(\boldsymbol{C}_{w_i})=L$$

步骤1.4 建立索引($\boldsymbol{U}_{w_i}$、$\boldsymbol{C}_{w_i}$、$\boldsymbol{F}_{w_i}$)→T。输入每个元组($\boldsymbol{U}_{w_i}$、$\boldsymbol{C}_{w_i}$、$\boldsymbol{F}_{w_i}$),输出一个平衡的二叉树(索引树)T。

索引树 T 的节点 N={ID,Nl,Nr,$\boldsymbol{U}$,$\boldsymbol{C}$,len,WS},其中元素的具体含义如下。

① ID为每个节点的唯一标识,它由一个伪随机函数生成,表示为GenID()。

② Nl为指向 N 的左子节点的指针。

③ Nr 为指向 N 的右子节点的指针。

④ $\boldsymbol{U}$ 为存储在 N 中的一元向量。如果 N 是一个存储关键词 w_i 的叶子节点，则 $\boldsymbol{U}=\boldsymbol{U}_{w_i}$ 是关键词 w_i 对应的一元向量；如果 N 是一个中间节点，则 $\boldsymbol{U}$ 由它的左右子节点确定：$\boldsymbol{U}[i]=\mathrm{OR}\{N.\mathrm{N}l\to\boldsymbol{U}[i],N.\mathrm{N}r\to\boldsymbol{U}[i]\}$。

⑤ $\boldsymbol{C}$ 为存储在 N 中的字符向量。如果 N 是一个叶子节点，则 $\boldsymbol{C}=\boldsymbol{C}_{w_i}$ 是关键词 w_i 对应的字符向量；如果 N 是一个中间节点，则 $\boldsymbol{C}$ 的内容为 null。

⑥ len 为存储在 N 中的关键词长度。如果 N 是一个存储关键词 w_i 的叶子节点，则 $\mathrm{len}=\mathrm{len}(w_i)$ 是关键词 w_i 的长度；如果 N 是一个中间节点，则 len 由它的左右子节点确定：$N.\mathrm{len}=\min\{\mathrm{N}l.\mathrm{len},\mathrm{N}r.\mathrm{len}\}$。

⑦ **WS** 为存储在 N 中的权重向量。如果 N 是一个存储关键词 w_i 的叶子节点，则 **WS** 是对应的权重向量 $\mathbf{WS}_{w_i}$；如果 N 是中间节点，则 $\boldsymbol{WS}=\mathrm{null}$。

步骤 2 密钥生成 $\mathrm{Setup.KeyGen}(1^\mu,1^\sigma,1^\kappa)\to K$：输入 3 个安全参数($\mu$、$\sigma$、$\kappa$)，输出密钥 $K=\{\mathrm{K_{Sym}},\mathrm{K_{MRSE}},\mathrm{K_{PHE}}\}$。$\mathrm{K_{Sym}}$是一个对称加密密钥。$\mathrm{K_{MRSE}}=\{S、\mathrm{M1}、\mathrm{M2}\}$ 是 $\mathrm{M_{RSE}}$算法的密钥。$\mathrm{K_{PHE}}=\{\mathrm{PK},\mathrm{SK}\}$是 Paillier 加密算法的密钥。数据所有者在本地存储 K，将 SK 发送到私有云并发布 PK。

步骤 3 加密 $\mathrm{Setup.Enc}(K,F,T)\to(F^*,T^*)$：输入数据集 F、索引树 T 和密钥 K，输出加密的数据集 F^* 和索引树 T^* 并发送到联盟链中。数据所有者使用密钥 $\mathrm{K_{Sym}}$加密 F 为 F^*，并使用密钥 $\mathrm{K_{MRSE}}$和 $\mathrm{K_{PHE}}$加密 T 为 T^*。

当加密索引树 T 时，数据所有者将每个树节点 N 加密为 N^*。当数据所有者使用 MRSE 算法对向量 $\boldsymbol{U}$ 加密时，元素 len 将被嵌到向量 $\boldsymbol{U}^*$ 中

$$N^*=\{\mathrm{ID},\mathrm{Nl},\mathrm{Nr},\boldsymbol{U}^*,\boldsymbol{C}^*,\mathbf{WS}^*\},\quad \boldsymbol{C}^*=\mathrm{PHE.Enc}(\boldsymbol{C}),$$
$$\boldsymbol{U}^*=\mathrm{MRSE.EncIndex}(\boldsymbol{U}),\quad \mathrm{WS}^*=\mathrm{PHE.Enc}(\mathbf{WS})$$

(2) 搜索算法 SFRSE. Search

搜索阶段是一个交互式过程，在数据用户、联盟链和私有云之间运行，包含 3 个步骤：陷门生成(TrapGen)、过滤搜索(Filter)、验证搜索(Verify)和排序(Rank)。

步骤 1 陷门生成 $\mathrm{Search.TrapGen}(K,Q)\to T_Q$：输入模糊查询 $Q=\{q、d\}$和密钥 K，输出查询陷门 $T_Q=\{\boldsymbol{U}_q^*,\boldsymbol{C}_q^*,d_f,d+d'\}$，发送给联盟链，其中 d_f 是过滤阈值。用户将查询关键词 q 转换为两个向量 $\boldsymbol{U}_q$ 和 $\boldsymbol{C}_q$，并将其加密为 $\boldsymbol{U}_q^*$ 和 $\boldsymbol{C}_q^*$。生成 $\boldsymbol{U}_q$ 的方法与将索引关键词 w_i 转换为 $\boldsymbol{U}_{w_i}$ 的方法相同。在生成 $\boldsymbol{C}_q$ 时，用户将 δ_q 而不是 δ_i 添加到中间向量 $\boldsymbol{I}_q$ 中。

$$\boldsymbol{U}_q^*=\mathrm{MRSE.EncQuery}(\boldsymbol{U}_q)$$
$$\boldsymbol{C}_q^*=\mathrm{PHE.Enc}(\boldsymbol{C}_q)=\mathrm{PHE.Enc}(*\cdots*\|\delta_q\|\boldsymbol{I}_q)$$

步骤 2 过滤搜索 $\mathrm{Search.Filter}(T_Q;T^*)\to(\perp;\mathrm{VS})$：输入为查询陷门 T_Q 和加密的索引树 T^*，输出一个验证集 VS 并转发到联盟链。此步骤在数据用户和联盟链

之间执行。链上节点通过算法 7-1 中描述的"贪婪深度优先搜索"算法来搜索索引树 T^*，这是一个递归过程。

算法 7-1 贪婪深度优先搜索算法 Search. Filter$(T_Q;T^*)\rightarrow(\perp;\mathrm{VS})$

输入：被加密的索引树 T^* 和查询陷门 $T_Q=\{\boldsymbol{U}_q^*,\boldsymbol{C}_q^*,d_f,d+d'\}$。

输出：验证集 VS。

1　初始将 VS 设置为空集合 Null
2　root 为索引树 T^* 的根节点
3　$t=\{\mathrm{ID},t_l,t_r,\boldsymbol{U}^*,\boldsymbol{C}^*\ \mathbf{WS}^*\}$ 为一个变量节点
4　　$t=$root，从根节点开始执行搜索操作
5　**While** $t.\boldsymbol{U}^*[1]\cdot\boldsymbol{U}_q^*[1]\leqslant d_f$ AND $t.\boldsymbol{U}^*[2]\cdot\boldsymbol{U}_q^*[2]\leqslant d_f$ **do**
6　　**if** ($t_l=$Null) AND ($t_r=$Null)　**then**
7　　　t 是一个叶子节点 VS. append($t.\boldsymbol{C}^*$)
8　　**else**　继续搜索 t 的子节点
9　　　Search$(T_Q,t.l)\rightarrow(\mathrm{VS})$
10　　　Search$(T_Q,t.r)\rightarrow(\mathrm{VS})$
11　　**end if**
12　**end while**
13　**return** VS

步骤 3　验证搜索 Search. Verify $(d+d',\mathrm{VS};\mathrm{SK})\rightarrow(\perp;N_{\boldsymbol{C}_q^*,d+d'})$：此步骤将在联盟链和私有云之间运行。输入验证集 VS、阈值 $d+d'$ 和 K_{PHE} 的私钥 SK，其中 VS 和 $d+d'$ 由链上节点提供，SK 由私有云提供；输出一个集合 $N_{\boldsymbol{C}_q^*,d+d'}$，它包含所需的模糊关键词的序列号，被转发到链上节点。在本节的后续内容中，我们设计了一个 LDE 算法来实现验证操作。在下面的描述中，我们使用 LDE. x 来表示从 LDE 算法中调用 x 算法。

对于每个 $\boldsymbol{C}^*\in\mathrm{VS}$，链上节点构建一个 $L\times L$ 的加密编辑距离矩阵 $\boldsymbol{M}^*_{\boldsymbol{C}_{w_i}^*,\boldsymbol{C}_q^*}=$ LDE. ConEDMatrix$(\boldsymbol{C}_{w_i}^*,\boldsymbol{C}_q^*)$，并得到矩阵集 $\boldsymbol{M}^*$。链上节点生成一个 PRP(伪随机排列)π，并将 $\pi M^*=\{\boldsymbol{M}^*_{\boldsymbol{C}_{w_j}^*},\boldsymbol{C}_q^*\mid j=\pi_i\}$ 发送到私有云。

私有云对每个矩阵 $\boldsymbol{M}^*_{\boldsymbol{C}_{w_i}^*,\boldsymbol{C}_q^*}$ 进行解密，并得到编辑距离 $\mathrm{ed}(\boldsymbol{C}_{w_j}^*,\boldsymbol{C}_q^*)=$ LDE. ComED$(\boldsymbol{M}^*_{\boldsymbol{C}_{w_j}^*,\boldsymbol{C}_q^*})$。私有云将序列号 $j=\pi_i$ 存储到集合 $N_{\boldsymbol{C}_q^*,d+d'}$。

$$N_{\boldsymbol{C}_q^*,d+d'}=\{j\mid \mathrm{ed}(\boldsymbol{C}_q^*,\boldsymbol{C}_{w_j}^*)\leqslant d+d',\boldsymbol{C}_{w_j}^*\in\mathrm{VS}\}$$

步骤 4　排序 Search. Rank$(T^*,F^*;N_{\boldsymbol{C}_q^*,d+d'})\rightarrow(\mathbb{F}_Q^*;\mathbb{RS}_{\boldsymbol{C}_q^*,d+d'})$：此步骤将在

链上节点和私有云之间运行。链上节点提供的输入分别为 T^* 和 F^*，私有云提供的输入是集合 $N_{C_q^*,d+d'}$。私有云输出排好序的文件 id 集 $\mathbb{RS}_{C_q^*,d+d'}$，并发送到链上节点；链上节点输出一个排好序的密文文件集 $\mathbb{F}_Q^*$，并发送到用户。

步骤 4.1 获得权重得分($\mathbb{WS}^*;N_{C_q^*,d+d'}$)→($\perp;\widehat{\mathbb{WS}}_{C_q^*,C_{w_j}^*}$)。此步骤在链上节点和私有云之间运行。输入分别为链上节点和私有云提供的加密权重向量集 $\mathbb{WS}^*$ 和集合 $N_{C_q^*,d+d'}$。输出是关键词权重向量集 $\widehat{\mathbb{WS}}_{C_q^*,C_{w_j}^*}$，并转发到私有云。

链上节点接收 $N_{C_q^*,d+d'}$，并使用 PRPπ 恢复相似度关键词 w_i 的原始序列号 $i=\pi_j$。对每个 $j\in N_{C_q^*,d+d'}$，链上节点获得相应的加密权重向量 $\mathbf{WS}_{w_j}^*$，并进一步将其加密到 $\widehat{\mathbf{WS}}_{w_j}^*$，将集合 $\widehat{\mathbb{WS}}_{C_q^*,C_{w_j}^*}$ 发送到私有云。此操作是为了保护真实的权重分数不被私有云所知，并且不会影响排序结果。私有云使用 SK 将每个 $\widehat{\mathbf{WS}}_{w_j}^*$ 解密为 $\widehat{\mathbf{WS}}_{w_j}$，得到关键词权重向量 $\widehat{\mathbf{WS}}_{w_j}$。

$$\widehat{\mathbb{WS}}_{C_q^*,C_{w_j}^*}=\{\widehat{\mathbf{WS}}_{w_j}^*\mid j\in N_{C_q^*,d+d'}\}$$

$$\widehat{\mathbf{WS}}_{w_j}^*=(\widehat{\mathrm{WS}}_{w_j,f_1}^*,\cdots,\widehat{\mathrm{WS}}_{w_j,f_n}^*)$$

$$\widehat{\mathrm{WS}}_{w_j,f_j}^*=(\mathrm{WS}_{w_j,f_j}^*\cdot\mathrm{PHE.Enc}(r))^h=\mathrm{PHE.Enc}((\mathrm{WS}_{w_j,f_j}+r)\cdot h)$$

其中，r 和 h 是随机数。

步骤 4.2 计算词形相似度得分($N_{C_q^*,d+d'},\mathbb{ED}$)→($\mathbb{KS}_{C_q^*,C_{w_j}^*}$)。此步骤由私有云执行。输入值为集合 $N_{C_q^*,d+d'}$ 和相应的编辑距离集 $\mathbb{ED}$，由私有云提供。输出值为词形相似度得分集 $\mathbb{KS}_{C_q^*,C_{w_j}^*}$，$j\in N_{C_q^*,d+d'}$。

$$\mathbb{ED}=\{\mathrm{ed}(\boldsymbol{C}_q^*,\boldsymbol{C}_{w_j}^*)\mid j\in N_{C_q^*,d+d'}\}$$

$$\mathbb{KS}_{C_q^*,C_{w_j}^*}=\{\mathrm{KS}_{C_q^*,C_{w_j}^*}\mid j\in N_{C_q^*,d+d'}\}$$

$$\mathrm{KS}_{C_q^*,C_{w_j}^*}=1-\mathrm{ed}(\boldsymbol{C}_q^*,\boldsymbol{C}_{w_j}^*)/\max\{\mathrm{len}(\boldsymbol{C}_q^*),\mathrm{len}(\boldsymbol{C}_{w_j}^*)\}$$

步骤 4.3 计算相关性得分和排序($\widehat{\mathbb{WS}}_{C_q^*,C_{w_j}^*},\mathbb{KS}_{C_q^*,C_{w_j}^*};F^*$)→($\mathbb{RS}_{C_q^*,d+d'};\mathbb{F}_Q^*$)。此步骤将在私有云和链上节点之间运行。输入为 $\widehat{\mathbb{WS}}_{C_q^*,C_{w_j}^*}$、$\mathbb{KS}_{C_q^*,C_{w_j}^*}$ 和 F^*，其中 $\widehat{\mathbb{WS}}_{C_q^*,C_{w_j}^*}$、$\mathbb{KS}_{C_q^*,C_{w_j}^*}$ 由私有云提供，F^* 由链上节点提供。输出是排序文件 id 集 $\mathbb{RS}_{C_q^*,d+d'}$ 和排序文件集 $\mathbb{F}_Q^*$，其中 $\mathbb{RS}_{C_q^*,d+d'}$ 转发到链上节点，$\mathbb{F}_Q^*$ 转发到用户。

私有云根据公式(7-4)对每个 w_j，$j\in N_{C_q^*,d+d'}$ 计算相关性得分 RS_{f_i}，得到并将集合 $\mathbb{RS}_{C_q^*,d+d'}$ 发送到链上节点。

$$\mathrm{RS}_{f_i}=\sum_{i\in N_{C_q^*,d+d'}}\mathrm{KS}_{C_q^*,C_{w_j}^*}\cdot\widehat{\mathrm{WS}}_{w_j,f_i}\tag{7-4}$$

$$\mathbb{RS}_{C_q^*,d+d'}=\{\mathrm{id}_i\mid\text{如果 }i>j\text{，那么 }\mathrm{RS}_{f_{\mathrm{id}_i}}>\mathrm{RS}_{f_{\mathrm{id}_j}}\}$$

链上节点根据 $\mathbb{RS}_{C_q^*,d+d'}$ 找出相应的加密文件集 $\mathbb{F}_Q^*$，并发送给用户。

$$\mathbb{F}_{Q}^{*}=\{f_{\mathrm{id}_i} \mid \mathrm{id}_i \in \mathbb{RS}_{C_q^*,d+d'}\}$$

3. 过滤和验证算法

1）过滤算法

（1）过滤规则

W 是一个索引关键词集，$Q=\{q,d\}$ 是用户的模糊查询。链上节点可以根据 k、d、$\mathrm{len}(w_i)$ 和 $\mathrm{len}(q)$ 这些值过滤掉大部分不相似或低相似性的关键词。k 为 w_i 和 q 之间匹配的字符数，$k=\boldsymbol{U}_{w_i}\cdot\boldsymbol{U}_q$，$w_i\in W$。$\mathrm{len}(w_i)$ 和 $\mathrm{len}(q)$ 分别为关键词 w_i 和 q 的长度。如果 $\mathrm{ed}(w_i,q)\leqslant d$，则任意两个关键词中的不匹配字符数将不超过 d。当 $\mathrm{len}(q)-k>d$ 或 $\mathrm{len}(w_i)-k>d$ 时，至少需要 $d+1$ 次编辑操作才能将 w_i 变换到 q。如果 d 中的两个关键词 w_i 和 q 相似，则应满足等式(7-5)。

$$\mathrm{len}(w_i)-k\leqslant d \quad 且 \quad \mathrm{len}(q)-k\leqslant d \tag{7-5}$$

在 SFRSE 方案中，用 MRSE 算法对一元向量 $\boldsymbol{U}_{w_i}$ 进行加密。在加密前，数据拥有者将二进制向量 $\boldsymbol{U}_{w_i}$ 扩展为两个 σ 维非二进制向量 $\mathbf{U1}_{w_i}$ 和 $\mathbf{U2}_{w_i}$，其中，$\mathbf{U1}_{w_i}=(-\boldsymbol{U}_{w_i},\mathrm{len}(w_i),1,\varepsilon_1,\cdots)$，$\mathbf{U2}_{w_i}=(-\boldsymbol{U}_{w_i},1,1,\varepsilon_1,\cdots)$，$\varepsilon_k,k\in[1,\sigma-u-2]$ 是一系列随机数；用户将 $\boldsymbol{U}_q$ 扩展为两个 σ 维向量 $\mathbf{U1}_q$ 和 $\mathbf{U2}_q$，$\mathbf{U1}_q=(\boldsymbol{U}_q,1,t,\theta_1,\cdots)$，$\mathbf{U2}_q=(\boldsymbol{U}_q,\mathrm{len}(q),t,\theta_1,\cdots)$，其中 t 是随机数，$\theta_k,k\in[1,\sigma-u-2]$ 是 0 或 1。如 MRSE[18] 方案所述，对于两个一元向量 $\boldsymbol{U}_{w_i}$ 和 $\boldsymbol{U}_q$，它们对应的密文分别为 $\boldsymbol{U}_{w_i}^*$ 和 $\boldsymbol{U}_q^*$。这两个加密向量的内积为

$$\begin{aligned}\mathrm{ip}_1&=-\boldsymbol{U}_w\cdot\boldsymbol{U}_q+\mathrm{len}(w_i)+t+\sum\varepsilon^{(v)}\\ \mathrm{ip}_2&=-\boldsymbol{U}_w\cdot\boldsymbol{U}_q+\mathrm{len}(q)+t+\sum\varepsilon^{(v)}\end{aligned} \tag{7-6}$$

如果向量 $\boldsymbol{U}_{w_i}^*$ 和 $\boldsymbol{U}_q^*$ 的内积满足过滤规则，即等式(7-5)，则加密向量对应的内积应满足

$$\mathrm{ip}_1\leqslant d+\sum\varepsilon^{(v)}+t \quad 且 \quad \mathrm{ip}_2\leqslant d+\sum\varepsilon^{(v)}+t \tag{7-7}$$

由于 $\varepsilon^{(v)}$ 和 t 分别是由数据所有者和数据用户随机选择的，所以我们设置 $\sum\varepsilon^{(v)}\leqslant 1$。为了使链上节点过滤掉不相似的关键词，数据用户需要向链上节点提交一个过滤阈值 $d_f=d+1+t$。

（2）搜索索引树

链上节点接收数据用户的查询 $Q=\{\boldsymbol{U}_q^*,d_f\}$，并使用“贪婪深度优先搜索”算法搜索索引树。链上节点计算 $\boldsymbol{U}_{w_i}^*$ 和 $\boldsymbol{U}_q^*$ 的内积，并返回内积小于过滤阈值 d_f 的叶子节点。图 7-3 给出了一个在明文中构建和搜索索引树的实例。其中，k 表示两个向量之间相同字符的数量，l 表示关键词长度，浅灰色节点表示搜索的节点，深灰色节点表示返回的节点，白色节点表示未搜索的节点。

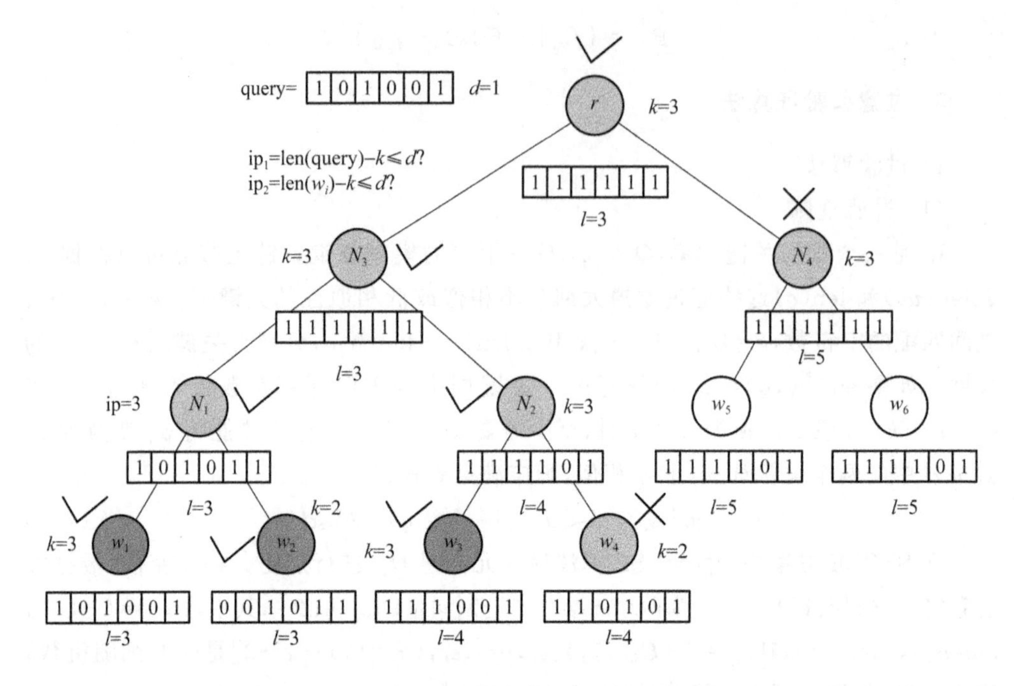

图 7-3　在明文中构建和搜索索引树的实例

对图 7-3 所举示例的具体描述如下。

$\mathbb{W}=\{w_1$:'eat',w_2:'let',w_3:'cate',w_4:'chat',w_5:'teach',w_6:'tache'$\}$是关键词集，根据$\mathbb{W}$中出现的字符生成 6 维一元集 $U=\{a,c,e,h,l,t\}$，关键词转换为相应的一元向量：$\boldsymbol{U}_{w_1}=(1,0,1,0,0,1)$、$\boldsymbol{U}_{w_2}=(0,0,1,0,1,1)$、$\boldsymbol{U}_{w_3}=(1,1,1,0,0,1)$、$\boldsymbol{U}_{w_4}=(1,1,0,1,0,1)$、$\boldsymbol{U}_{w_5}=(1,1,1,1,0,1)$、$\boldsymbol{U}_{w_6}=(1,1,1,1,0,1)$。接下来，我们基于树的后序遍历方法构建平衡二叉索引树：首先，生成存储关键词一元向量和关键词长度的叶节点；其次，生成父节点；中间节点中的一元向量是通过对存储在其子节点中的两个一元向量进行 OR 操作得到的，其中 $N.\boldsymbol{U}[i]=\mathrm{OR}\{Nl.\boldsymbol{U}[i],Nr.\boldsymbol{U}[i]\}$。内部节点中的长度是存储在两个子节点中长度的最小值。明文中相应的过滤规则为 $ip_1=\mathrm{len}(w_i)-k\leqslant d$ 和 $ip_2=\mathrm{len}(q)-k\leqslant d$，相应的过滤阈值为 $d_f=d$。

例如：数据用户将关于关键词'eat'的查询 $Q=\{\boldsymbol{U}_q=(1,0,1,0,0,1),d_f=d=1\}$ 提交给链上节点；链上节点采用深度优先搜索算法搜索索引树，从根节点开始计算内积 $k=N.\boldsymbol{U}\cdot\boldsymbol{U}_q$，并判断内积是否满足过滤规则。如果满足，链上节点将继续搜索其子节点，否则就会中止。如图 7-3 所示，最终的相似性关键词为 w_1、w_2 和 w_3。

2）验证算法

（1）设计思想

将关键词转换为字符向量　编辑距离算法是一种递归算法，第 i 次迭代以关键词的第 i 个字符为输入，递归地计算子字符串的编辑距离。为了使私有云能够计算出编辑距离，我们需要将一个关键词转换为一个字符向量。

基于联盟链+私有云架构实现 LDE 算法 公式(7-8)为编辑距离计算公式，其中 w 和 q 是两个关键词。$\mathrm{ed}[k][t]$表示 w 的 pre-k 子串和 q 的 pre-t 子串的编辑距离。

$$\mathrm{ed}[k][t]=\begin{cases}t, & k=0,t>0\\ k, & k>0,t=0\\ \min\{\mathrm{ed}[k-1][t],\mathrm{ed}[k][t-1]+1,\mathrm{ed}[k-1][t-1]+f(k,t)\}, & k>0,t>0\end{cases} \tag{7-8}$$

$$f(k,t)=\begin{cases}0, & w[k]=q[t]\\ 1, & w[k]\neq q[t]\end{cases}$$

编辑距离算法包括相等测试和比较测试。前者是评估两个字符是否相等，后者是为了找到当前的最小编辑距离。在我们的 LDE 算法中，链上节点负责为每对目标关键词$(\boldsymbol{C}_{w_i}^*,\boldsymbol{C}_q^*)$，$w_i\in \mathrm{VS}$ 构建加密的编辑距离矩阵 $\boldsymbol{M}_{C_{w_i}^*,C_q^*}$；私有云负责执行安全计算——相等测试和比较测试，这些测试操作将在一定程度上揭示关键词的字符分布。在 LDE 算法中，链上节点将随机矩阵 $\boldsymbol{M}_{C_{w_i}^*,C_q^*}^*$ 发送到私有云，而不是直接发送加密的目标关键词 $\boldsymbol{C}_{w_i}^*$ 和 $\boldsymbol{C}_q^*$。该随机化操作是为了防止私有云直接解密和获取查询关键词和部分索引关键词的明文。这样，链上节点就拥有索引，但不能知道索引关键词中的字符关系；私有云只知道相似关键词组的字符相等关系，而不知道整体的字符分布信息。

添加 dummy 以保护关键词隐私 为了避免将关键词长度和字符统计信息泄漏给私有云，我们生成了一个中间向量 $\boldsymbol{I}_{w_i}$，并添加虚拟字符到 $\boldsymbol{I}_w$ 使其扩展为 L 维字符向量 $\boldsymbol{C}_{w_i}$。一方面，中间向量的维数等于其关键词长度，关键词长度会暴露给两个私有云。另一方面，私有云在搜索过程中执行相等测试和比较测试，会知道验证集中关键词的共现频率及其分布信息，字符统计信息被公开给私有云。如果私有云具有明文领域的潜在敌手知识(如英语单词)，它们可以根据关键词长度和频率推断出实际的明文关键词。因此，从安全和隐私的角度来看，这些信息不应该告诉私有云。

由于编辑距离算法的有序性，如果将虚拟值随机添加到原始关键词字符向量的任意位置，编辑距离将受到影响。有序性指的是元素 $\mathrm{ed}[k][t]$由其之前的 3 个状态 $\mathrm{ed}[k-1][t-1]$、$\mathrm{ed}[k-1][t]$和 $\mathrm{ed}[k][t-1]$决定。在 LDE 算法中，我们生成了一个虚拟字符向量 $\boldsymbol{\delta}_q$ 和虚拟字符向量集 $\Delta=\{\boldsymbol{\delta}_i\mid\boldsymbol{\delta}_{ij}\in\Sigma_2,\mathrm{ed}(\boldsymbol{\delta}_i,\boldsymbol{\delta}_q)=d'\}$，随机选择一对$(\boldsymbol{\delta}_i,\boldsymbol{\delta}_q)$，并将它们分别添加到每个字符向量 $\boldsymbol{C}_{w_i}$ 和查询字符向量 $\boldsymbol{C}_q$ 的头部。为了保证模糊搜索的准确性，添加虚拟元素的操作不应改变关键词的相似性，即该添加操作应满足：如果 $\mathrm{ed}(w_i,q)=d$，则 $\mathrm{ed}(\boldsymbol{\delta}_i\|w_i,\boldsymbol{\delta}_q\|q)=d+d'$。

接下来，我们选择一个填充字符"＊"，并通过添加 l_p 个字符"＊"进一步将向量 $\boldsymbol{C}_{\boldsymbol{\delta}_i\|w_i}$ 扩展到一个固定长度的 L，其中 $l_p=L-\mathrm{len}(\delta_i)-\mathrm{len}(w_i)$。这一步是为了防止

链上节点知道相对关键词的长度从而推导出确切的长度。由于关键词的长度不同，所以要添加的填充字符的数量也有所不同。为了确保添加操作不影响最终的编辑距离，我们将编辑距离公式重新定义为公式(7-9)，其中等式$\widehat{\text{ed}}((*\cdots*\|\boldsymbol{\delta}_i\|w_i),(*\cdots*\|\boldsymbol{\delta}_q\|q))=\text{ed}(\boldsymbol{\delta}_i\|w_i,\boldsymbol{\delta}_q\|q)$成立。

$$
\widehat{\text{ed}}[k][t]=\begin{cases}0, & k=0,t=0\\ \sum_{h=0}^{t}\hat{f}(0,h), & k=0,t>0\\ \sum_{h=0}^{k}\hat{f}(h,0), & k>0,t=0\\ \min\{\widehat{\text{ed}}[k-1][t]+1,\widehat{\text{ed}}[k][t-1]+1, & \\ \quad \text{ed}[k-1][t-1]+\hat{f}(k,t)\}, & k>0,t>0\end{cases} \tag{7-9}
$$

$$
\hat{f}(k,t)=\begin{cases}0, & w_i[k]=q[t]\\ 1, & w_i[k]\neq q[t]\end{cases}
$$

加解密算法选取 为了实现字符的不可链接性，加密算法应该是概率性的。编辑距离算法涉及算术运算，因此 LDE 算法要求链上节点在密文中进行一些算术运算。加密算法应该是同态的。我们选择 Paillier 加密算法对关键词字符向量进行加密。

(2) LDE 算法设计

① LDE. preprocess$(W,\kappa)\rightarrow(\Sigma_1,\Sigma_2,d',\boldsymbol{\delta}_q,\Delta,*,L,K_{\text{PHE}})$。预处理阶段由数据所有者执行。输入值为关键词集 W 和安全参数 κ；输出为元组$(\Sigma_1,\Sigma_2,d',\boldsymbol{\delta}_q,\Delta,*,L,K_{\text{PHE}})$，其中 $K_{\text{PHE}}=\{\text{PK},\text{SK}\}$，数据所有者将 SK 发送到私有云并发布 PK。

② LDE. EncIndex$(w_i)\rightarrow\boldsymbol{C}^*_{w_i}$。此步骤由数据所有者执行。输入是由数据所有者提供的关键词 w_i；输出是加密的字符向量 $\boldsymbol{C}^*_{w_i}$，转发到链上节点。

③ LDE. EncQuery$(q,d)\rightarrow(\boldsymbol{C}^*_q,d+d')$。此步骤由用户执行。输入是由用户提供的查询 $Q=\{q,d\}$；输出为密文 $\boldsymbol{C}^*_q$ 和相似度阈值 $d+d'$，转发到链上节点。

④ LDE. ConEDMatrix$(\boldsymbol{C}^*_{w_i},\boldsymbol{C}^*_q)\rightarrow\pi\boldsymbol{M}^*_{\boldsymbol{C}^*_{w_i},\boldsymbol{C}^*_q}$。此步骤由链上节点执行。输入是两个加密的字符向量 $\boldsymbol{C}^*_{w_i}$ 和 $\boldsymbol{C}^*_q$。输出是一个加密的编辑距离矩阵 $\pi\boldsymbol{M}^*_{\boldsymbol{C}^*_{w_i},\boldsymbol{C}^*_q}$，转发到私有云。其中，$\pi$ 是一个 PRP；矩阵 $\boldsymbol{M}^*_{\boldsymbol{C}^*_{w_i},\boldsymbol{C}^*_q}$ 中的元素由公式(7-10)计算得到，其中 r_{kt} 是一个随机数。

$$
\boldsymbol{M}^*[k][t]=(\boldsymbol{C}^*_{w_i}[k]/\boldsymbol{C}^*_q[t])^{r_{kt}},k,t\in[0,L],\quad r_{kt}\in\mathrm{R} \tag{7-10}
$$

⑤ LDE. ComED $(\boldsymbol{M}^*_{\boldsymbol{C}^*_{w_i},\boldsymbol{C}^*_q})\rightarrow\widehat{\text{ed}}(\boldsymbol{C}^*_{w_i},\boldsymbol{C}^*_q)$。此步骤由私有云执行。输入是矩阵 $\boldsymbol{M}^*_{\boldsymbol{C}^*_{w_i},\boldsymbol{C}^*_q}$；输出值为编辑距离。私有云对矩阵 $\boldsymbol{M}^*_{\boldsymbol{C}^*_{w_i},\boldsymbol{C}^*_q}$ 中的元素进行解密，得到明文矩

阵 $\boldsymbol{M}_{\boldsymbol{C}_{w_i}^*,\boldsymbol{C}_q^*}$，再根据公式(7-9)计算编辑距离 $\widehat{\mathrm{ed}}(\boldsymbol{C}_{w_i}^*,\boldsymbol{C}_q^*)$。因为 $\boldsymbol{M}_{\boldsymbol{C}_{w_i}^*,\boldsymbol{C}_q^*}[k][t]=r_{kt}(w_i[k]-q[t])$ 是被随机化的 $w_i[k]$ 和 $q[t]$ 的差，所以：

a. 如果 $\boldsymbol{M}_{\boldsymbol{C}_{w_i}^*,\boldsymbol{C}_q^*}[k][t]=0$，那么 $w_i[k]=q[t]$；

b. 如果 $\boldsymbol{M}_{\boldsymbol{C}_{w_i}^*,\boldsymbol{C}_q^*}[k][t]\neq 0$，那么 $w_i[k]\neq q[t]$。

7.3 链上的安全范围查询

本节介绍链上安全查询的两个应用场景及其对应的研究成果，一是针对地理信息数据的安全线状区域搜索方案，解决大量现有方案在线状区域查询中结果不够精确的问题；二是针对物联网通信数据的安全范围检索方案，解决传统的物联网集中式安全架构易在数据存储空间、数据可靠性、可扩展性和运营成本等方面受到限制的问题。

7.3.1 针对地理信息数据的安全线状区域搜索

1. 问题描述

本节首次在联盟链范式下探讨了可保护隐私的线状区域搜索(LRS)问题，并提出了一种为线状区域搜索量身定做的安全查询方案。由于 LRS 的查询结果是接近查询线段的 POI 对象，因此关键问题是如何有效地找到查询线段所在的线状区域。在各种空间索引中，本节方案选择几何上相对规则的四叉树结构来构造 POI 数据库的索引，从而令查询线段经过的所有“最小”矩形(四叉树索引的叶节点表示的矩形)构成要查询的线状区域。为了在加密环境中实现这种搜索过程，本节根据计算几何学中的相关原理和 ASPE 算法[21]，设计了一种在密文下精确判定线段与矩形相交关系的高效算法。具体地说，索引矩形的每条边和查询线段都可以表示为它们的两个端点的集合，我们利用 ASPE 算法对索引矩形和查询线段加密；同时，为了防止半可信的链上节点篡改搜索结果或者利用搜索过程中泄漏的信息推断用户隐私信息，我们将搜索算法封装到联盟链的智能合约中，利用智能合约的性质来保证搜索结果的正确性和完整性。在该算法的基础上，通过生成常数复杂度的查询，即可精确地找出查询线段所在的线状区域。此外，该算法还为加密二维空间的其他几何计算问题提供了新的解决思路，也在二维空间中克服了本章参考文献[22]提出的 EhQ 方法处理非轴平行超矩形查询的不足。

2. 方案设计

1）系统模型

如图 7-4 所示，本节的系统模型涉及 3 个参与方：LBS 服务器（LBSs）、查询用户、联盟链。

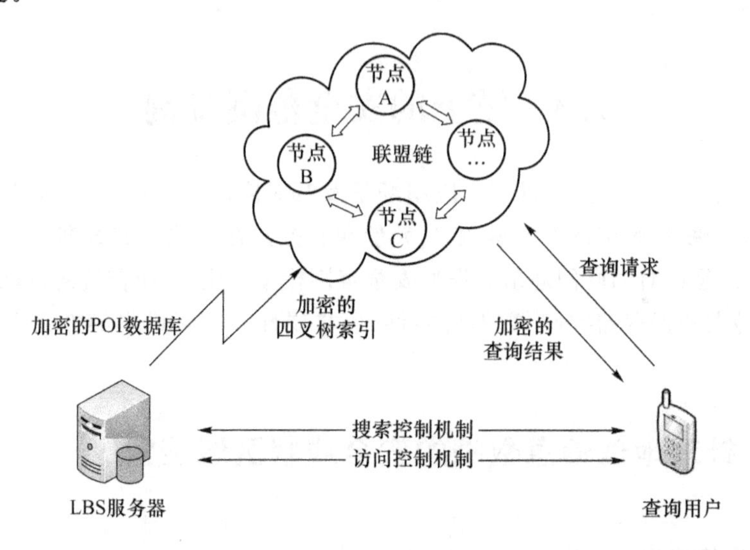

图 7-4　可保护隐私的线状区域搜索方案的系统架构

LBSs 中有一个 POI 数据库 $O=\{O_1,O_2,\cdots,O_n\}$。它愿意将加密的 POI 数据库（记为 C）外包给联盟链，同时依然能令用户查询这个数据库从而获得对数据库的有效使用。本节方案中，LBSs 首先在数据库 O 上构建一个明文形式的索引树 τ，并在外包之前将其加密为 τ^*，然后它将 τ^* 和 C 都外包给联盟链。为了支持在 C 上执行线状区域搜索，需要 LBSs 在系统初始化时将生成搜索陷门的密钥信息、加密关键词的密钥信息（图 7-4 中的搜索控制机制）以及解密 POI 数据的密钥信息（图 7-4 中的访问控制机制）一并发送给经 LBSs 授权的查询用户。

查询用户经授权后可以向联盟链发起 LRS 查询请求。该请求包括一个查询关键词 w_q 和一个查询线 S_q。为了保护查询隐私，查询用户（以下简称为"用户"）首先利用搜索控制机制为 S_q 生成搜索陷门 TR，然后将关键词 w_q 加密为 w_q^*，最后将 TR 和 w_q^* 一并发送给联盟链。在用户接收到联盟链返回的加密查询结果（加密的 POI 对象）后，他可以利用访问控制机制中共享的数据解密密钥对查询结果解密。

联盟链负责存储加密的树型索引 τ^* 和加密的 POI 数据库。在接收到来自用户的搜索请求 $\{\mathrm{TR},w_q^*\}$ 后，链上节点首先使用 TR 查找线段 S_q 附近的 POI 对象，然后根据加密的关键词 w_q^* 过滤，最后将搜索结果返回用户。

2）LRSEI 方案

为了保护区域隐私，本方案利用 ASPE 算法加密索引，其安全性与向量的维度成正比[9]。为了提高方案的安全性，索引和查询中涉及的向量（二维点）首先要拓展到高维空间，但这种扩展不应影响最终的计算结果。因此，在 LRSEI 方案中，我们给出了一些辅助向量和 3 种拓展索引和查询的算法。下面是 LRSEI 的详细步骤，包含生成密钥、加密四叉索引树、加密查询和搜索 4 个步骤。

步骤 1 生成密钥

初始时，LBSs 生成加密关键词的密钥 K 和一个安全的哈希函数 $h(\cdot)$。另外，LBSs 还随机生成用于加密索引和查询的密钥，密钥由三部分组成：①$(m+3)$个比特构成的二进制向量 $\boldsymbol{s}$；②两个$(m+3)\times(m+3)$的可逆矩阵 $\boldsymbol{M}_1$、$\boldsymbol{M}_2$；③两个正整数 pos_1、pos_2，其中 $\mathrm{pos}_1<\mathrm{pos}_2<m+3$。

步骤 2 加密四叉索引树

首先，LBSs 构建出未加密的索引树 τ，之后 LBSs 加密每个节点所代表的矩形以及每个 POI 对象的关键词。关键词的加密方法借鉴了本章参考文献[19]；由于矩形可以表示为 4 条线段的集合 $R=(S_1,S_2,S_3,S_4)$，所以矩形的位置隐私可以通过密钥 SK 加密这 4 条线段实现。下面是加密 u. R 的一条线段 p_1p_2 用到的 6 个算法，方案中依次执行它们。

① Setup(1^m)。根据安全参数 m，LBSs 随机生成以下信息：一个长度为 m 的向量 $\boldsymbol{\alpha}=(\alpha_1,\alpha_2,\cdots,\alpha_m)$，其中 $\alpha_i,i\in\{1,2,\cdots,m\}$是满足条件 $\sum_{i=1}^{m}\alpha_i=h(K\|u.\mathrm{ID})$ 的随机数；一个长度为 m 的向量 $\boldsymbol{\beta}=(\beta_1,\beta_2,\cdots,\beta_m)$，其中 $\beta_j,j\in\{1,2,\cdots,m\}$是满足条件 $\sum_{j=1}^{m}\beta_j=p_1\cdot p_2$ 的随机数；一个由 p_1 和 p_2 的坐标生成的二维点 $D_s=(p_1\cdot\boldsymbol{x}+p_2\cdot\boldsymbol{x},p_1\cdot\boldsymbol{y}+p_2\cdot\boldsymbol{y})$。

② $\mathrm{EXT}_1(p_1p_2,\boldsymbol{\alpha},\mathrm{pos}_1,\mathrm{pos}_2)$：第一个拓展算法，用于拓展 p_1、p_2 的端点。LBSs 首先将 $p_i,i\in\{1,2\}$的坐标$\{p_i\cdot\boldsymbol{x},p_i\cdot\boldsymbol{y}\}$插入随机向量 $\boldsymbol{\alpha}$，其中 $p_i\cdot\boldsymbol{x}$ 插入的位置是 pos_1，$p_i\cdot\boldsymbol{y}$ 插入的位置是 pos_2，之后数字 1 被插入 $\boldsymbol{\alpha}$ 的末位。综上，$\mathrm{EXT}_1(\cdot)$算法将 p_1、p_2 拓展成 2 个$(m+3)$维的向量：

$$\boldsymbol{p}_{i(1)}=(\alpha_1,\cdots,p_i\cdot\boldsymbol{x},\cdots,p_i\cdot\boldsymbol{y},\cdots,\alpha_m,1)_{i\in\{1,2\}} \tag{7-11}$$

③ $\mathrm{EXT}_2(p_1p_2,\boldsymbol{\alpha},\mathrm{pos}_1,\mathrm{pos}_2)$：第二个拓展算法，用于拓展 p_1、p_2 的端点。与 $\mathrm{EXT}_1(\cdot)$算法同理，LBSs 首先将 $p_i,i\in\{1,2\}$的坐标$\{p_i\cdot\boldsymbol{x},p_i\cdot\boldsymbol{y}\}$根据 pos_1、pos_2 插入随机向量 $\boldsymbol{\alpha}$。之后，为了拓展 p_1，数字 0 被插入拓展向量的末位；为了拓展 p_2，p_1 和$[p_2]$的内积被插入拓展向量的末位。综上，$\mathrm{EXT}_2(\cdot)$算法将 p_1、p_2 拓展成 2 个$(m+3)$维的向量：

$$\boldsymbol{p}_{1(2)}=(\alpha_1,\cdots,p_1\cdot\boldsymbol{x},\cdots,p_1\cdot\boldsymbol{y},\cdots,\alpha_m,0)$$
$$\boldsymbol{p}_{2(2)}=(\alpha_1,\cdots,p_2\cdot\boldsymbol{x},\cdots,p_2\cdot\boldsymbol{y},\cdots,\alpha_m,p_1\cdot[p_2]) \tag{7-12}$$

④ $\mathrm{EXT}_3(p_1p_2,D_s,\boldsymbol{\beta},\mathrm{pos}_1,\mathrm{pos}_2)$：第三个拓展算法，用于拓展 p_1、p_2 的端点和 D_s。LBSs 首先将 $p_i,i\in\{1,2\}$的坐标$\{p_i\cdot\boldsymbol{x},p_i\cdot\boldsymbol{y}\}$的相反数根据 pos_1、pos_2 插入

由 m 个数字 1 组成的向量。然后，将 $|p_i|^2$ 插入拓展向量的末位；为了拓展 D_s，LBSs 根据 pos_1、pos_2 将 D_s 的坐标插入随机向量 $\boldsymbol{\beta}$，之后在拓展向量的末位插入数字 1。综上，$EXT_3(\cdot)$算法将 p_1、p_2 和 D_s 拓展成 3 个$(m+3)$维的向量：

$$\boldsymbol{p}_{i(3)}=(1,\cdots,-p_i\cdot\boldsymbol{x},\cdots,-p_i\cdot\boldsymbol{y},\cdots,1,|p_i|^2)_{i\in\{1,2\}}$$
$$\boldsymbol{D}_s=(\beta_1,\cdots,D_s\cdot\boldsymbol{x},\cdots,D_s\cdot\boldsymbol{y},\cdots,\beta_m,1) \tag{7-13}$$

⑤ $\text{Split}(\boldsymbol{p}_{i(t)},\boldsymbol{D}_s,s)_{i\in\{1,2\},t\in\{1,2,3\}}$：对以上拓展得到的 7 个$(m+3)$维的向量进行分割的算法。因为这些向量的分割方法没有什么不同，所以我们用一个向量 $\boldsymbol{V}=\{v_1,v_2,\cdots,v_{m+3}\}$代表任意向量，以阐述其分割过程。根据 ASPE 算法，分割过程如下：LBSs 首先将 $\boldsymbol{V}$ 分割成两个向量 $\boldsymbol{V}'$ 和 $\boldsymbol{V}''$，具体地，如果 $s[j]=0$，则 $\boldsymbol{V}'[j]$和 $\boldsymbol{V}''[j]$被设置为与 $\boldsymbol{V}[j]$相等的数；而如果 $s[j]=1$，则 $\boldsymbol{V}'[j]$和 $\boldsymbol{V}''[j]$被设置为满足 $\boldsymbol{V}'[j]+\boldsymbol{V}''[j]=\boldsymbol{V}[j]$的两个随机数。综上，7 个拓展后的向量可以被进行如下分割：

$$\boldsymbol{p}'_{i(t)},\boldsymbol{p}''_{i(t)}\leftarrow\boldsymbol{p}_{i(t)},\quad i\in\{1,2\},t\in\{1,2,3\}$$
$$\boldsymbol{D}'_s,\boldsymbol{D}''_s\leftarrow\boldsymbol{D}_s \tag{7-14}$$

⑥ $\text{VectorEncrypt}(\boldsymbol{p}'_{i(t)},\boldsymbol{p}''_{i(t)},\boldsymbol{D}'_s,\boldsymbol{D}''_s,\boldsymbol{M}_1,\boldsymbol{M}_2),i\in\{1,2\},t\in\{1,2,3\}$：针对由 $\boldsymbol{p}_{i(t)}$ 和 $\boldsymbol{D}_{s(t)}$ 分割得到的 14 个向量的加密算法。加密结果可以表示为

$$\boldsymbol{p}^*_{i(t)}=\{\boldsymbol{M}_1^{\mathrm{T}}\boldsymbol{p}'_{i(t)},\boldsymbol{M}_2^{\mathrm{T}}\boldsymbol{p}''_{i(t)}\},\quad i\in\{1,2\},t\in\{1,2,3\}$$
$$\boldsymbol{D}^*_s=\{\boldsymbol{M}_1^{\mathrm{T}}\boldsymbol{D}'_s,\boldsymbol{M}_2^{\mathrm{T}}\boldsymbol{D}''_s\} \tag{7-15}$$

其中，$\boldsymbol{p}^*_{i(t)}$、$\boldsymbol{D}^*_s$ 分别代表 $\boldsymbol{p}_{i(t)}$ 和 $\boldsymbol{D}_s$ 的加密形式。

基于以上 6 个算法，线段 p_1p_2 可以被加密成 6 个部分：

$$R^*=\{\boldsymbol{p}^*_{i(t)},\boldsymbol{D}^*_s\}\xleftarrow{\text{SK}}S=p_1p_2,\quad i\in\{1,2\},t\in\{1,2,3\} \tag{7-16}$$

之后，LBSs 生成加密的矩形 u.R，方法是对这个矩形的 4 条边分别执行上述的 6 个算法进行加密：

$$R^*=\{S_1^*,S_2^*,S_3^*,S_4^*\}\xleftarrow{\text{SK}}\{S_1,S_2,S_3,S_4\}=R \tag{7-17}$$

事实上，四叉索引树由一组节点（叶节点或非叶节点）和一组指示所有父子关系的指针来描述。所以在本节方案中，LBSs 只需要加密每个节点 u 中包含的矩形 u.R 即可，但是需要保持所有指针关系不变，即未加密的四叉树 τ 和加密的四叉树τ^*是同构的。最后，LBSs 将τ^*和加密的 POI 数据采集 C 一起上传到链上节点。

步骤 3 加密查询

根据查询关键词 w_q 和查询线段 S_q，用户生成被加密的查询请求，包括由 S_q 生成的搜索陷门 TR 和 w_q 生成的被加密的关键词 w_q^*。关键词加密的过程借鉴了本章参考文献[19]。和索引加密相同，在用 ASPE 算法加密之前，我们用一些额外的向量和 3 个拓展算法将查询线的端点拓展到$(m+3)$维。假设查询线段有两个端点 q_1 和 q_2，用户和 LBSs 通过搜索控制机制共享一个密钥 SK，则用户按顺序执行以下 6 个算法，生成搜索陷门。

① $\text{Setup}'(1^m)$。根据安全参数 m，用户随机生成下列数据：一个长度为 m 的向

量 $\boldsymbol{\beta}'=(\beta'_1,\beta'_2,\cdots,\beta'_m)$，其中 $\beta'_j,j\in\{1,2,\cdots,m\}$ 是满足 $\sum_{j=1}^{m}\beta'_j=q_1\cdot q_2$ 的随机数；一个由 q_1 和 q_2 的坐标生成的二维点 $D_u=(q_1\cdot \boldsymbol{x}+q_2\cdot \boldsymbol{x},q_1\cdot \boldsymbol{y}+q_2\cdot \boldsymbol{y})$。

② $\mathrm{EXT}'_1(q_1q_2,\mathrm{pos}_1,\mathrm{pos}_2)$：第一个拓展算法，用于扩展查询线段 q_1q_2 的端点。用户首先生成查询线段的经过转换的端点 $[q_1]$ 和 $[q_2]$。与 $\mathrm{EXT}_1(\cdot)$ 同理，由 LBSs 根据 pos_1 和 pos_2，把 $[q_1]$ 和 $[q_2]$ 的坐标插到由 $(m+1)$ 个数字 1 组成的向量中，表示为

$$\boldsymbol{q}_{i(1)}=(1,\cdots,q_1\cdot \boldsymbol{y},\cdots,-q_1\cdot \boldsymbol{x},\cdots,1,1)_{i\in\{1,2\}} \tag{7-18}$$

③ $\mathrm{EXT}'_2(q_1q_2,\mathrm{pos}_1,\mathrm{pos}_2)$。第二个拓展算法，用于拓展查询线段 q_1q_2 的端点。和 $\mathrm{EXT}'_1(\cdot)$ 类似，用户首先得到经过转换的端点 $[q_1]$ 和 $[q_2]$，根据 pos_1 和 pos_2，把 $[q_1]$ 和 $[q_2]$ 的坐标分别插到由 m 个数字 1 组成的向量中。为了拓展 q_1，用户把内积 $q_1\cdot[q_2]$ 插到拓展向量的末位；为了拓展 q_2，用户把 0 插到拓展向量的末位，如下：

$$\boldsymbol{q}_{1(2)}=(1,\cdots,q_1\cdot \boldsymbol{y},\cdots,-q_1\cdot \boldsymbol{x},\cdots,1,q_1\cdot[q_2])$$
$$\boldsymbol{q}_{2(2)}=(1,\cdots,q_2\cdot \boldsymbol{y},\cdots,-q_2\cdot \boldsymbol{x},\cdots,1,0) \tag{7-19}$$

④ $\mathrm{EXT}'_3(q_1q_2,\boldsymbol{D}_u,\boldsymbol{\beta},\mathrm{pos}_1,\mathrm{pos}_2)$：第三个拓展算法，用于拓展 q_1、q_2 和 $\boldsymbol{D}_u$。为了拓展 q_1 和 q_2，根据位置 pos_1 和 pos_2，用户把 q_1 和 q_2 的坐标的相反数分别插到由 m 个数字 1 组成的向量中，把 $|q_i|^2$ 插到向量的末位；为了拓展 $\boldsymbol{D}_u$，根据位置 pos_1 和 pos_2，用户插入 $\boldsymbol{D}_u$ 的坐标到 $\boldsymbol{\beta}'$，然后将数字 1 插到被拓展向量的末位。综上，q_1、q_2 和 $\boldsymbol{D}_u$ 被拓展成了 $(m+3)$ 维的向量，如下：

$$\boldsymbol{q}_{i(3)}=(1,\cdots,-q_i\cdot \boldsymbol{x},\cdots,-q_i\cdot \boldsymbol{y},\cdots,1,|q_i|^2)_{i\in\{1,2\}}$$
$$\boldsymbol{D}_u=(\beta'_1,\cdots,D_u\cdot \boldsymbol{x},\cdots,D_u\cdot \boldsymbol{y},\cdots,\beta'_m,1) \tag{7-20}$$

⑤ $\mathrm{Split}'(\boldsymbol{q}_{i(t)},\boldsymbol{D}_{\mathrm{u}},s)_{i\in\{1,2\},t\in\{1,2,3\}}$：用于分割由用户生成的拓展向量。和索引构造的分割过程类似，用 $\boldsymbol{V}=\{v_1,v_2,\cdots,v_{m+3}\}$ 代表任意向量，用户分离 $\boldsymbol{V}$ 为两个随机向量 $\boldsymbol{V}'$ 和 $\boldsymbol{V}''$。如果 $s[j]=0$，则 $\boldsymbol{V}'[j]$ 和 $\boldsymbol{V}''[j]$ 是满足 $\boldsymbol{V}'[j]+\boldsymbol{V}''[j]=\boldsymbol{V}[j]$ 的两个随机数；如果 $s[j]=1$，则 $\boldsymbol{V}'[j]$、$\boldsymbol{V}''[j]$ 与 $\boldsymbol{V}[j]$ 相同。用户分割的 7 个拓展向量如下：

$$\boldsymbol{q}'_{i(t)},\boldsymbol{q}''_{i(t)}\leftarrow \boldsymbol{q}_{i(t)};\boldsymbol{D}'_{\mathrm{u}},\quad i\in\{1,2\},t\in\{1,2,3\}$$
$$\boldsymbol{D}''_{\mathrm{u}}\leftarrow \boldsymbol{D}_{\mathrm{u}} \tag{7-21}$$

⑥ $\mathrm{VectorEncrypt}'(\boldsymbol{q}'_{i(t)},\boldsymbol{q}''_{i(t)},\boldsymbol{D}'_{\mathrm{u}},\boldsymbol{D}''_{\mathrm{u}},\boldsymbol{M}_1,\boldsymbol{M}_2),i\in\{1,2\},t\in\{1,2,3\}$：对于 $\boldsymbol{q}_{i(t)}$ 和 $\boldsymbol{D}_u$ 分割后的 14 个向量的加密算法。它们的加密方式如下：

$$\boldsymbol{q}^*_{i(t)}=\{\boldsymbol{M}_1^{-1}\boldsymbol{q}'_{i(t)},\boldsymbol{M}_2^{-1}\boldsymbol{q}''_{i(t)}\},\quad i\in\{1,2\},t\in\{1,2,3\}$$
$$\boldsymbol{D}^*_u=\{\boldsymbol{M}_1^{-1}\boldsymbol{D}'_u,\boldsymbol{M}_2^{-1}\boldsymbol{D}''_u\} \tag{7-22}$$

其中 $\boldsymbol{q}^*_{i(t)}$ 和 $\boldsymbol{D}^*_u$ 分别代表 $\boldsymbol{q}_{i(t)}$ 和 $\boldsymbol{D}_u$ 的加密形式。

基于上述的 6 个算法，用户生成对应于查询线段 q_1q_2 的陷门：

$$\mathrm{TR}=\{\boldsymbol{q}^*_{i(t)},\boldsymbol{D}^*_u\}\xleftarrow{\mathrm{SK}}S_q=q_1q_2,\quad i\in\{1,2\},t\in\{1,2,3\} \tag{7-23}$$

最后，用户发送查询请求（包括 w^*_q 和 TR）给链上节点。

步骤 4　搜索

根据$\{TR, w_q^*\}$，链上节点可以找到既在线状区域内，又和查询关键词匹配的 POI 对象。因为每个节点所代表的矩形被加密为 R^*，当执行算法 7-2 时，关键步骤是确定加密查询线段（搜索陷门）TR 和 τ^* 的每个节点中包含的加密矩形 R^* 是否相交。

算法 7-2　执行在四叉树上的搜索算法 Search

输入：未加密的四叉树 τ，包含加密关键词 w_q^* 和未加密查询线段 s_q 的查询请求。

输出：线状区域搜索得到的候选 POI 集合。

```
1  if root 是叶子节点   then
2       将 root.R 中的 POI 对象添加到 Candidates 中
3       return Candidates;
4  else
5       if SegIntRec(root.R, s_q) = True then
6            Search(root.P_i, w_q^*, s_q)_{i∈{1,2,3,4}}
7       end if
8  end if
9  return Candidates
```

首先，使链上节点通过一条加密后的矩形的边和由查询线段生成的搜索陷门获得 $\lambda_1 \sim \lambda_4$。为不失一般性，我们假设矩形的一个边为 p_1p_2，查询线段为 q_1q_2，则 $\lambda_1 \sim \lambda_4$ 可以被计算如下：

$$
\begin{aligned}
\lambda_1 &= \boldsymbol{p}_{1(1)}^* \cdot \boldsymbol{q}_{2(2)}^* - \boldsymbol{p}_{1(1)}^* \cdot \boldsymbol{q}_{1(2)}^* \\
\lambda_2 &= \boldsymbol{p}_{2(1)}^* \cdot \boldsymbol{q}_{2(2)}^* - \boldsymbol{p}_{2(1)}^* \cdot \boldsymbol{q}_{1(2)}^* \\
\lambda_3 &= \boldsymbol{p}_{1(2)}^* \cdot \boldsymbol{q}_{1(1)}^* - \boldsymbol{p}_{2(2)}^* \cdot \boldsymbol{q}_{1(1)}^* \\
\lambda_4 &= \boldsymbol{p}_{1(2)}^* \cdot \boldsymbol{q}_{2(1)}^* - \boldsymbol{p}_{2(2)}^* \cdot \boldsymbol{q}_{2(1)}^*
\end{aligned}
\tag{7-24}
$$

其中 $\boldsymbol{p}_{i(t)}^*, i, t \in \{1,2\}$ 被包含在 p_1p_2 的密文中，$\boldsymbol{q}_{i(t)}^*, i, t \in \{1,2\}$ 被包含在搜索陷门（q_1q_2 的密文）中。推导过程只需将对应项展开即可，下面是λ_1 的推导过程，与之同理，不难推出$\lambda_2 \sim \lambda_4$。

$$
\begin{aligned}
& \boldsymbol{p}_{1(1)}^* \cdot \boldsymbol{q}_{2(2)}^* - \boldsymbol{p}_{1(1)}^* \cdot \boldsymbol{q}_{1(2)}^* \\
&= \{\boldsymbol{M}_1^{\mathrm{T}} \boldsymbol{p}_{1(1)}', \boldsymbol{M}_2^{\mathrm{T}} \boldsymbol{p}_{1(1)}''\} \cdot \{\boldsymbol{M}_1^{-1} \boldsymbol{q}_{2(2)}', \boldsymbol{M}_2^{-1} \boldsymbol{q}_{2(2)}''\} - \\
& \quad \{\boldsymbol{M}_1^{\mathrm{T}} \boldsymbol{p}_{1(1)}', \boldsymbol{M}_2^{\mathrm{T}} \boldsymbol{p}_{1(1)}''\} \cdot \{\boldsymbol{M}_1^{-1} \boldsymbol{q}_{1(2)}', \boldsymbol{M}_2^{-1} \boldsymbol{q}_{1(2)}''\} \\
&= \boldsymbol{p}_{1(1)}' \cdot \boldsymbol{q}_{2(2)}' + \boldsymbol{p}_{1(1)}'' \cdot \boldsymbol{q}_{2(2)}'' - \boldsymbol{p}_{1(1)}' \cdot \boldsymbol{q}_{1(2)}' - \boldsymbol{p}_{1(2)}'' \cdot \boldsymbol{q}_{1(2)}'' \\
&= \boldsymbol{p}_{1(1)} \cdot \boldsymbol{q}_{2(2)} - \boldsymbol{p}_{1(1)} \cdot \boldsymbol{q}_{1(2)} \\
&= p_1 \cdot [q_2] - p_1 \cdot [q_1] - q_1 \cdot [q_2] \\
&= \lambda_1
\end{aligned}
\tag{7-25}
$$

然后,利用算法 7-3,使得链上节点可以在密文下检测一个查询线段是否和矩阵的一条边有交。

算法 7-3 密文下判定线段是否相交的算法

输入: 一条加密的矩形边 S^* 以及由查询线段加密得到的搜索陷门 TR。

输出: 一个布尔值,代表 S^* 和 TR 是否相交。

1 按式(7-24)计算 $\lambda_1 \sim \lambda_4$
2 **if** $\lambda_1 \cdot \lambda_2 < 0$ 且 $\lambda_3 \cdot \lambda_4 < 0$ **then**
3   **return** True
4 **else if** $\lambda_1 = 0$ **then**
5   **return** $\boldsymbol{D}_{\mathrm{u}}^* \cdot \boldsymbol{p}_{1(3)}^* \leqslant 0$
6 **else if** $\lambda_2 = 0$ **then**
7   **return** $\boldsymbol{D}_{\mathrm{u}}^* \cdot \boldsymbol{p}_{2(3)}^* \leqslant 0$
8 **else if** $\lambda_3 = 0$ **then**
9   **return** $\boldsymbol{D}_{\mathrm{s}}^* \cdot \boldsymbol{q}_{1(3)}^* \leqslant 0$
10 **else if** $\lambda_4 = 0$ **then**
11   **return** $\boldsymbol{D}_{\mathrm{s}}^* \cdot \boldsymbol{q}_{2(3)}^* \leqslant 0$
12 **else**
13   **return** False
14 **end if**

接下来,用加密的矩阵 $\boldsymbol{R}^*$ 和陷门 TR 计算 $\gamma_1 \sim \gamma_4$,如式(7-26)所示。

$$
\begin{aligned}
\gamma_1 &= S_1^* . \boldsymbol{p}_{2(2)}^* \cdot \boldsymbol{q}_{1(1)}^* - S_1^* . \boldsymbol{p}_{1(2)}^* \cdot \boldsymbol{q}_{1(1)}^* \\
\gamma_2 &= S_3^* . \boldsymbol{p}_{2(2)}^* \cdot \boldsymbol{q}_{1(1)}^* - S_3^* . \boldsymbol{p}_{1(2)}^* \cdot \boldsymbol{q}_{1(1)}^* \\
\gamma_3 &= S_4^* . \boldsymbol{p}_{2(2)}^* \cdot \boldsymbol{q}_{1(1)}^* - S_4^* . \boldsymbol{p}_{1(2)}^* \cdot \boldsymbol{q}_{1(1)}^* \\
\gamma_4 &= S_2^* . \boldsymbol{p}_{2(2)}^* \cdot \boldsymbol{q}_{1(1)}^* - S_2^* . \boldsymbol{p}_{1(2)}^* \cdot \boldsymbol{q}_{1(1)}^*
\end{aligned} \tag{7-26}
$$

基于式(7-26)和算法 7-3,在加密环境下设计算法 7-4,使链上节点能够在密文下找到所有查询线段经过的“最小”矩形(代表这些矩形的索引树叶子节点),以及这些矩形所包含的候选 POI 对象。

最后,链上节点返回与加密查询关键词匹配的 POI 对象给用户。

算法 7-4 密文下判定线段和矩形是否相交的算法

输入：加密矩形 R^* 和搜索陷门 TR。

输出：一个布尔值，代表 R^* 和 TR 是否相交。

1 **for** 对于{1,2,3,4}中的每个数字 i **do**

2 　　**if** SegmentsIntersect(S^*, TR)＝True **then**

3 　　　　**return** True;

4 　　**end if**

5 **end for**

6 按式(7-26)计算 $\gamma_1 \sim \gamma_4$

7 **return** 一个布尔值(代表 $\gamma_1 \cdot \gamma_2 < 0$ 和 $\gamma_3 \cdot \gamma_4 < 0$ 是否同时成立)

7.3.2 针对物联网通信数据的安全范围检索

1. 问题描述

本节提出了一种基于联盟链技术的物联网通信数据管理(ICDM-BC)模型。在该模型中，公有云拥有的丰富资源，为物联网(IoT)数据提供了足够的链下存储空间，区块链的分布式存储、抗篡改和去中心化特性保证了数据的可靠性，作为矿工的物联网设备，保证了可扩展性。设计的两层索引结构，实现了对物联网通信数据的高效检索并提供了可验证的搜索结果。本节设计的两层索引结构，先通过第一层索引有效地定位最近生成的块，再利用第二层索引高效地查找加密的物联网通信日志，实现对时间敏感的物联网通信数据的高效检索。

2. 基于联盟链的物联网通信数据管理模型的构建

如图 7-5 所示，本节提出的系统模型涉及 3 类参与方：物联网设备、半可信的链上节点和查询用户。物联网设备中，一些空闲的设备将扮演矿工的角色。所以也可以将系统模型看作由 4 类参与方构成的。详细描述如下：

物联网设备代表物联网中全部设备组成的集合。在 IoT 系统运行的过程中，这些设备之间相互通信、交换指令或者共享数据。此外，一部分 IoT 设备还负责处理用户的查询请求，它们与用户之间通过可搜索加密技术中的“搜索控制机制”共享生成搜索陷门的密钥。本节方案中，IoT 需帮助查询用户完成两次查询：第一次查询中，设备将匹配查询的区块 ID 发送给用户；第二次查询中，设备将匹配查询的加密通信记录发送给用户。

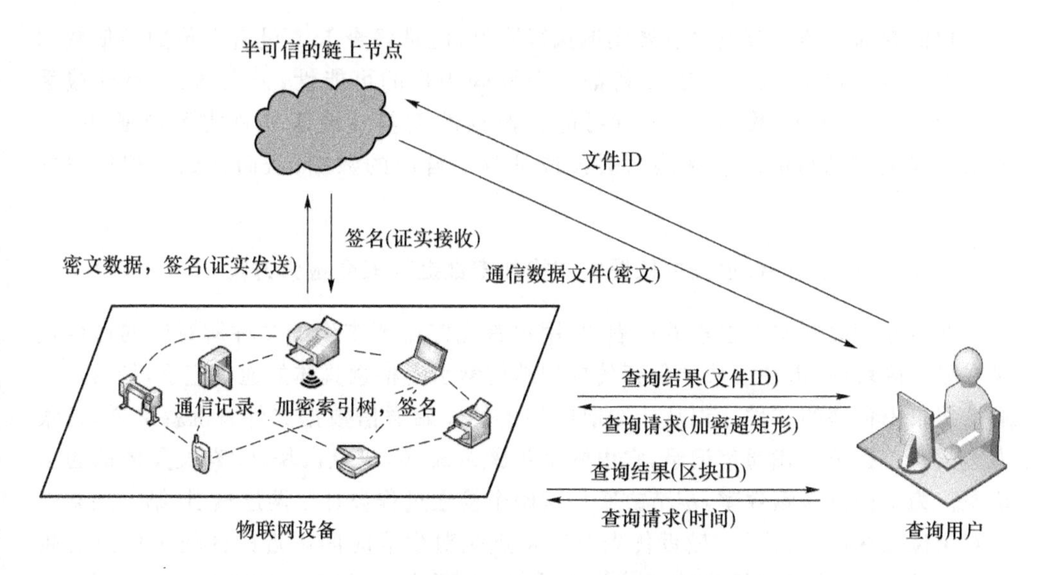

图 7-5　基于联盟链的物联网通信数据管理模型的架构

矿工是全部 IoT 设备的一个子集，其中每个成员都是在某个设备(记为 D_i)广播其通信记录 L_i 时空闲的设备之一。所谓空闲是指在某一时刻该设备并没有承担其"本职任务"，或者有足够多未使用的计算资源可以用来执行挖矿操作。本节方案中，一旦矿工接收到 L_i，则立即根据系统预定义的难度计算得到记录着 L_i 的新区块，并向全网公布。如果最先生成的区块在全网被超过半数的 IoT 设备认可了其合法性，那么该区块将被链入主链。注意，矿工是一个动态的集合，其每个成员只有在有 IoT 设备广播其通信记录时才由空闲设备充当。为方便后文描述，本节将除矿工以外的所有 IoT 设备称为"繁忙设备"。

链上节点负责存储完整的加密通信数据，以及应答用户的查询。本方案中，一旦云收到来自用户的查询请求(用来唯一标识一个加密通信数据文件的 ID)，则立即找到这个加密文件，并将加密文件和相关签名一并发送给查询用户。

查询用户是需要查询通信数据的人，为方便描述，后文中将其简称为"用户"。他首先发送时间点(或时间区间)作为第一次查询请求给一个保存有完整联盟链的 IoT 设备(或者至少是保存了他要检索的区块所在的一段区块链的设备)，该设备根据查询结果帮助用户定位具体的某一个(或多个)区块，并将区块的 ID 发送给用户，用户根据这些区块的所有者(区块中保存的通信记录的所属设备)，发送相应的搜索陷门作为第二次查询请求，找到相应的加密通信记录，并通过通信记录中保存的文件 ID 从链上节点下载加密通信数据文件。

本方案中的 IoT 设备和链上节点都是"诚实且好奇"的。具体地说，对于物联网设备，不论它们扮演矿工还是繁忙设备，它们都会诚实且正确地执行协议中规定的指令，但他们好奇于推断和分析接收到的数据，包括其他 IoT 设备广播的通信记录以及用户的查询。链上节点也会诚实地执行协议,但是好奇 IoT 设备上传的通信数据的明文内容。此外,云与 IoT 设备都存在欺骗用户的可能性:云在损坏(篡改或丢失)IoT 设备上传的数据之后,有可能在数据的完整性或真实性方面欺骗用户;而 IoT 设备也有可能恶意诬陷云丢失或篡改了自己的数据,从而达到欺骗用户的目的。

3. 针对 ICDM-BC 模型中联盟链结构加密数据的安全检索方案

在对通信数据文件检索的过程中,用户首先定位要查询的文件所对应的通信记录在哪个区块中,再在区块中保存的树型结构索引上检索具体的通信记录,最后依据通信记录中存储的文件标识从云端取回加密的原始通信数据文件。也就是说,检索方案的核心在于查找通信记录,它由两个步骤组成:①定位区块;②查找具体的通信记录。为了提高检索效率,本节方案为这两个检索过程设计了两层索引:第一层索引针对定位区块设计,称为“最近优先树”,特点是对生成时间越近的区块定位速度越快;第二层索引针对查找具体通信记录设计,实际上就是高维空间中的二叉树(kd-tree)。本方案借鉴 Merkle 树的结构,引入了一种新的计算索引树根节点哈希值的方法,并通过对这个哈希值签名的方式,实现了检索结果的可验证性。

1) 生成密钥

在 ICDM-BC 模型中,每个 IoT 设备需要生成一个用于 ASPE 算法加密索引的密钥 $K_{i,2}$。$K_{i,2}$ 由三部分组成:两个随机的 $d\times d$ 的可逆矩阵 $\boldsymbol{M}_1$ 和 $\boldsymbol{M}_2$,以及一个 d 维的随机二进制向量 $\boldsymbol{s}$,其中 d 是要加密的向量(空间)维度。本节方案中,要加密的是向量 $\boldsymbol{P}_{i,j}$ 所在的空间,所以 d 在本节就是通信数据关键信息字段(前文中的 field)的总数。每个 IoT 设备生成自己的密钥 $K_{i,2}=\{\boldsymbol{M}_1,\boldsymbol{M}_2,\boldsymbol{s}\}$ 后,通过搜索控制机制与查询用户共享 $K_{i,2}$。

2) 构建并加密第二层索引

搜索的过程是先通过第一层索引定位区块,再通过第二层索引查找通信记录。而索引构建的过程与之相反,我们先构建第二层索引,再构建第一层索引。就第二层索引而言,它的根本作用是帮助用户高效地检索通信记录,或者说是检索通信记录中的关键信息向量 $\boldsymbol{P}_{i,j}$。本方案采用高维数据空间中常用的 kd(k-dimension)树结构为 L_i 中的所有关键信息向量建立索引。以下是建立索引的具体步骤。

D_i 根据 L_i 中 n_i 个关键信息向量组成的数据点集 P_i 的分布对空间进行分割。具体地,对 P_i 所在 d 维空间的每个维度依次选择分割标准,使得分割之后的两个更小的子空间内包含的数据点的数量之差不大于 1。这里“分割标准”实际上是一个具体的数值(记为 sp),对于被分割的空间中的所有 $P_{i,j}$,在该维度上的值比 sp 大的被分进一个子空间,而所有该维度上的值比 sp 小的或者等于 sp 的被分进另一个子空间。这种空间的分割过程被递归执行,直到当前空间中只包含一个数据点。需要注意的是,每一次选择所指定的维度都适用于当前所有的子空间。

树的每个节点代表一个超矩形区域，其中根节点代表整个空间；叶子节点代表不能再分割的最小的超矩形，它们指向唯一的数据点；每个非叶子节点都有两个子节点，代表被分割之后的两个子空间。显然，kd 树就是高维空间上的二叉搜索树，其叶子节点高度之差不大于 1。

本方案中 kd 树的生成算法如算法 7-5 所示。先对算法中用到的符号作简单说明：u 代表索引树 SI_i 的节点，由 5 个属性{R,data,size,left,right}组成。其中 $u.R$ 为该节点代表的超矩形区域，它被表示为这个超矩形的两极限点的集合，u.data 为 $u.R$ 中的所有数据点，u.size 为 u.data 的大小；u.left 和 u.right 分别是指向 u 的左右子节点的指针。需要注意的是，因为我们最终的目的是查找通信记录，所以令叶子节点指向的是唯一的数据点所在的通信记录。

算法 7-5 构建 kd 树的算法

输入：D_i 某次广播的通信记录集合 L_i。
输出：kd 树结构的索引 SI_i。

1 **if** L_i 为空 **then**
2 　　**return** None
3 **else**
4 　　获得包含 L_i 中全部关键信息向量 $\boldsymbol{P}_{i,j}$，$j \in \{1,2,\cdots,n_i\}$ 的超矩形 R
5 　　生成树的根节点 root，为方便描述，记 root 为节点 u，其中：$u.R=R$；
　　$u.\text{data}=L_i$；$u.\text{left}=u.\text{right}=\text{None}$；$u.\text{size}=n_i$
6
7 　　**for** $t \in \{1,2,\cdots,d\}$ **do**
8 　　　　**if** $u.\text{size} \neq 1$ **then**
9 　　　　　　选择第 t 个维度上的分割标准 sp，将 $u.R$ 分割成 $R^{\leqslant}$ 和 $R^{>}$ 两个子超矩形
10 　　　　　　将 u.data 中所有通信记录对应的数据点在第 t 维 $\leqslant$sp 的集合记为 $\text{Set}^{\leqslant}$
11 　　　　　　将 u.data 中所有通信记录对应的数据点在第 t 维 $>$sp 的集合记为 $\text{Set}^{>}$
12 　　　　　　创建新的树节点 u_1、u_2，令 $u_1.R=R^{\leqslant}$；$u_2.R=R^{>}$
13 　　　　　　令 $u_1.\text{data}=\text{Set}^{\leqslant}$，$u_1.\text{size}=|\text{Set}^{\leqslant}|$，$u_1.\text{left}=u_1.\text{right}=\text{None}$
14 　　　　　　令 $u_2.\text{data}=\text{Set}^{>}$，$u_2.\text{size}=|\text{Set}^{>}|$，$u_2.\text{left}=u_2.\text{right}=\text{None}$
15 　　　　　　令 $u.\text{left}=u_1$，$u.\text{right}=u_2$
16 　　　　**else**
17 　　　　　　**return**
18 　　　　**end if**
19 　　　　分别对 u.left 和 u.right 递归执行本算法 8～15 行
20 　　**end for**
21 **end if**
22 **return** root

D_i 生成 kd 树索引之后，需要对该索引以及通信记录集合 L_i 加密。对于通信记录的加密，用传统的对称加密技术即可实现。而索引的加密与大多加密数据库范围查询方案中的思路是一致的，即加密索引树中每个节点 u 所代表的超矩形 $u.R$，由于本节方案采用加密半空间范围查询(EhQ)，那么更具体地，对索引矩形的加密也就是对索引树每个节点代表的矩形的两个极限点 $\{V_\perp, V_\top\}$ 加密。此处只简单描述加密的过程和结果：D_i 用密钥 $K_{i,2}$ 依次对每个 kd 树节点中矩形 $u.R$ 的两个极限点加密，为了实现 EhQ 中极限点与一组锚点之间距离远近的判断，先拓展两个极限点，在向量尾部添加数字 1，扩展后的向量记为 $\{\boldsymbol{V}_\perp, \boldsymbol{V}_\top\}$。之后依照 ASPE 算法，首先将扩展后的向量用密钥 $K_{i,2}$ 中的二进制向量 $\boldsymbol{s}$ 随机分割成两个等长的向量，记为 $\{\boldsymbol{V}'_\perp, \boldsymbol{V}''_\perp\}$ 和 $\{\boldsymbol{V}'_\top, \boldsymbol{V}''_\top\}$。再对分割后的这两组向量分别用 $K_{i,2}$ 中的矩阵 $\boldsymbol{M}_1$ 和 $\boldsymbol{M}_2$ 加密，结果如下：

$$\boldsymbol{V}^*_\perp = \{\boldsymbol{M}_1^{\mathrm{T}} \cdot \boldsymbol{V}'_\perp, \boldsymbol{M}_2^{\mathrm{T}} \cdot \boldsymbol{V}''_\perp\}$$
$$\boldsymbol{V}^*_\top = \{\boldsymbol{M}_1^{\mathrm{T}} \cdot \boldsymbol{V}'_\top, \boldsymbol{M}_2^{\mathrm{T}} \cdot \boldsymbol{V}''_\top\} \tag{7-27}$$

其中，$\boldsymbol{V}^*_\perp$ 和 $\boldsymbol{V}^*_\top$ 分别代表对应向量的密文。注意加密过程并不会改变索引树的结构，只是加密了每个节点所代表的超矩形的两个极限点。

完成加密后，D_i 还需要对当前的索引树按照 Merkle 树的构建方式计算其根节点的哈希值，并对这个哈希值签名，生成的签名为 $\mathrm{Sig}_i^{\mathrm{root}}$。计算哈希值的方法与 Merkle 树略有不同，具体地说，都采用从下往上的策略逐步计算节点的哈希值，但是本节方案中，每个非叶子节点的哈希值不是其两个子节点哈希值的级联之后再哈希的结果，而是其两个子节点的哈希值与该节点本身的哈希值级联之后再哈希的结果。

这样做的目的是将整个加密索引树的结构和加密通信记录一并"嵌入"到最终根节点的哈希值里，而比特币网络中使用的 Merkle 树只是将数据(相当于本方案中的加密通信记录)嵌入哈希值，如此一来，在我们的方案中，如果用户对某个 IoT 设备给出的检索结果提出质疑，那么他可以下载整个索引树，根据 D_i 对索引树根节点的哈希值的签名来确认是否得到了正确的查询结果。

3) 构建第一层索引(最近优先树)

ICDM-BC 模型所构建的这种联盟链结构的数据库是一种时间序列型的，因为随着时间推移，联盟链只能单向的向右增长。同时，对这种时间序列数据库的查询，根据 Levandoski[20] 的观点，用户会倾向于更频繁地查询发生时间较近的数据，所以为联盟链构建的索引需保证在固定的计算资源下，尽量使得发生时间较近的数据(区块链中"靠右"的区块)能被更高效地检索。注意，在本节中，信息的新鲜度是我们构造第一层索引的指标，在其他的应用场景中，所有可以排序的条目都可以作为构建索引的指标。

根据联盟链的结构以及上述查询需求，本节设计了一种"左高右低"的树型索引结构以便于定位区块。因为这种结构的索引能使距离当前时间越近的数据的查询效率越高，所以将它定义为"最近优先树"(Late First Tree, LFT)。最近优先树对于由 7 个区块组成的联盟链构建的索引如图 7-6(a)所示，区块 $\{B_1, \cdots, B_7\}$ 是它的叶子节点，圆形的非叶子节点代表不同的时间区间（Time Interval，TI），时间区间由以该非叶子节点为根的子树中最左边的叶子节点和最右边的叶子节点的时间戳组成。

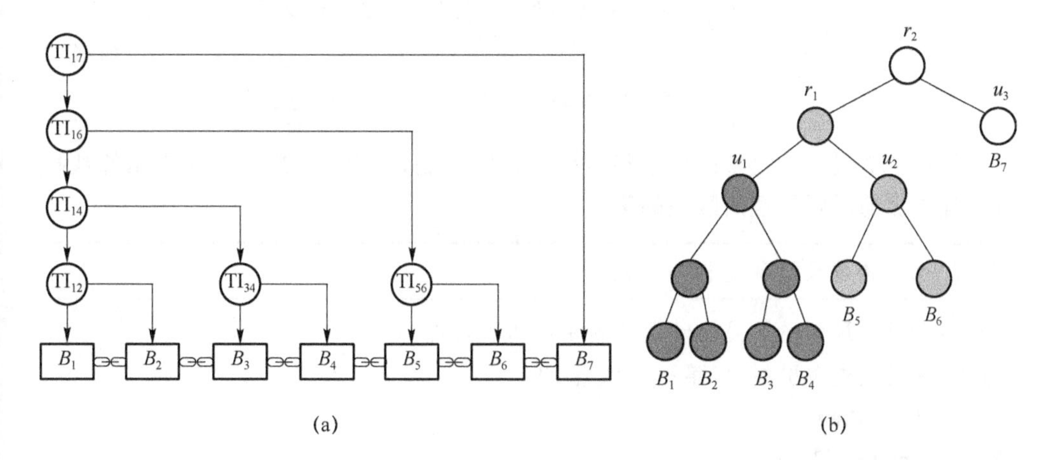

图 7-6 最近优先树的构建示意图

构建最近优先树的思想可以这样描述：先将区块序列按时间分层，使得每一层的区块数量呈现递减的趋势；再分别令每一层的区块作为叶子节点构建一棵完全平衡二叉树；最后从前往后依次将这些完全平衡二叉树的根节点两两相连，具体地，每次连接生成的新树的根节点将与下一棵树的根节点再次相连，如此起到对热冷数据分层的效果。

我们将图 7-6(a)换个画法就能更清晰地看出 LFT 的构建步骤。如图 7-6(b)所示，7 个区块先按数字序列{4,2,1}分层。前 4 个节点、中间 2 个节点和最后 1 个节点分别构成一棵完全平衡二叉树，定义这 3 棵树的根节点分别为 u_1、u_2，u_3。随后，将 u_1、u_2 相连，生成父节点 r_1，再将 r_1 与 u_3 相连，生成父节点 r_2。图 7-6(b)中用颜色的不同深度表示了 3 种不同层次的区块集合。

从上面的叙述可以看出，构建步骤中最关键的问题是区块按怎样的数字序列分层。本节方案采用了一种迭代式的分层算法，简单来说，第一轮迭代中计算数字序列的第一个值 β_1，使得 β_1 尽可能地大，且 $2^{\beta_1} \leqslant \lfloor N/2 \rfloor$，其中 N 为需构建最近优先树索引的区块总数；第二轮迭代中计算数字 β_2，使得 β_2 尽可能地大，且 $2^{\beta_2} \leqslant \lfloor (N-2^{\beta_1})/2 \rfloor$，依此类推，直至当前 β_x 的值为 0。因此，数字序列的计算可以表示为

$$\beta_k = \begin{cases} \left\lfloor \log \left\lfloor \dfrac{N}{2} \right\rfloor \right\rfloor, & k=1 \\ \left\lfloor \log \left\lfloor \dfrac{N_{k-1} - 2^{\beta_{k-1}}}{2} \right\rfloor \right\rfloor, & k>1 \end{cases} \tag{7-28}$$

其中，N_{k-1} 表示第 $k-1$ 轮迭代开始前剩余的区块个数，$N_1 = N$。

完成$\{\beta_1, \cdots, \beta_x\}$的计算后，如果 $N > \sum_{k=1}^{x} 2_k^{\beta}$，则令最后一个数字为 $N - \sum_{k=1}^{x} 2_k^{\beta}$。构

成最终的分层数字序列 Seq,如下:

$$
\mathrm{Seq}=\begin{cases}\left[\beta_1,\beta_2,\cdots,\beta_x,N-\sum\limits_{k=1}^{x}2^{\beta_k}\right], & N>\sum\limits_{k=1}^{x}2_k^{\beta} \\ \left[\beta_1,\beta_2,\cdots,\beta_x\right], & N=\sum\limits_{k=1}^{x}2^{\beta_k}\end{cases} \tag{7-29}
$$

算法 7-6 展示了完整的构建最近优先树的算法,其中 curBlockList 表示算法执行过程中当前需要处理的区块的集合。

算法 7-6 构建最近优先树的算法

输入: 由 $\{B_1,B_2,\cdots,B_N\}$ 按时间序列组成的联盟链。

输出: 最近优先索引树,即第一层索引 FI。

1 **if** $N=0$ **then**

2   **return** None

3 **else**

4   初始化 $k=0, N_1=N$, curBlockList $=\{B_1,B_2,\cdots,B_N\}$

5   **repeat**

6         $k=k+1$

7   按式(7-28)计算 β_k

8   为 curBlockList 中前 2^{β_k} 个区块构建完全平衡二叉树,记其根节点为 u_k

9   **if** $k>1$ **then**

10   构建新的树节点 γ,使得 $\gamma.\mathrm{left}=u_{k-1}$, $\gamma.\mathrm{right}=u_k$

11   记 $u_k=\gamma$

12   **end if**

13             $N_k=N_{k-1}-2^{\beta_{k-1}}$

14   在 curBlockList 中移除前 $2^{\beta_{k-1}}$ 个区块

15   **until** $\beta_k=0$

16   **if** |curBlockList| >0 **then**

17         $k=k+1$

18   为 curBlockList 中现有的区块构建完全平衡二叉树,记其根节点为 u_k

19   构建新的树节点 γ,使得 $\gamma.\mathrm{left}=u_{k-1}$, $\gamma.\mathrm{right}=u_k$

20   记 $u_k=\gamma$

21   **end if**

22 **end if**

23 **return** u_k

4）搜索

针对加密物联网通信数据的搜索由定位区块、查找通信记录和查找通信数据文件 3 个阶段组成。

(1) 定位区块

用户向任意一个存储有他需要区块的 IoT 设备发送时间点或者时间区间作为查询请求，接收到查询请求的设备根据第一层索引（最近优先树）快速定位到与查询匹配的区块。因为最近优先树上每一层的非叶子节点从左到右按不重叠的时间区间顺序分布，所以这就是对于一棵二叉搜索树执行的查询，此处不再赘述。为了方便后文描述，这里假设用户定位的区块中记录的是 IoT 设备 D_i 的加密通信记录集合 L_i^*。

(2) 查找通信记录

通信记录的搜索本质上就是在第二层索引 SI_i^* 上执行安全数据范围查询。其基本工作步骤如下：用户首先根据自身的查询需求在 d 维空间中定义一个查询超矩形 Q，其中 d 是所有通信记录中关键信息向量的维度；随后，用户将 Q 加密后发送给选定的负责查询的物联网设备（加密的查询也称为搜索陷门，记为 TR）；负责查询的设备收到 TR 后，利用 TR 在保存的 SI_i^*（加密 kd 树）上执行搜索算法。具体地说，该设备从上往下遍历加密 kd 树的节点，判断 TR 与当前节点包含的加密（索引）超矩形是否相交。若相交，则继续遍历该节点的两个子节点；若不相交，则该分支上的查询终止。上述过程被递归地执行，直到找到所有与 TR 相交的叶子节点，最终该设备将这些叶子节点指向的全部加密通信记录返还给用户。

从搜索过程的描述可以看出，算法的核心在于判断加密的查询超矩形 TR 与索引树中每个节点包含的加密索引超矩形是否相交。为了解决这个问题，本节方案采用了 Wang 等人提出的基于加密半空间查询（EhQ）的加密矩形相交判定算法。简单来说，物联网设备 D_i 加密索引超矩形的两个极限点，而用户用与 D_i 之间共享的密钥 $K_{i,2}$ 加密查询超矩形中每个超平面的一对锚点，通过定理计算得到两个极限点与每对锚点之间的位置关系，即可判定两个加密的超矩形是否相交。

有关 kd 树的加密前面已有详细论述，这里主要介绍查询加密的过程。具体地说，用户对 Q 的 2^d 个超平面上共 2^{d+1} 个锚点加密。为不失一般性，假设加密超平面 H 上的两个锚点为 $A^{\leqslant}$、$A^{>}$，为了判定两个锚点中谁与索引矩形的某个极限点更近，先对锚点扩展，并在其尾部添加它们各自的模的平方的 -0.5 倍值，即：

$$\boldsymbol{A}^{>}=(A^{>},-0.5\|A^{>}\|^2),\quad \boldsymbol{A}^{\leqslant}=(A^{\leqslant},-0.5\|A^{\leqslant}\|^2) \tag{7-30}$$

随后用户用 $K_{i,2}$ 中的二进制向量 $\boldsymbol{s}$ 随机分割扩展后的锚点，得到两组向量$\{\boldsymbol{A}^{\leqslant\prime},\boldsymbol{A}^{\leqslant\prime}\}$和$\{\boldsymbol{A}^{>\prime},\boldsymbol{A}^{>\prime}\}$，再用矩阵 $\boldsymbol{M}_1^{-1}$ 和 $\boldsymbol{M}_2^{-1}$ 对其加密：

$$\boldsymbol{A}^{>*}=\{\boldsymbol{M}_1^{-1}\cdot\boldsymbol{A}^{>\prime},\boldsymbol{M}_2^{-1}\cdot\boldsymbol{A}^{>\prime\prime}\}$$
$$\boldsymbol{A}^{\leqslant*}=\{\boldsymbol{M}_1^{-1}\cdot\boldsymbol{A}^{\leqslant\prime},\boldsymbol{M}_2^{-1}\cdot\boldsymbol{A}^{\leqslant\prime\prime}\} \tag{7-31}$$

其中，$\boldsymbol{V}_{\perp}^*$ 和 $\boldsymbol{V}_{\mathrm{T}}^*$ 分别为对应向量的密文形式。

当收到用户发来的搜索陷门 TR 后，负责查询的 IoT 设备就可以用式(7-32)判断加密 kd 树的每个节点所代表超矩形的两个极限点与 TR 的每组锚点之间的位置关系。式(7-32)中 $\boldsymbol{V}^*$ 代表加密索引超矩形的任意一个极限点。

$$\begin{aligned}&\boldsymbol{V}^* \cdot \boldsymbol{A}^{>*} - \boldsymbol{V}^* \cdot \boldsymbol{A}^{\leqslant *}\\&= \boldsymbol{V}'^{\mathrm{T}}\boldsymbol{M}_1 \cdot \boldsymbol{M}_1^{-1}\boldsymbol{A}^{>\prime} + \boldsymbol{V}''^{\mathrm{T}}\boldsymbol{M}_2 \cdot \boldsymbol{M}_2^{-1}\boldsymbol{A}^{>\prime\prime} - (\boldsymbol{V}'^{\mathrm{T}}\boldsymbol{M}_1 \cdot \boldsymbol{M}_1^{-1}\boldsymbol{A}^{\leqslant} + \boldsymbol{V}''^{\mathrm{T}}\boldsymbol{M}_2 \cdot \boldsymbol{M}_2^{-1}\boldsymbol{A}^{\leqslant})\\&= \boldsymbol{V}^{\mathrm{T}}\boldsymbol{A}^{>} - \boldsymbol{V}^{\mathrm{T}}\boldsymbol{A}^{\leqslant}\\&= 0.5(\|\boldsymbol{A}^{\leqslant}\|^2 - \|\boldsymbol{A}^{>}\|^2) + \boldsymbol{V}^{\mathrm{T}}(\boldsymbol{A}^{>} - \boldsymbol{A}^{\leqslant})\end{aligned} \tag{7-32}$$

式(7-32)的计算结果和明文下 $\mathrm{dist}(A^{\leqslant}, V) - \mathrm{dist}(A^{>}, V)$ 的计算结果是一致的。若式(7-32)结果为正，则极限点 V 距离锚点 $A^{>}$ 更近，也就是说该极限点不在这个超平面的内部空间中；若式(7-32)结果为负或为 0，则 V 距离锚点 $A^{\leqslant}$ 更近，或位于这对锚点所在的超平面上，也就是说该极限点在这个超平面的内部空间中。

搜索算法从加密 kd 树的根节点开始，依次判断查询超矩形与索引、与每个树节点代表的索引超矩形是否相交。

(3) 查找通信数据文件

用户收到加密的通信记录后，用事先与该通信记录的所有者(D_i)共享的解密密钥将通信记录解密，便可以得到 $L_{i,j} = \{\mathrm{FID}_{i,j}, P_{i,j}, h(F_{i,j})\}$。随后，用户根据密文的通信日志得到文件标识 $\mathrm{FID}_{i,j}$，将这些文件的标识符发送给云服务商，云服务商返回对应的加密文件，最终用户利用 $K_{i,1}$ 解密文件。至此，整个搜索过程结束。如果用户发现收到的数据被损坏，则可以根据通信记录中的哈希值以及云或 IoT 设备中保存的相关签名来寻找事故的责任者。

本章参考文献

[1] SONG D X, WAGNER D, PERRIG A. Practical techniques for searches on encrypted data [C]//Proceeding 2000 IEEE Symposium on Security and Privacy. S&P 2000. Berkeley, CA: IEEE, 2000: 44-55.

[2] HACIGUMUS H, IYER B, MEHROTRA S. Providing database as a service [C]//Proceedings 18th International Conference on Data Engineering. San Jose, CA: IEEE, 2002: 29-38.

[3] DO H G, NG W K. Blockchain-based system for secure data storage with private keyword search [C]// 2017 IEEE World Congress on Services (SERVICES). Honolulu, HI: IEEE, 2017: 90-93.

[4] ZHANG A, LIN X. Towards secure and privacy-preserving data sharing in e-health systems via consortium blockchain[J]. Journal of medical systems, 2018, 42: 140.

[5] CHEN B, WU L, WANG H, et al. A blockchain-based searchable public-key encryption with forward and backward privacy for cloud-assisted vehicular social networks[J]. IEEE Transactions on Vehicular Technology, 2019, 69(6): 5813-5825.

[6] LIU S, YU J, XIAO Y, et al. BC-SABE: Blockchain-aided searchable attribute-based encryption for cloud-IoT [J]. IEEE Internet of Things Journal, 2020, 7(9): 7851-7867.

[7] CHEN L, LEE W K, CHANG C C, et al. Blockchain based searchable encryption for electronic health record sharing [J]. Future generation computer systems, 2019, 95: 420-429.

[8] CAI C, YUAN X, WANG C. Towards trustworthy and private keyword search in encrypted decentralized storage [C]//2017 IEEE International Conference on Communications (ICC). Paris: IEEE, 2017: 1-7.

[9] HU S, CAI C, WANG Q, et al. Searching an encrypted cloud meets blockchain: A decentralized, reliable and fair realization [C]//IEEE INFOCOM 2018-IEEE Conference on Computer Communications. Honolulu, HI: IEEE, 2018: 792-800.

[10] ZHANG C, XU C, WANG H, et al. Authenticated keyword search in scalable hybrid-storage blockchains [C]/2021 IEEE 37th International Conference on Data Engineering (ICDE). Chania: IEEE, 2021: 996-1007.

[11] WU H, PENG Z, GUO S, et al. VQL: efficient and verifiable cloud query services for blockchain systems[J]. IEEE Transactions on Parallel and Distributed Systems, 2021, 33(6): 1393-1406.

[12] XU C, ZHANG C, XU J. Vchain: Enabling verifiable boolean range queries over blockchain databases [C]//Proceedings of the 2019 international conference on management of data. New York: Association for Computing Machinery, 2019: 141-158.

[13] WANG H, XU C, ZHANG C, et al. VChain +: Optimizing verifiable blockchain boolean range queries [C]//2022 IEEE 38th International Conference on Data Engineering (ICDE). Kuala Lumpur: IEEE, 2022: 1927-1940.

[14] ZHANG C, XU C, XU J, et al. Gem^ 2-tree: A gas-efficient structure for authenticated range queries in blockchain[C]//2019 IEEE 35th international conference on data engineering (ICDE). Macao: IEEE, 2019: 842-853.

[15] GUAN Z, WANG N, FAN X, et al. Achieving secure search over encrypted data for e-commerce: a blockchain approach [J]. ACM

Transactions on Internet Technology (TOIT), 2020, 21(1): 1-17.

[16] ZHANG Y, KATZ J, PAPAMANTHOU C. All your queries are belong to us: The power of file-injection attacks on searchable encryption [C]// Proceedings of the 25th USENIX Conference on Security Symposium. Berkeley, CA: USENIX Association, 2016: 707-720.

[17] CURTMOLA R, GARAY J, KAMARA S, et al. Searchable symmetric encryption: improved definitions and efficient constructions[J]. Journal of Computer Security, 2011, 19(5): 895-934.

[18] CAO N, WANG C, LI M, et al. Privacy-preserving multi-keyword ranked search over encrypted cloud data[J]. IEEE Transactions on Parallel and Distributed Systems, 2014, 25(1): 222-233.

[19] TUPKAR A, DANGE V. Privacy in cloud computing by fuzzy multi-keyword search for multiple data owners[J]. International Research Journal of Engineering and Technology, 2016, 3(7): 1192-1195.

[20] YIN H, QIN Z, ZHANG J, et al. Secure conjunctive multikeyword search for multiple data owners in cloud computing[C]//2016 IEEE 22nd International Conference on Parallel and Distributed Systems (ICPADS). Wuhan: IEEE, 2016: 761-768.

[21] WONG W K, CHEUNG D W, KAO B, et al. Secure kNN computation on encrypted databases[C]//International Conference on Management of Data. New York: Association for Computing Machinery, 2009: 139-152.

[22] WANG P, RAVISHANKAR C V. Secure and efficient range queries on outsourced databases using Rp- trees[C]//2013 IEEE 29th International Conference on Data Engineering (ICDE). Brisbane, QLD: IEEE, 2013: 314-325.

第8章 基于联盟链的可信数据质量评估方法

数据质量评估方法将数据质量从上下文质量、内在质量、表述质量、可访问性和可依赖性等多个维度进行划分[1]，用于提高联邦学习(Federated Learning，FL)模型的训练效果。为了满足联邦学习对数据质量及选择效率的需求，合理的数据质量评估和高效的数据选择方法成为可选的解决方案。

现有的数据质量评估与选择方法[2-7]存在评估维度不丰富、结果与任务相关度低和不可信等问题，影响联邦学习模型训练效果及用户参与训练的积极性。基于联盟链的可信数据质量评估可以保证评估过程无第三方且计算安全可靠。

本章共分为3节。其中，8.1节介绍了可信的数据质量评估需求分析；8.2节针对已有的数据质量评估方法因缺少任务相关性维度，评估得分高的数据不符合任务需求，导致模型训练收敛慢、效果差的问题，提出了任务相关的数据质量评估方法；8.3节针对已有的数据质量评估方案通过第三方平台或者评估过程由服务器主导，导致评估过程不透明、评估结果不可验证的问题，提出了基于联盟链的结果可验数据质量评估方案。

8.1 可信的数据质量评估需求分析

全球数据量快速增长，中国正处于数字化转型的关键时期，基于数据的新技术正应用到各个领域，优化能源的供应、降低功耗。数字化技术之所以促进发展、降低能耗，重点在于提供了数据这样新的生产要素。随着数据量的增长，其质量问题愈加严重，采集、传输、存储等阶段都给数据质量带来噪声、属性值缺失等问题。要对任何数据驱动的决策有信心，就应该信任决策所基于的数据，要实现这种信任，数据就必须具有高质量。因此，在应用数据之前对其进行质量评估具有重要意义。

海量数据分布式地存储在不同的个人和组织中，随着数据安全法律体系的日渐完善,分布式场景下广泛存在“数据孤岛”。联邦学习能够在数据不出本地的情况下,通过聚合局部模型参数完成模型训练,在保护数据隐私的同时发挥数据价值。机器学习主要研究如何构建智能自动化的模型,对数据质量评估的关注相对较少[8]。联邦学习本身具有数据敏感性,数据标签错误或者训练数据集与模型任务不相关都会导致模型训练效果差和收敛速度慢的问题[9]。因此,任务相关的数据质量评估对提高联邦学习模型效果具有重要意义。

随着集中式数据存储结构复杂、管理困难、扩展性差等问题愈发严重,而分布式存储具有易扩展、容错率高的特点,所以受到工业界和学术界的重视[10]。但是安全问题始终制约分布式系统的发展,比如数据交易往往发生在两个陌生的实体之间,那么如何确定服务的真实性?如何选择可靠的服务?这些问题最终归结为分布式场景下实体间的不信任。目前,数据质量评估工作基本由平台决定或者通过引入第三方服务计算评估,数据提供方无法得知数据质量是否与评估价值对等,评估过程不透明,可能造成利益受损,影响其共享数据的积极性。可信、公平的数据质量评估方法成为激励用户共享数据、提高联邦学习模型性能的迫切需求。

联盟链是由节点参与组成的分布式数据库,具有去中心化、不可篡改、匿名、可追溯等特点,成为分布式场景下信任问题的解决方案。数据质量评估工作有处理速度高、功能迭代快、参与用户多的需求,由于联盟链相较于公有链,具有共识效率高、可监管、扩展性强的优势,因此更适用于数据质量评估工作。

8.2 任务相关的数据质量评估方法

针对已有的数据质量评估方法缺少任务相关性维度,评估结果不符合任务需求,导致模型训练收敛慢、效果差的问题,本节提出了任务相关的统计同质性、内容多样性的评估方法。其中,针对错误数据提出了基于训练日志和影响函数的高效识别并修复的算法,通过分析训练日志参数识别低质量用户,然后基于影响函数修复低质量用户的错误数据,加速模型的收敛速度;针对任务相关性提出了自适应的隐私保护求交算法,解决联邦学习场景下用户资源分配不平衡导致的单一隐私保护算法适用性差的问题;基于自适应的隐私保护求交算法提出了任务相关性的统计同质性、内容多样性的评估方法,增强数据与任务相关程度的评估能力。

8.2.1 低质量用户识别

通过影响函数计算出的影响值,低质量样本的影响值大于合格用户样本,将偏大影响值的样本识别为低质量用户。该方法通过计算损失函数的海森矩阵并求逆矩阵来计算影响值,海森矩阵的计算复杂度为$O(p^3)$(p是模型参数的数量),计算成本不可接受。

针对联邦学习场景下扩展影响函数计算开销大的问题，本节提出了高效的低质量数据识别方法，该方法通过计算模型参数代替计算影响函数来识别低质量用户，然后通过扩展影响函数计算影响值来评估低质量样本，让用户修复错误样本。

在服务器 S 的训练日志中，记录了所有参加训练的用户 C_i 在第 t 轮训练中的局部模型参数 θ_t^i 和全局模型参数 θ_t。低质量用户样本的局部模型参数 θ_t^i 大于全局模型参数 θ_t，联邦学习下全局模型参数的更新方法如式(8-1)所示，θ_t^i 和 θ_t 的差值如公式(8-2)所示，差值大的用户即被识别为低质量用户。

$$\theta_t = \sum_{j=1}^{K} \frac{n_j}{n} \theta_t^j = \theta_{t-1} - \eta \sum_{j=1}^{K} \frac{n_j}{n} \nabla F_j(\theta_{t-1}) \tag{8-1}$$

$$\theta_t^i - \theta_t = \eta \left(\sum_{j=1}^{K} \frac{n_j}{n} \nabla F_j(\theta_{t-1}) - \nabla F_k(\theta_{t-1}) \right) \tag{8-2}$$

联邦学习场景下，参与模型训练的用户数量多而且处于动态变化中，通过全局模型参数分析低质量用户将付出不必要的计算成本。本节用 k-局部模型参数 $\theta_{(1/k)t}$（即，聚合 $1/k$ 预参加训练用户的局部模型参数）代替全局模型参数，实现算法 8-1 所示的高效的低质量用户识别算法——EUI 算法。

算法 8-1 高效的低质量用户识别算法——EUI 算法

输入：M、D_t、D_l、δ	//联邦学习模型、测试样本、本地数据集、阈值
输出：C_{uq}	//低质量用户
1 MO→S：M、D_t	//模型拥有者将联邦学习模型和测试样本发送给服务器
2 S：$\theta^t = \text{ModeTrain}_S(D_t)$	//服务器训练测试样本得到初始模型参数
3 S→C：M	//服务器发送联邦学习模型给用户
4 C：$\theta^{C_i} = \text{ModeTrain}_{C_i}(D_l)$，$i=0,\cdots,N$	//用户训练初始模型得到模型参数
5 S：$\theta^{C_i} = \text{ChooseKUser}(\theta^{C_i})$，$i=0,\cdots,k$	//选择 k 个用户局部模型参数
$\Delta = \theta^{C_i} - \theta^{C}$	
if $\lvert\Delta\rvert > \delta$，delete$(\theta^{C_i})$	//服务器剔除与测试样本模型参数差异大的参数
$\theta_{(1/k)} = \text{Aggregate}(\theta^{C_i})$	//聚合剩余用户局部模型参数，得到 k-局部模型参数
6 S：$\Delta' = \theta^{C_i} - \theta_{(1/k)}$，$i=0,\cdots,N$	
if $\lvert\Delta'\rvert > \delta$，$\text{User}_{uq} = \text{mark}_{uq}(C_i)$	//将与 k-局部模型参数差异大的标记为低质量用户
else $\text{User}_q = \text{mark}_q(C_i)$	//参数差异小的标记为合格用户

算法 8-1 的主要步骤如下。

步骤 1、2：模型拥有者 MO 提供联邦学习模型 M 和测试样本 D_t 给服务器 S；S 通过 D_t 训练初始联邦学习模型 M 得到初始参数θ^t。

步骤 3：服务器 S 训练完测试样本 D_t 得到初始参数θ^t 后，共享初始联邦学习模型 M 给所有参与模型训练的用户 C。

步骤 4：所有参与联邦学习任务的用户 C 通过本地数据 D_l 及任务模型 M，得到局部模型参数θ^{C_i} 并发送给服务器 S。

步骤 5：服务器选择 k 个最先完成模型训练的用户的局部模型参数，剔除局部模型参数θ^{C_i} 与测试集模型训练参数差值θ^c 大于阈值 δ 的参数，聚合阈值范围内的模型参数得到 k-局部模型参数$\theta_{(1/k)}$。

步骤 6：服务器 S 从训练日志中读取所有参与训练任务的用户训练的局部模型参数，将局部模型参数θ^{C_i} 与 k-局部模型参数$\theta_{(1/k)}$ 的差值大于阈值 δ 的用户标记为低质量用户。

通过实验验证，基于 k-局部模型参数的低质量用户识别算法在 $k=1/2$ 时的聚合速度更快，准确率更高；此外，相比于基于全局模型参数的低质量用户识别算法，该算法在保证识别精度的前提下计算效率显著提高。

8.2.2 任务相关性评估

联邦学习场景下，用户个体在计算资源、存储资源、通信资源、数据集大小等方面差异大。本节提出了自适应的任务相关系数评估算法，根据用户资源选择不同的隐私保护求交算法，并计算任务相关性系数进行评估。

用户提供数据集大小 $|D_l|$、存储资源大小 SR、通信带宽 CB、计算资源 CR 给服务器，服务器根据用户资源决定合适的隐私保护求交算法。针对数据集小的用户，服务器采用基于 Bloom Filter 构造隐私保护求交算法，此时出现哈希冲突的概率小，方法误判率低，占用空间小，构造判断高效。针对存储空间小的用户，服务器采用基于 BF 构造占用空间小的比特位数，一般存储空间有限的用户存储的数据量也很小，此时方法误判率也不高。针对用户数据集大、计算资源丰富的用户，服务器采用基于 GBF 的隐私保护求交算法，此时计算交集结果准确率高。本节针对计算资源受限的用户，通过 BF 构造求交比特位发送给服务器，同时计算基于 GBF 的字符串数组；服务器拿到基于 BF 的比特位后，计算交集系数参与评估过程，再聚合本地用户局部模型。如果该用户局部模型参数与全局模型参数的差大于阈值 δ，则根据用户重新计

算的基于 GBF 的字符串数组重新计算交集；如果参数差在阈值范围内，则告诉用户停止计算基于 GBF 的字符串数组，在保证计算准确率的前提下节省计算资源。自适应的隐私保护求交算法——SAP 算法如算法 8-2 所示。

算法 8-2 自适应的隐私保护求交算法——SAP 算法

输入：D_l、SR、CB、CR、δ //本地数据集、存储资源、通信带宽、计算资源、阈值

输出：β //任务相关性系数

1 $C \to S$ ：D_l、SR、CB、CR //用户提供数据集大小、存储资源等信息给服务器

2 S：**if** $|D_l| < \delta_{|D_l|}$ || SR $< \delta_{SR}$

C_i：Bits=BuildBits$_{C_i}$(D_l) //构造比特位数并选择哈希函数

Hashs$_{bits}$=ChoiceHash$_{C_i}$(K)

for $j=1,2,\cdots,|D_l|$ **do**

HashAndBuild$_K$(D_l^j) //哈希数据集元素，把相应比特位数置为 1

$C \to S$：Bits、Hashs$_{bits}$ //用户将构造的比特位数和哈希函数发送到服务器

3 S：**if** $|D_l| > \delta_{|D_l|}$ && SR $> \delta_{SR}$ && CR $> \delta_{CR}$

C_i：Arrays=BuildArray$_{C_i}$(D_l) //用户构造字符串数组

Hashs$_{Arrays}$=ChoiceINDHash$_{C_i}$(K) //选择 K 个独立分布均匀的哈希函数

for $j=1,2,\cdots,|D_l|$ **do**

HashAndBuild$_K$(D_l^j) //哈希数据集元素，记录第一次哈希 index

$C \to S$ ：Arrays、Hashs$_{arrays}$ //将构造的数组和 K 个哈希函数发送到服务器 S

4 **else**

Skip to step 2 //跳转步骤 2

Skip to step 3 //跳转步骤 3

5 S：β=OueryAndCalculate(Bits/Arrays，Hashs) //查询匹配，计算相关性系数 β

算法 8-2 的主要步骤如下。

步骤 1：用户 C 提供本地数据集 D_l、存储资源 SR、通信带宽 CB、计算资源 CR 给

服务器 S,服务器根据用户提供的信息动态地选择隐私保护求交算法。

步骤 2:当本地数据集 D_l 的大小或者存储资源 SR 小于阈值 δ 时,基于 BF 构造初始值为 0 的 $|D_l|$ 比特位数 Bits 并选择 K 个哈希函数 $\text{Hashs}_{\text{bits}}$。对 D_l 集合中的每一个元素和 K 次哈希集合元素,将哈希结果对应到比特位数 Bits 上并置为 1,最后将构造的比特位数 Bits 和 K 个哈希函数发送到服务器。

步骤 3:当本地数据集 D_l 的大小、存储资源 SR 和计算资源 CR 大于阈值 δ 时,基于 GBF 构造长度为 m 的字符串数组 Arrays 并选择 K 个独立的均匀分布的哈希函数 $\text{Hashs}_{\text{Arrays}}$,对 D_l 集合中每一个元素依次用 K 个哈希函数将其映射到数组中的 K 个位置上,最后将构造的字符串数组 Arrays 和 K 个哈希函数发送到服务器。

步骤 4、5:服务器针对计算资源 CR 受限的用户,先采用步骤 2 将构造的比特位数 Bits 发送到服务器参与评估过程,再采用步骤 3 计算字符串数组 Arrays 并发送到服务器作为备用评估数据;服务器根据交集结果计算任务相关性系数 β。

8.2.3 任务相关的统计同质性评估

基于算法 8-2,本节提出了任务相关性的统计同质性评估方法。服务器根据算法 8-2 求得任务相关性系数和测试集的类别分布 q_u,同时用户计算本地数据集的类别分布 q_l,最后服务器根据算法 8-3 计算统计同质性评分。

算法 8-3 任务相关性的统计同质性评估算法——DHE 算法

输入:β、q_l、q_t //任务相关性系数、数据集 D_l 的类别分布、测试集 D_t 的类别分布

输出:Q_{iid} //统计同质性评分

1 $C \to S$:$q_k = \text{CalCatDis}(D_l)$ //用户提供本地数据集类别分布给服务器

2 S:$M = \text{Build}()$ //服务器接受类别分布并构造初始值为 0 的变量

  for $1,2,\cdots,|D_t|$ **do**

    $M = M + |q_k(y_k = y) - q_t(y_u = y)|^2$

3 $Q_{\text{iid}} = \beta(2 - \sqrt{M})$ //计算统计同质性评分

算法流程:用户 C 将根据本地数据集 D_l 计算得到的类别分布 q_k 上传到服务器 S;S 接受所有用户的类别分布 q_k,构造初始值为 0 的变量 M,并计算测试集中的每一个变量在 q_k 和 q_t 的平方差;根据步骤 3 计算统计同质性评估结果。

8.2.4 任务相关的内容多样性评估

基于算法 8-2,本节提出了任务相关性的内容多样性评估算法。服务器 S 根据算法 8-2 求得任务相关性系数 β,用户通过特征提取算法提取内容特征向量集合 $V=\{v_0,v_1,\cdots,v_M\}$ 并发送到服务器,最后服务器根据算法 8-4 计算内容多样性评分。

算法 8-4 任务相关性的内容多样性评估算法——CDA 算法

输入:β、D_l、V	//任务相关性系数、用户数据集、样本内容特征
输出:Q_{con}	//内容多样性评分
1 S: $\text{ExtractFea}_{D_l}(V)$	//用户基于本地数据集提取内容特征向量发送给服务器
2 S:$N=\text{Build}()$、$\text{SF}=\text{choice}()$	//选择相似性函数,构造变量 N
for $i=(1,2,\cdots,M)$ **do**	
for $j=(1,2,\cdots,M)$ **do**	
$N=N+\text{SF}(v_i,v_j)$	
3 $Q_{\text{con}}=\beta\left(1-\frac{2N}{M(M-1)}\right)$	//计算内容多样性评分

算法流程:用户基于本地数据集提取内容特征向量集合 V 发送给服务器;服务器构造初始值为 0 的变量 N 并选择相似性函数 SF,对集合 V 中的任意两个变量通过 SF 求出相似性结果;根据步骤 3 计算内容多样性评分。

8.3 基于联盟链的结果可验数据质量评估方案

针对第三方平台或者服务器主导评估过程导致的评估过程不透明、结果不可验证的问题,本章提出了基于联盟链的结果可验数据质量评估方案。该方案基于联盟链去中心化、不可篡改、可追溯的特性,保证了数据质量评估过程无第三方且计算安全可靠,每个实体通过联盟链节点代理参与模型任务。本方案主要由任务发布与策略部署算法、低质量用户识别与可信验证算法、自适应隐私保护求交验证算法、任务相关性的统计同质性评估验证算法和任务相关性的内容多样性评估验证算法组成,实现了数据的安全存储与访问、评估结果的公开验证。

8.3.1 基于联盟链的数据质量评估架构

本节介绍了方案目标与方案主要思路，首先从可靠性、可验性、安全性 3 个方面阐述了方案需要实现的目标，其次从参与实体、方案架构、步骤描述等方面阐述了方案的主要思路。

1. 方案目标

本章提出的基于联盟链的结果可验数据质量评估方案需要实现以下目标。

(1) 可靠性：数据质量评估过程中参与节点身份公开，基于智能合约的质量评估过程透明，用户选择代表节点能够监督评估过程。

(2) 可验性：数据质量评估结束时能够获得评估计算过程数据，重现评估过程，对评估结果发起挑战验证。

(3) 安全性：评估过程保护用户数据隐私，相关数据访问安全可控、非法访问可追溯。

2. 方案主要思路

本方案涉及 6 类实体，任务参与节点 $NP=\{NP_0, NP_1, \cdots, NP_N\}$、任务发布节点 NR、计算节点 NC、挑战节点 NT、权限节点 NA 和存储节点 N_{stoM}、N_{stoD}，任务发布节点负责提供联邦学习模型、模型训练费用及其他模型信息；任务参与节点负责提供本地数据集信息并参与模型训练；计算节点负责评估用户数据质量、验证评估结果；挑战节点负责接受用户挑战和验证评估结果；存储节点负责存储模型信息、评估结果信息等；权限节点负责访问控制及溯源。方案架构如图 8-1 所示。

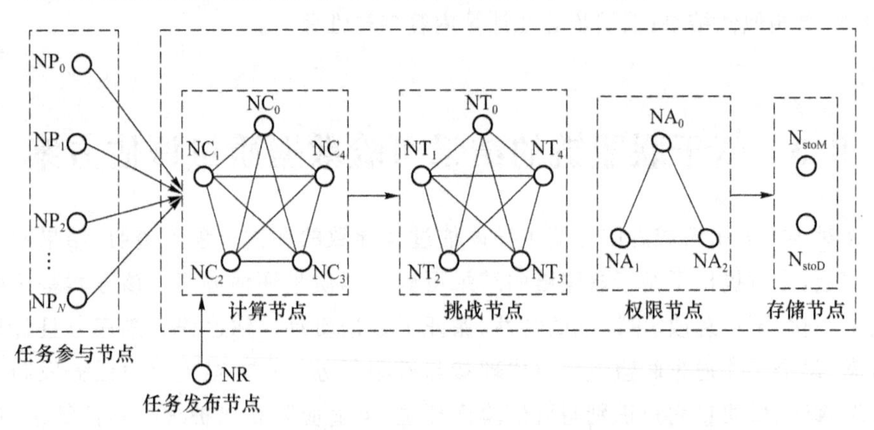

图 8-1　基于联盟链的结果可验数据质量评估方案架构

在本章方案中，每个实体通过联盟链节点代理参与模型任务，通过智能合约进行节点间操作。涉及内容：任务发布、访问策略部署、信息存储、任务参与、数据评估、选举挑战节点、评估挑战。方案流程如图 8-2 所示。

1）任务发布

任务发布节点 NP 创建学习任务 T，包括联邦学习模型 M、模型信息 E、测试集 D_t、任务奖励 B 及其他信息 O。NR 将任务 $T=\{M,E,D_t,B,O\}$ 通过智能合约发布到计算节点，计算节点广播任务 $T'=\{F,E,B,O\}$ 给 NP。

2）访问策略部署及信息存储

计算节点将模型信息保存到模型信息库，并根据模型信息设置访问策略，并部署到权限节点。权限节点根据访问控制策略管理节点访问行为，限制非法或不相关节点访问模型数据等隐私信息，并基于访问日志实现非法访问行为溯源。

3）任务参与

任务参与节点通过计算节点广播的任务信息选择拟参与任务，任务信息包括任务类型、任务奖励、参与要求等，与计算节点通过智能合约建立质量评估交易。参与节点根据计算节点的评估要求完成任务计算，包括本地模型训练及部分数据质量评估计算。

4）数据评估

计算节点对签订训练任务交易的用户进行数据质量评估，包括低质量用户识别与错误数据修复、任务相关的统计同质性评估和任务相关的内容多样性评估（评估算法参考第 3 章的算法 3-1 至算法 3-6），并将评估信息保存到评估信息库，根据任务参与情况设置访问策略。

5）选举挑战节点

为保证数据质量评估结果可信，选举挑战节点对评估过程、评估结果监督验证。挑战节点选择方法借鉴委托权益证明机制（Delegated Proof of Work），选举奇数个信誉良好的任务参与节点组成挑战委员会监督评估过程。挑战节点接受任务参与节点因质疑评估结果而发起的挑战行为，计算验证评估结果。

6）评估挑战

当任务参与节点质疑评估结果时，可以向计算节点和挑战节点发起挑战，根据验证内容选择不同的验证算法，包括低质量用户识别与可信验证算法、自适应隐私保护求交验证算法、任务相关性的统计同质性评估验证算法和任务相关性的内容多样性评估验证算法。由于验证计算过程需要消耗资源，因此质疑节点和任务发布节点需要共同支付挑战委员会的验证计算费用。当挑战节点接受挑战验证时，向权限节点发起访问请求，读取模型信息和评估计算信息，对相关数据进行验证计算，将验证计算结果与评估结果进行对比并判断是否存在欺骗行为。

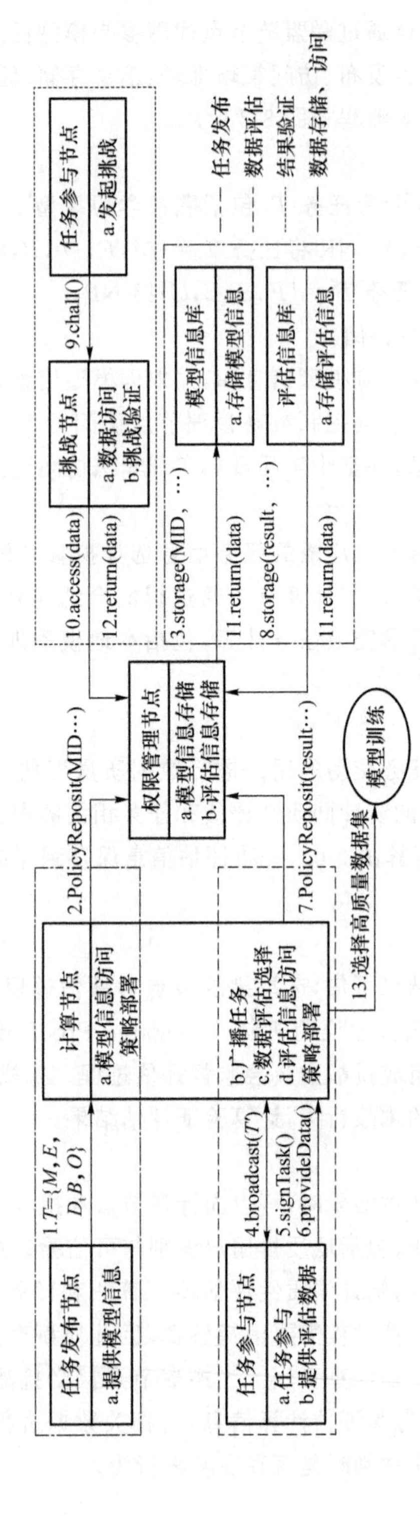

图 8-2　基于联盟链的结果可验数据质量评估方案流程

8.3.2 基于联盟链的结果可验数据质量评估方案

本节详细介绍基于联盟链的结果可验数据质量评估方案关键步骤原理，包括任务发布与策略部署、数据评估与可信验证。方案中所有合法节点均经过 CA 节点认证并颁发证书，保证节点身份真实安全；节点间通过 Raft 算法达成共识。

1. 任务发布与策略部署

针对模型信息安全存储问题，本节提出了任务发布与策略部署算法，详见算法 8-5。其中，任务发布节点调用 SendTask( ) 方法发送任务；计算节点调用 PolicyReposit()方法部署访问策略，调用 BroadcastTask()方法广播任务。

算法 8-5 任务发布与策略部署算法——TPD 算法

输入：M、E、B、D_t、O //联邦学习模型、模型信息、任务奖励、测试集、其他信息

输出：Task、Policy //任务发布、策略部署

1 NR→NC ：SendTask(M,E,D_t,B,O) //任务发布节点发送任务信息

2 NC：PolicyReposit$_0$(policyID,MID,policy,address) //计算节点部署访问策略

policyID＝Random(UUID)；

MID＝Hash(M)；

policy＝Add(NC)；

Storage(M,B,D_t,O)；

address＝Url＋BlockID；

3 NC→NP：BroadcastTask(M,B,O) //计算节点广播任务信息

算法 8-5 的主要步骤如下。

步骤 1：任务发布节点 NR 将训练任务 $T=\{M,E,D_t,B,O\}$ 发送给计算节点 NC，任务包括联邦学习模型 M、模型信息 E、测试集 D_t、任务奖励 B 和其他信息 O。

步骤 2：计算节点 NC 根据训练任务 T 信息创建访问策略。首先，生成随机数作为策略标号，对模型信息做哈希计算，保证信息完整性，为节点添加访问权限，默认添加 5 个计算节点；其次，生成访问控制策略部署到权限节点，限制模型信息访问；再次，将任务模型、任务奖励等信息存储到模型信息库；最后，根据模型信息库存储的 Url 和区块标号 BlockID 生成访问地址返回权限节点 NA。

步骤 3：计算节点 NC 广播任务 $T'=\{M,B,O\}$ 给任务参与节点 NP，包括联邦学习模型 M、任务奖励 B 和其他信息 O 等。

图 8-3 示出了节点间的交互流程，任务发布节点向计算节点发布联邦学习任务，计算节点向权限管理节点部署模型信息访问控制策略，权限管理节点向模型信息库存储任务模型的相关信息，存储信息库根据 Url 和区块编号构造访问地址返回权限管理节点，权限管理节点返回计算节点模型存储结果，并把存储摘要信息发给任务发布节点，以保证存储结果的完整性。

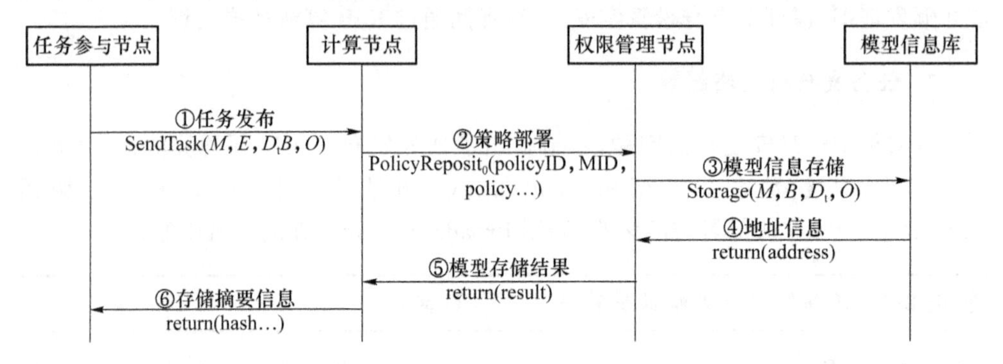

图 8-3　任务发布与策略部署节点间的交互流程

2. 数据评估与可信验证

为保证数据质量评估过程和评估结果可信，本节提出了数据评估与可信验证算法，包括低质量用户识别与可信验证算法、隐私保护求交与可信验证算法、任务相关的统计同质性评估与可信验证算法、任务相关的内容多样性评估与可信验证算法，解决了传统数据质量评估过程不公开、结果无法验证的问题。

1）低质量用户识别与可信验证

针对低质量用户评估过程存在的结果不可信、不可验证问题，本节提出了低质量用户识别与可信验证算法：其中，任务参与节点调用 SignTask()、SendModel()方法参与任务并计算评估数据，获取评估结果，调用 Chall()方法发起挑战验证评估结果可靠性；计算节点调用 EUI 算法识别低质量用户，调用 PolicyReposit()方法部署访问策略。低质量用户识别与可信验证算法如算法 8-6 所示。

算法 8-6　低质量用户识别与可信验证算法——EUIV 算法

输入： M、D_l、D_t、T'	//联邦学习模型、测试集、本地数据集任务信息
输出： $\text{Result}_{\text{tell}}$	//评估验证结果
1　NP：SignTask(T')	//选择任务
2　NC→NP：SendModel(M)	//发布初始模型

```
3   NC:User_uq=EUI(θ^{NP_i})、Storage(User_uq、θ_(1/k)) //识别出低质量用户,保存评估结果
4   NC: PolicyReposit_1(policyID,MID,policy,address)  //部署访问策略
5   NP: if trust() down;               //相信识别结果,则评估结束
        else continue(6);              //若发起挑战,跳转步骤(6)
    NP: Chall(NC,NT)                   //挑战验证
        Policy-add(NT)
6   NT: access(M,θ_(1/k),User_uq)
        EUI'(θ^{NP_i})
        Mes = Compare(EUI(θ^{NP_i}), EUI'(θ^{NP_i}));
        SendToNP(Mes);
```

算法 8-6 的主要步骤如下。

步骤 1、2:任务参与节点 NP 通过计算节点广播的任务信息 T'选择拟参与任务;计算节点 NC 共享联邦学习模型 M 给 NP。

步骤 3:5 个计算节点分别利用 EUI 算法识别低质量用户User_{uq},计算结果通过 Raft 机制达成共识,并将 k-局部模型 $\theta_{(1/k)}$、User_{uq}等信息保存到评估信息库。

步骤 4:计算节点 NC 以评估信息部署访问策略为依据实现对控制节点 NA 的约束,并设置策略标号 policyID、模型摘要信息 MID、访问策略 policy、访问地址 address 等。

步骤 5:任务参与节点 NP 根据评估计算结果决定是否向计算节点和挑战节点发起评估结果验证挑战。

步骤 6:挑战节点 NT 和计算节点 NC 接受挑战,NC 在评估信息、模型信息访问策略中添加 NT 访问权限;NT 请求访问模型信息和评估计算信息,包括联邦学习模型 M、k-局部模型 $\theta_{(1/k)}$、低质量用户User_{uq}等;NT 点重新选择任务参与节点计算 NP 识别低质量用户的 k-局部模型参数 $\theta'_{(1/k)}$,并将计算验证结果广播给 NP。若挑战节点计算的 k-局部模型参数 $\theta'_{(1/k)}$与 NC 相同,则挑战失败;若计算结果不一致,则挑战成功,本次低质量用户识别结果作废。

图 8-4 示出了节点间的交互流程。计算节点发送联邦学习模型给任务参与节点计算局部模型参数,基于 EUI 算法识别低质量用户,将识别结果保存评估信息库并设置权限节点设置访问控制策略;若任务参与节点发起挑战,则添加评估信息访问权限的挑战节点访问识别结果,并重新计算低质量用户识别过程,广播验证结果给任务参与节点。

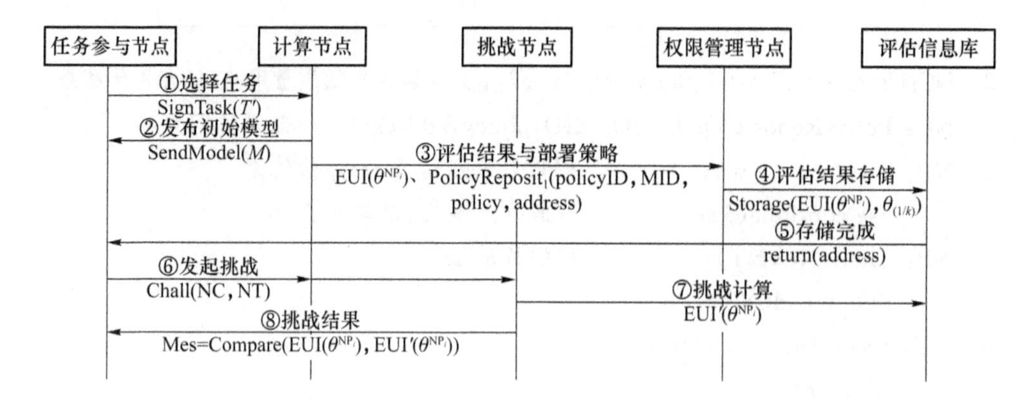

图 8-4 低质量用户识别与可信验证节点间的交互流程

2）隐私保护求交与可信验证

针对隐私保护求交结果不可验证的问题，本节提出了自适应隐私保护求交与可信验证算法：任务参与节点调用 SendMes()方法提供隐私保护求交计算数据，调用 Chall()方法发起挑战验证评估结果可靠性；计算节点基于算法 8-2 计算任务相关性系数，调用 PolicyReposit()方法部署访问策略，调用 BuildBits()方法和 BuildArray()方法构造基于测试集的比特位数和字符串。自适应隐私保护求交与可信验证算法如算法 8-7 所示。

算法 8-7 自适应隐私保护求交与可信验证算法——SAPV 算法

输入：D_t、D_l、SR、CB、CR、δ //测试集、数据集、存储资源大小、通信宽带等

输出：Result_β //评估验证结果

1 NP→NC ：SignTask(T')
　　SendMes(D_l, SR, CB, CR) //任务参与节点提供任务信息给计算节点

2 NC ：β=SAP($\text{BuildBits}_{\text{NP}}(D_l)$, $\text{BuildArray}_{\text{NP}}(D_l)$) //计算任务相关性系数
　　Storage(β)

3 NC ：PolicyReposit_2(policyID, MID, policy, address) //部署访问策略

4 NP ：**if** trust() down //若相信评估结果，则评估结束
　　else continue(5) //若发起挑战，则跳转步骤 5

5 NP ：Chall(NC, NT) //挑战验证
　　TestBits = StruBits(D_t)；
　　TestArray = StruArray(D_t)；
　　SendToNP(TestBits, TestArray)；
　　Policy-add(NT)；
　　Mes = Compare(SAP, SAP')；
　　SendToNP(Mes)；

算法8-7的主要步骤如下。

步骤1:任务参与节点NP通过计算节点NC广播的任务信息T'选择拟参与任务;NP提供本地数据集D_l、存储资源大小SR、通信宽带CB、计算资源CR等信息给NC。

步骤2:5个独立的NC根据节点资源自适应地选择隐私保护求交算法,构造比特位数Bits和字符串数组Arrays,调用SAP算法计算任务相关性系数,计算结果通过Raft机制达成共识,并将相关性系数β等计算信息保存到评估信息库中。

步骤3:NC根据评估信息部署访问策略到权限控制节点NA,并设置策略标号、模型摘要信息、访问地址等。

步骤4:NP根据评估计算结果决定是否向NC和NT发起评估结果验证挑战。

步骤5:NC和NT接受挑战,NC根据测试集构造的比特位数Bits和字符串Arrays发送给NP,NP根据选择的哈希函数和本地数据集D_l验证任务相关性结果β;NC在评估信息、模型信息访问策略中添加挑战节点访问权限,挑战节点请求访问评估结果信息和访问模型信息,根据比特位数Bits和字符串Arrays重新计算任务相关性系数β,并将计算验证结果广播给NP。若NT计算任务相关性系数与计算节点相同,则挑战失败;若计算结果不一致,则挑战成功,本次任务相关性评估作废。

图8-5给出了节点间的交互流程。任务参与节点向计算节点和挑战节点发起任务相关性结果验证挑战,添加评估信息访问权限的挑战节点评估信息库中读取任务参与节点计算的比特位数或字符串数据,然后基于SAP算法重新计算任务相关性系数,并将挑战结果广播给任务参与节点。

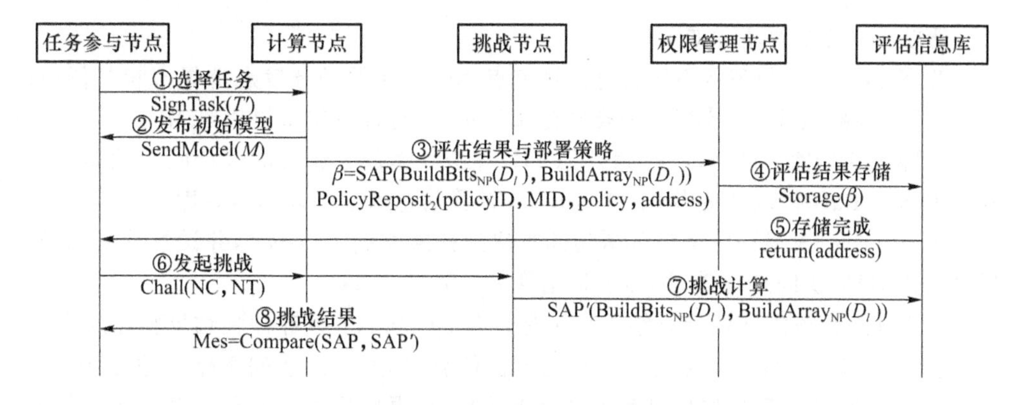

图8-5 隐私保护求交与可信验证节点间的交互流程

3) 任务相关的统计同质性评估与可信验证

针对统计同质性评估结果不可验证的问题,本节提出了任务相关性的统计同质性评估与可信验证算法:任务参与节点调用UploadMes()方法提供数据质量评估相关数据,调用Chall()方法发起挑战验证评估结果的可靠性;计算节点基于算法8-3计算统计同质性,调用PolicyReposit()方法部署访问策略。任务相关的统计同质性评估与可信验证算法如算法 8-8 所示。

算法 8-8 任务相关的统计同质性评估与可信验证算法——DHEV 算法

输入：β、q_l、q_t //任务相关性系数、数据集的类别分布、测试集的类别分布

输出：$Result_{Q_{iid}}$ //评估验证结果

1 NP→NC：SignTask(T')
  q_l=Build(D_l)、UploadMes(q_l) //类别信息上传

2 NC：Q_{iid}=DHE(q_l,q_t,β) //计算节点计算统计同质性
  Storage(Q_{iid})

3 NC：$PolicyReposit_3$(policyID,MID,policy,address)//计算节点部署访问策略

4 NP：**if** trust() down //若相信评估结果，则评估结束
  else continue(5) //若发起挑战，则跳转步骤 5

5 NP：Chall(NC,NT) //挑战验证
  Policy-add(NT)
  DHE′(q_l,q_t,β)
  Mes = Compare(DHE(q_l,q_t,β),DHE′(q_l,q_t,β))
  SendToNP(Mes)

算法 8-8 的主要步骤如下。

步骤 1：任务参与节点 NP 通过计算节点 NC 广播的任务信息选择拟参与任务；NP 基于本地数据集 D_l 计算数据类别分布的 q_l，并将计算结果提供给 NC。

步骤 2：5 个独立的 NC 分别利用 DHE 算法计算任务相关的统计同质性 Q_{iid}，计算结果通过 Raft 机制达成共识，并将 Q_{iid} 等计算信息保存到评估信息库。

步骤 3：NC 根据评估信息部署访问策略到权限控制节点 NA，并设置策略标号、模型摘要信息、访问地址等，详细步骤见算法 8-5。

步骤 4：NP 根据评估计算结果决定是否向 NC 和 NT 发起评估结果验证挑战。

步骤 5：NC 和 NT 接受挑战，NC 在评估信息、模型信息访问策略中添加 NT 访问权限，NT 请求访问模型信息和评估结果信息，根据数据类别分布 q_l 重新计算任务相关的统计同质性的评估结果 Q_{iid}，并将计算验证结果广播给 NP；若 NT 计算出的 Q_{iid} 结果与 NC 相同，则挑战失败；若计算结果不一致，则挑战成功，本次评估作废。

图 8-6 给出了节点间的交互流程。任务参与节点向计算节点和挑战节点发起统计同质性和内容多样性验证挑战，挑战节点首先从评估信息库中读取类别分布等评估信息，然后基于 CDA 算法重新计算任务相关的统计同质性，并将挑战结果广播给任务参与节点。

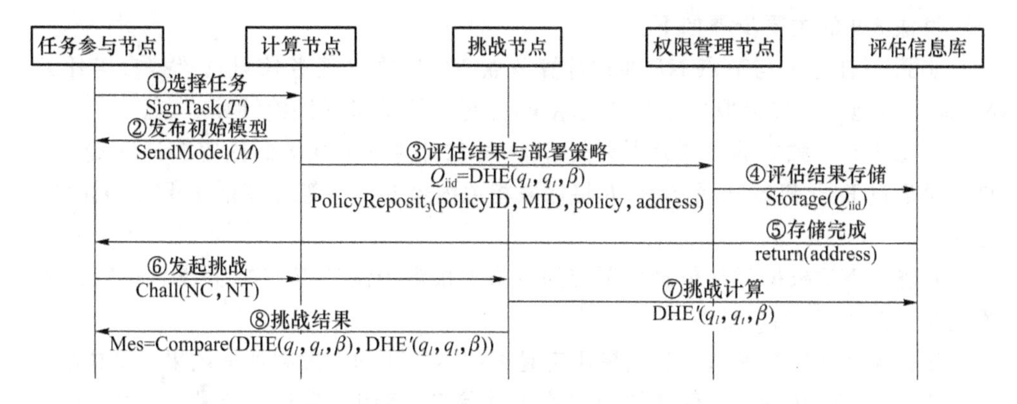

图 8-6 任务相关的统计同质性评估与可信验证节点间的交互流程

4）任务相关的内容多样性评估与可信验证

针对内容多样性评估结果不可验证的问题，本节提出了任务相关的内容多样性评估与可信验证算法：任务参与节点调用 ExtractFea()方法提取内容特征向量，调用 Chall()方法发起挑战验证评估结果可靠性；计算节点基于算法 8-4 计算内容多样性，调用 PolicyReposit()方法部署访问策略。任务相关的内容多样性评估与可信验证算法如算法 8-9 所示。

算法 8-9 任务相关的内容多样性评估与可信验证算法——CDAV 算法

输入：β、D_l、$\mathbf{V}$ //任务相关性、本地数据集、样本内容特征

输出：$\mathrm{Result}_{Q_{con}}$ //评估验证

1 NP→NC ：$\mathbf{V}$= $\mathrm{ExtractFea}_{D_l}(D_l)$ //任务参与节点提取内容特征向量集合发送给计算节点

2 NC：Q_{con}= CDA (D_l, $\mathbf{V}$, β) //节点计算内容多样性

  Storage(Q_{con})

3 NC：$\mathrm{PolicyReposit}_4$(policyID, MID, policy, address) //计算节点部署访问策略

4 NP：**if** trust() down //若相信评估结果，则评估结束

  else continue(5) //若发起挑战，跳转步骤 5

5 NP：Chall(NC, NT) //挑战验证

  CDA′ (D_l, $\mathbf{V}$, β)

  Policy-add(NT)

  Mes = Compare(CDA (D_l, $\mathbf{V}$, β), CDA′(D_l, $\mathbf{V}$, β))

  SendToNP(Mes)；

算法 8-9 的主要步骤如下。

步骤 1：任务参与节点 NP 通过计算节点 NC 广播的任务信息选择拟参与任务；NP 基于本地数据集提取内容特征向量 **V**，并将计算结果提供给计算节点。

步骤 2：5 个独立的 NC 分别利用 CDA 算法计算任务相关的内容多样性 Q_{con}，计算结果通过 Raft 机制达成共识，并将任务相关内容多样性等计算信息保存到评估信息库。

步骤 3：NC 根据评估信息部署访问策略到权限控制节点 NA，并设置策略标号、模型摘要信息、访问地址等。

步骤 4：NP 根据评估计算结果决定是否向 NC 和 NT 发起评估结果验证挑战。

步骤 5：NC 和 NT 接受挑战，NC 在评估信息、模型信息访问策略中添加 NT 访问权限，NT 请求访问模型信息和评估结果信息，根据数据内容特征向量 **V** 重新计算任务相关的内容多样性的评估结果 Q_{con}，并将计算验证结果广播给 NP；若 NT 计算的 Q_{con} 评估结果与计算节点相同，则挑战失败；若计算结果不一致，则挑战成功，本次评估作废。

图 8-7 给出了节点间的交互流程。任务参与节点向计算节点和挑战节点发起内容多样性验证挑战，挑战节点首先从评估信息库中读取样本特征向量等评估信息，然后基于 DHE 算法重新计算任务相关的内容多样性，并将挑战结果广播给任务参与节点。

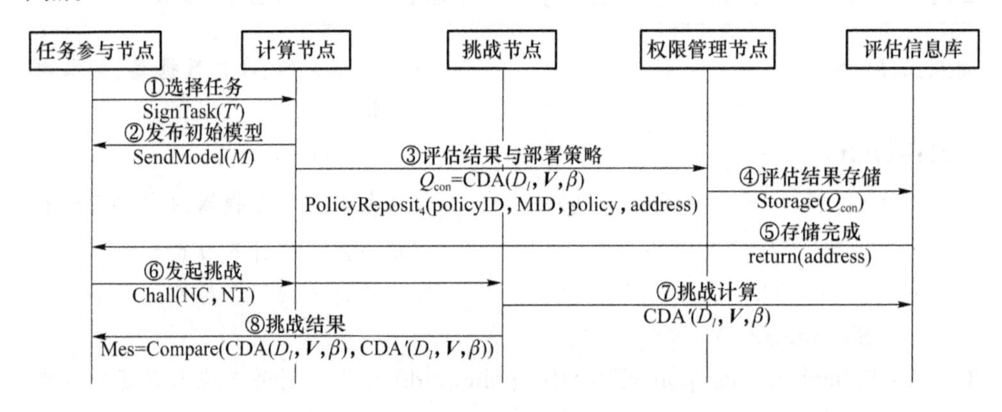

图 8-7　任务相关的内容多样性评估与可信验证节点间的交互流程

本章参考文献

[1] WANG R Y, STRONG D M. Beyond accuracy: What data quality means to data consumers[J]. Journal of management information systems, 1996: 5-33.

[2] 李安然. 面向特定任务的大规模数据集质量高效评估[D]. 安徽：中国科学技术

大学,2021.

[3] 彭金龙. 基于区块链的数据定价和交易平台[D]. 浙江:浙江大学,2022.

[4] 刘贺. 基于区块链的众包质量评估模型的研究[D]. 天津:天津大学,2020.

[5] 崔旭亮. 基于区块链的 MCS 架构及其数据质量验证机制研究[D]. 内蒙古:内蒙古大学, 2022.

[6] KOH P W, LIANG P. Understanding black-box predictions via influence functions[C]// International conference on machine learning. PMLR, 2017: 1885-1894.

[7] WOJNOWICZ M, CRUZ B, ZHAO X, et al. "Influence sketching": Finding influential samples in large-scale regressions[C]//2016 IEEE International Conference on Big Data (Big Data). IEEE, 2016: 3601-3612.

[8] PATEL H, ISHIKAWA F, BERTI-EQUILLE L, et al. 2nd International Workshop on Data Quality Assessment for Machine Learning[C]// Proceedings of the 27th ACM SIGKDD Conference on Knowledge Discovery & Data Mining. 2021: 4147-4148.

[9] LI A, ZHANG L, TAN J, et al. Sample-level data selection for federated learning[C]//IEEE INFOCOM 2021-IEEE Conference on Computer Communications. IEEE, 2021: 1-10.

[10] 白杨. 基于区块链的分布式系统研究与应用[D]. 西安:西安电子科技大学,2019.

大学，2021.

[3] [illegible]，基于区块链的数据[illegible][D]. [illegible]，2020.

[illegible] [illegible][D]. [illegible]，2022.

[6] KOH P W, LIANG P. Understanding black-box predictions via influence functions[C]// International conference on machine learning. PMLR, 2017: 1885-1894.

[7] [illegible] W, [illegible] M, [illegible] Z B, TAO Y, et al. [illegible] sampling [illegible][C]// [illegible] International Conference [illegible]. IEEE, 2019: [illegible].

[8] PATEL J, [illegible]. [illegible] distributions [illegible]: A [illegible] for Machine Learning[C]// Proceedings of the [illegible] Conference [illegible]. [illegible], 2019.

[9] [illegible] A, ZHANG [illegible]. Sample-level data selection for federated learning[C]// IEEE INFOCOM 2021-IEEE Conference on Computer Communications. IEEE, 2021: 1-10.

[10] [illegible][D]. [illegible]，2019.